高等职业教育智能制造领域人才培养系列教材

智能制造装备故障诊断与技术改造

周兰 武峰 吕洋 编著

机械工业出版社

本书依据数控机床装调与维修岗位职业能力要求，按照最新高等职业教育“智能制造装备技术”专业教学标准（2022版），融入全国职业院校技能大赛高职组“数控机床装调与技术改造”“全国职工职业技能大赛数控机床装调维修工”、“全国行业职业技能竞赛——‘冰轮杯’全国首届数控机床装调维修工职业技能竞赛”等重要赛项竞赛内容，落实产教融合，由亚龙智能装备集团股份有限公司组织技能大赛技术专家、行业企业专家、职业院校教师联合编写。本书以国家级技能大赛核心内容为引领，满足数控设备维护与维修1+X职业技能等级证书培训需求，具备“岗课赛证”融通鲜明特质。

本书以亚龙YL-569型0i MF数控机床装调与技术改造实训装备为载体，通过12个项目、30个任务阐述数控系统故障排查诊断方法、驱动装置故障诊断与排查、数控机床PMC故障诊断与排查、数控机床功能测试与故障排查、数控系统伺服优化等关联知识、操作技能和应用拓展，同时引入数控系统在线监控与调试、数控机床在线精度检测、柔性制造单元数字孪生及虚拟调试等先进技术，还介绍了工业机器人数据备份及故障诊断知识。本书内容既包含数控机床装调专业能力培养核心内容，又与智能装备制造与应用高端岗位技术、能力需求有效对接。

本书可供高职院校、应用本科院校智能制造装备技术专业及相关专业开展数控机床维修与技术改造“岗课赛证”融通模块化教学及考核评价使用，可供高职院校、企业职工备战国家级技能大赛训练使用，也可供社会从业人员开展技术技能培训及考核评价使用。

为方便教学，本书配有电子教案、PPT、微课、视频课件等，凡选用本书作为授课教材的老师，均可来电（010-88379375）索取或登录机械工业出版社教材服务网（www.cmpedu.com）注册下载。

图书在版编目（CIP）数据

智能制造装备故障诊断与技术改造 / 周兰，武峰，吕洋编著 . —北京：机械工业出版社，2023.4（2025.1重印）

高等职业教育智能制造领域人才培养系列教材

ISBN 978-7-111-72933-4

Ⅰ.①智…　Ⅱ.①周…　②武…　③吕…　Ⅲ.①智能制造系统－装备－故障诊断－高等职业教育－教材②智能制造系统－装备－技术改造－高等职业教育－教材　Ⅳ.①TH166

中国国家版本馆CIP数据核字（2023）第057173号

机械工业出版社（北京市百万庄大街22号　邮政编码100037）

策划编辑：王宗锋　　责任编辑：王宗锋　于　宁

责任校对：樊钟英　李　彬　　封面设计：马若濛

责任印制：郜　敏

中煤（北京）印务有限公司印刷

2025年1月第1版第4次印刷

184mm×260mm · 23印张 · 565千字

标准书号：ISBN 978-7-111-72933-4

定价：69.90元

电话服务　　网络服务

客服电话：010-88361066　机　工　官　网：www.cmpbook.com

010-88379833　机　工　官　博：weibo.com/cmp1952

010-68326294　金　书　网：www.golden-book.com

机工教育服务网：www.cmpedu.com

序

职业教育是国民教育体系和人力资源开发的重要组成部分。党中央、国务院高度重视职业教育改革发展，把职业教育摆在更加突出的位置，优化职业教育类型定位，深入推进育人方式、办学模式、管理体制、保障机制改革，增强职业教育适应性，加快构建现代职业教育体系，培养更多高素质技术技能人才、能工巧匠、大国工匠，为促进经济社会发展和提高国家竞争力提供优质人才和技能支撑。

《国家职业教育改革实施方案》（以下简称“职教 20 条”）的颁布实施是《中国教育现代化 2035》的根本保证，是建设社会主义现代化强国的有力举措。“职教 20 条”提出了 7 方面 20 项政策举措，包括完善国家职业教育制度体系、构建职业教育国家标准、促进产教融合校企“双元”育人、建设多元办学格局、完善技术技能人才保障政策、加强职业教育办学质量督导评价、做好改革组织实施工作，被视为“办好新时代职业教育的顶层设计和施工蓝图”。职业教育的重要性也被提高到“没有职业教育现代化就没有教育现代化”的地位。

2022 年 5 月 1 日《中华人民共和国职业教育法》颁布并实施，再次强调“职业教育是与普通教育具有同等重要地位的教育类型”，是培养多样化人才、传承技术技能、促进就业创业的重要途径。

“职教 20 条”要求专业目录五年一修订、每年调整一次。因此，教育部在 2021 年 3 月 17 日印发《职业教育专业目录（2021 年）》（以下简称《目录》）。《目录》是职业教育的基础性教学指导文件，是职业教育国家教学标准体系和教师、教材、教法改革的龙头，是职业院校专业设置、用人单位选用毕业生的基本依据，也是职业教育支撑服务经济社会发展的重要观测点。

《目录》不仅在强调人才培养定位、强化产业结构升级、突出重点技术领域、兼顾不同发展需求等方面做出了优化和调整，还面向产业发展趋势，充分考虑中高职贯通培养、高职扩招、面向社会承接培训、军民融合发展等需求。为服务国家战略性新兴产业发展，在 9 大重点领域设置对应的专业，如集成电路技术、生物信息技术、新能源材料应用技术、智能光电制造技术、智能制造装备技术、高速铁路动车组制造与维护、新能源汽车制造与检测、生态保护技术、海洋工程装备技术等专业。

在装备制造大类的 64 个专业教学标准修（制）订中，“智能制造装备技术”专业课程体系的构建及其配套教学资源的研发是重点之一。该专业整合了机械、电气、软件等智能制造相关专业，是制造业领域急需人才的高端技术专业，是全国机械行业特色专业和教育部、财政部提升产业服务能力重点建设专业。“智能制造装备技术”专业课程体系的构建及其配套教学资源的建设由校企合作联合研发，在资源整合的基础上编写了《智能制造概论》《智能制造装备电气安装与调试》《智能制造装备机械安装与调试》《智能制造装备故障诊断与技术改造》系列化教材。

这套教材按照工作过程系统化的思路进行开发，全面贯彻党的教育方针，落实立德树人根本任务，服务高精尖产业结构，体现了“产教融合、校企合作、工学结合、知行合一”的职教特点。内容编排上利用企业实际案例，以工作过程为导向，结合形式多样的资源，在学生学习的同时，融入企业的真实工作场景；同时，融合了目前行业发展的新趋势以及实际岗位的新技术、新工艺、新流程，并将教育部举办的“全国职业院校技能大赛”以及其他相关技能大赛的内容要求融入教材内容中，以开阔学生视野，做到“岗课赛证”教学做一体化。

工作过程系统化课程开发的宗旨是以就业为导向，伴随需求侧岗位能力不断发生变化，供给侧教学内容也不断发生变化，工作过程系统化课程开发同样伴随着技术的发展不断变化。工作过程系统化涉及“学习对象—学习内容”结构、“先有知识—先有经验”结构、“学习过程—行动过程”结构之间的关系，旨在回答工作过程系统化的课程“是否满足职业教育与应用型教育的应用性诉求？”“是否能够关注人的发展，具备人本性意蕴？”“是否具备由专家理论到教师实践的可操作性？”等问题。

殷切希望这套教材的出版能够促进职业院校教学质量的提升，能够成为体现校企合作成果的典范，从而为国家培养更多高水平的智能制造装备技术领域的技能型人才做出贡献！

姜大源

2022年6月

前言

2022年10月党的二十大召开，报告“高举中国特色社会主义伟大旗帜，为全面建设社会主义现代化国家而团结奋斗”指出：“实施科教兴国战略，强化现代化建设人才支撑”，“加快建设国家战略人才力量，努力培养造就更多大师、战略科学家、一流科技领军人才和创新团队、青年科技人才、卓越工程师、大国工匠、高技能人才。”《中华人民共和国国民经济和社会发展第十四个五年规划和2035年远景目标纲要》提出了深入实施制造强国战略，推进产业基础高级化、产业链现代化，增强制造业竞争优势，推动制造业高质量发展；聚焦新一代信息技术、生物技术、新能源、新材料、高端装备、新能源汽车、绿色环保以及航空航天、海洋装备等战略性新兴产业。2021年10月中共中央办公厅、国务院办公厅印发《关于推动现代职业教育高质量发展的意见》，针对教学内容与教材部分，特别指出完善“岗课赛证”综合育人机制，按照生产实际和岗位需求设计开发课程，开发模块化、系统化的实训课程体系，将新技术、新工艺、新规范、典型生产案例及时纳入教学内容。本书正是在二十大精神指引下，在国家深入推动制造业转型升级、职业教育高质量发展背景下，契合智能装备制造产业链高端复合型技术技能人才知识、能力需求编写的。

亚龙智能装备集团股份有限公司多年来作为数控机床装调与升级改造国家级赛事设备提供和技术支持企业，具有较强的大赛资源、设备资源、技术资源、行业资源整合能力，牵头组织由技能大赛技术专家、行业企业专家、职业院校教师组成的教材编写团队，并配套开发了PPT、视频等丰富课程资源。

本书以大赛项目—大赛技术指标—大赛评价指标为引导，针对大赛项目“数控机床电气装调、主轴加装改造、数控机床维修、手夹和夹具安装与调试、加装主轴功能开发、机器人上下料功能开发”等核心内容进行了资源转化，形成典型学习性工作任务导入—关联知识讲解—综合技能训练—新技术拓展为特色的教材编写模式，同时每个学习任务配套任务书，作为综合性实践指导和评价资料。

本书由周兰（武汉船舶职业技术学院）、武峰（武汉船舶职业技术学院）、吕洋（亚龙智能装备集团股份有限公司）共同编著。在本书编写过程中，亚龙智能装备集团股份有限公司潘一雷、李岩及黑龙江农业经济职业学院史洁、闫瑞涛提供了大量的现场资料，亚龙智能装备集团股份有限公司付强、曾庆炜、张豪、吴汉锋提供了技术支持及部分课程视频拍摄，芜湖职业技术学院朱强、宁波职业技术学院翟志永提出了很多宝贵的修改建议，在此一并表示诚挚的感谢！

由于编者水平有限，书中难免有不当之处，恳请读者批评指正。

编　者

二维码清单

（续）

名称	图形	页码	名称	图形	页码
07 程序传输工具安装与应用		165	10.2 智能制造虚拟仿真单元调试		214
08 测头安装与应用		175	11 工业机器人数据备份		218
09 球杆仪安装与应用		191	12 工业机器人故障诊断		236
10.1 智能制造虚拟仿真单元软件安装与硬件连接		207			

目录

项目 1

数控系统故障排查诊断方法

项目引入

本项目给出了数控系统出现故障时根据数码显示、外围电源电路排查、基于操作履历界面进行故障排查的思路和方法。

项目目标

1. 掌握数控系统电源类故障诊断与排查方法。
2. 数控系统基于履历界面故障诊断应用。

1.1 数控系统电源类故障诊断与排查

学习目标

1. 掌握数控系统电源类故障诊断与排查方法。
2. 能够根据数控系统数码管显示进行故障排查。
3. 掌握数控系统黑屏故障排查方法。
4. 掌握数控系统通过引导界面排查故障的方法。

重点和难点

数控系统电源类故障诊断与排查。

建议学时

4 学时

01.1 数控电源类故障诊断与排查

相关知识

一、数控装置电源连接与故障排查

1. 数控系统电源输入

数控系统工作需要 24V 直流电源，通过数控系统主板上电源接口 CP1 输入，CP1 接口在主板右下角位置，CP1 接口允许电压波动范围为 ±10%（21.6 ~ 26.4V）。数控系统电源接口下方有一个 5A 熔断器，当电源电流异常升高到一定值时，熔丝熔断切断电流，保护数控系统安全。CP1 接口及其熔断器在数控系统主板位置如图 1.1.1 所示。

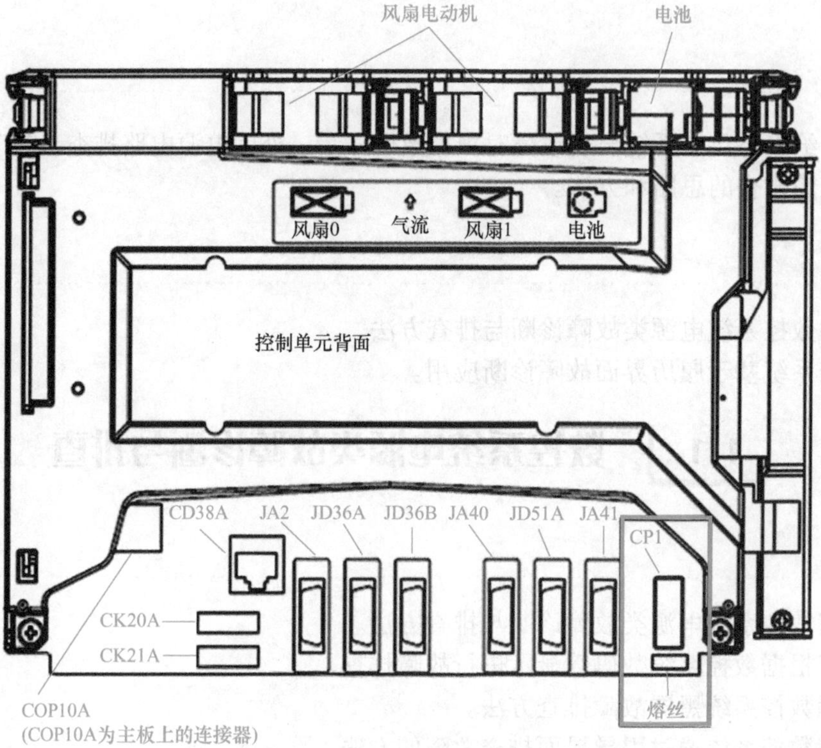

图 1.1.1 数控系统主板电源接口 CP1 及其熔断器

2. 数控系统电源电路连接

（1）24V 直流电源电路　数控系统电源电路如图 1.1.2 所示，来自开关电源 GS1 的直流 24V 电源经过中间继电器 KA9 常开触点，通过接线端子排 XT1：34、XT1：35 转接后给数控系统主板供电。

（2）数控系统启停电路　数控系统启停电路如图 1.1.3 所示，当按下数控系统启动按钮 SB1，中间继电器 KA9 线圈得电，KA9 常开触点闭合，这时才能够给数控系统电源接口 CP1 供电。

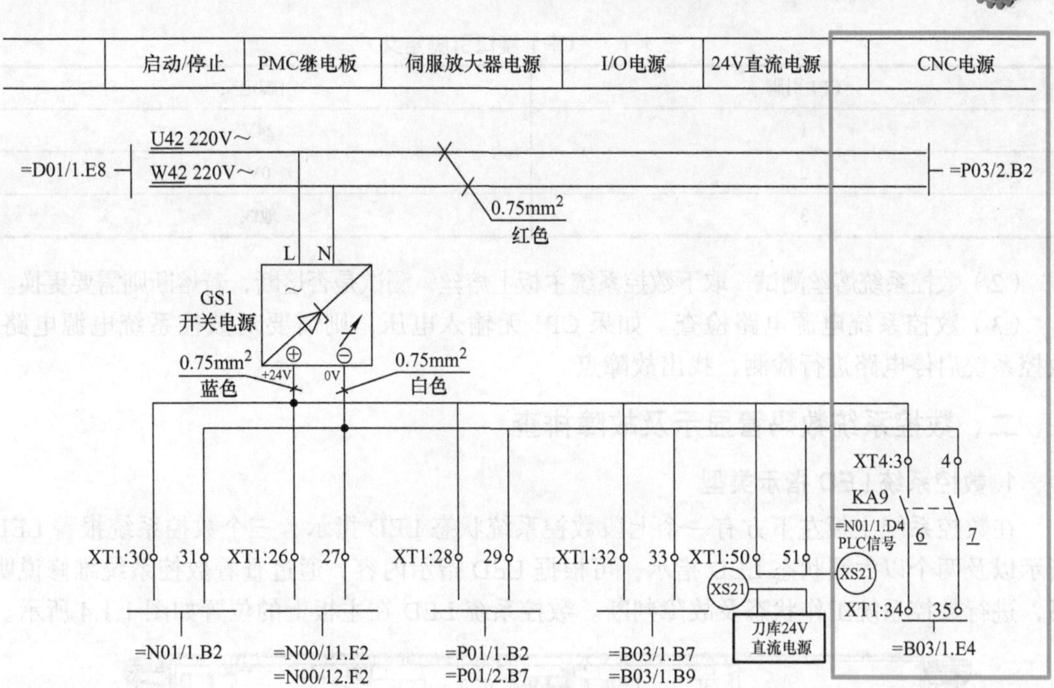

图 1.1.2 数控系统电源电路

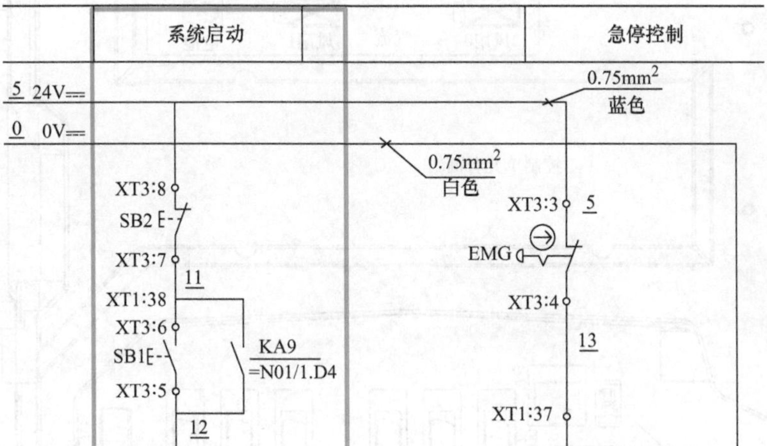

图 1.1.3 数控系统启停电路

3. 数控系统电源电路检测与故障排查

当数控系统供电异常时，需要检查与之相关的电源电路，通常进行以下测试和检查：

（1）CP1 接口电压测试　CP1 接口引脚定义见表 1.1.1，用万用表测试引脚 1、引脚 2 之间的直流电压是否在 24V 允许范围内。

表 1.1.1　CP1 接口引脚定义

CP1 引脚	引脚定义
1	24V
2	0V
3	地线

（2）数控系统熔丝测试　取下数控系统主板上熔丝，测试是否熔断，若熔断则需要更换。

（3）数控系统电源电路检查　如果 CP1 无输入电压，则需要对数控系统电源电路、数控系统启停电路进行检测，找出故障点。

二、数控系统数码管显示及故障排查

1. 数控系统 LED 指示类型

在数控系统主板左下方有一个七段数控系统状态 LED 指示、三个数控系统报警 LED 指示以及两个以太网状态 LED 指示，可根据 LED 指示内容，通过查看数控系统维修说明书，进行数控系统工作状态及故障判断。数控系统 LED 在主板上的位置如图 1.1.4 所示。

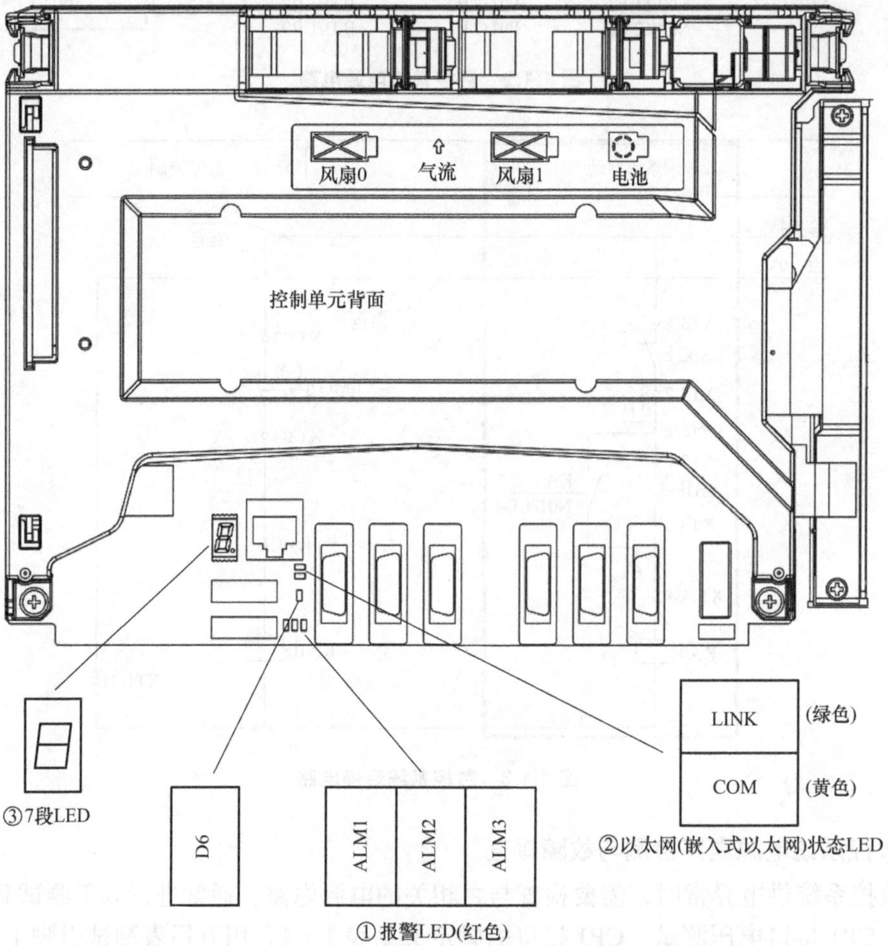

图 1.1.4　数控系统 LED 在主板上的位置

2. 数控系统状态 LED 指示

数控系统状态 LED 指示分为点亮状态和闪烁状态，数控系统状态 7 段 LED 显示含义可查看《FANUC Series 0i-MODEL F Plus 维修说明书》，数控系统状态 LED 显示（节选）如图 1.1.5 所示。从图中可以看出，数控系统开机初始化过程中，LED 数码管指示状态是变化的；当初始化结束后显示为“0”时，表示数控系统进入正常工作状态。

LED 显示	含 义
（全熄灭）	尚未通电的状态（全熄灭）
0	初始化结束、可以动作
1	CPU 开始启动（BOOT 系统）
2	各类 G/A 初始化（BOOT 系统）
3	各类功能初始化
4	任务初始化
5	系统配置参数的检查 可选板等待 2
6	各类驱动程序的安装 文件全部清零
7	标头显示 系统 ROM 测试
8	通电后，CPU 尚未启动的状态（BOOT 系统）
9	BOOT 系统退出，NC 系统启动（BOOT 系统）
A	FROM 初始化
b	内装软件的加载
C	用于可选板的软件的加载

图 1.1.5 数控系统状态 LED 显示（节选）

3. 数控系统报警 LED 指示

数控系统报警 LED 指示由 ALM1、ALM2、ALM3 三个 LED 组成，当其中某一个或某几个 LED 红灯亮时，可对照图 1.1.6 分析故障原因。

CORE ALM	ALM 1	ALM 2	ALM 3	CCPU ALM	含义
◇	□	■	□	◇	电池电压下降。可能是因为电池寿命已尽
◇	■	■	□	◇	软件检测出错误并停止系统
◇	□	□	■	◇	硬件检测出系统内故障
◇	■	□	■	◇	主板上的伺服电路中发生了报警
◇	□	■	■	◇	FROM/SRAM 模块上的 SRAM 的数据中检测到错误 可能是由于 FROM/SRAM 模块的不良、电池电压下降、主板不良等原因
◇	■	■	■	◇	电源异常。可能是噪声的影响及后面板（带电源）不良
◇	◇	◇	◇	■	可能是主板不良
■	◇	◇	◇	◇	主板上的电源存在异常时点亮

■：点亮 □：熄灭 ◇：无关

图 1.1.6 数控系统报警故障原因分析

4. 数控系统以太网状态 LED 指示

数控系统以太网状态 LED 指示由 LINK（绿色）、COM（黄色）LED 组成，分别代表以太网的不同状态，如图 1.1.7 所示。

LED	含义
LINK（绿色）	与 HUB 正常连接时点亮
COM（黄色）	传输数据时点亮

图 1.1.7　数控系统以太网状态 LED 指示

三、数控系统黑屏故障排查

1. 数控系统黑屏故障原因分析

数控系统黑屏是常见故障，黑屏故障常见的原因有以下几种：

1）电源类故障。数控系统主板电源接口 CP1 没有提供 24V 直流电压，造成系统不能上电，需要进行 24V 直流电源外围电路排查。

2）显示故障。当显示器出现故障时造成数控系统黑屏，需要更换显示器。

3）显示板卡故障。当显示板卡出现故障时造成数控系统黑屏，需要进行板卡更换。

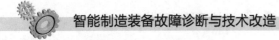

2. 数控系统黑屏电源类故障排查方法

（1）电源故障类型判断　当数控系统出现黑屏现象时，首先确定是电源故障还是显示故障，分两种情况分析：

1）如果数控系统数码管点亮，则黑屏可能与显示部分或显示控制板卡故障有关。这时检查机床是否可以运行，如果机床可以运行，则为显示器（灯管）故障或显示器用的电源板（内部板卡）故障；如果机床不能运行，则为主板问题，需更换主板。

2）如果数控系统数码管没有点亮，则为控制器电源故障。

（2）电源故障排查　测量数控系统主板电源接口 CP1 的 1、2 引脚电压是否为直流 24V，进行以下判断：

1）如果 CP1 的 1、2 引脚没有电压，则没有电压输入是故障原因，需要根据电气原理图检查 CP1 的 24V 电源外围电路，找到故障点。

2）如果 CP1 的 1、2 引脚有直流 24V 电压输入，需要通过测量确认 CNC 熔丝是否熔断；如果熔断，则为故障原因；

3）如果 CP1 电压、熔断器都正常，则故障原因是由短路引起，需要判断是外部短路还是数控系统主板短路。具体做法是：断开 CNC 系统所有的外部连线，只给 CNC 通电，如果数码管依然不亮，则为数控系统主板短路，可进行数控系统更换；如果数码管点亮，则为外部短路，可以依次检查外部连线，确认短路点。

3. 数控系统黑屏故障排查示例

（1）故障现象　数控机床运行过程中出现数控系统显示器黑屏，主板上数码管不亮。

（2）故障排查　按照以下步骤进行故障排查：

1）检查屏幕是否处于屏保状态，参数 3123 用于设定屏幕保护时间，如果超过参数设定时间而没有使用显示器，会出现黑屏现象。解除方法是按下 MDI 键盘上任意键即可重新显示 CNC 界面，排除屏保造成黑屏原因。

2）检查直流 24V 控制电源。拔下主控系统主板电源接口 CP1，测量 1、2 引脚电压，电压正常，可排除电源电压原因。

3）检查电源熔断器。发现熔丝烧断，应更换，若问题依旧，可确认故障为短路引起。

4）定位故障点。拔下数控系统主板上除电源单元以外所有的连接电缆，开机后数码管点亮。

5）故障点测试。依次接插电缆线，当连接 JD51A I/O LINK 通信电缆时，故障出现，确认为该条通信回路故障，故障点测试如图 1.1.8 所示。

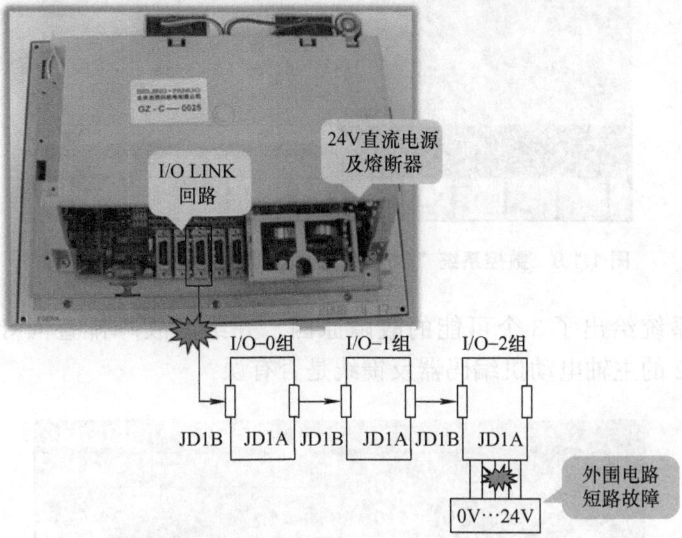

图 1.1.8　数控系统显示器黑屏故障点测试

6）排查 I/O 模块。依次排查回路中的 I/O 模块。检测出为 I/O 模块输出回路中继电器短路造成。

7）更换元器件。更换 I/O 模块输出回路中造成短路的继电器，重新连接，故障排除。

四、数控系统通过引导界面故障排查

1. 故障排查引导界面作用

解决故障报警首要任务就是查找故障原因，FANUC 0I-F Plus 数控系统具备故障分析功能，通过［引导］功能将系统实时检测出故障报警给出系统所分析出的可能原因，并通过与操作者间的对话，一步一步对可能的故障原因进行肯定和否定，最终聚焦到真正的原因上，这部分操作称之为故障排查“引导”。

2. 引导界面故障排查示例

（1）故障现象　某加工中心开机后出现“SP9073（S）电动机传感器断线”报警，如图 1.1.9 所示。

（2）故障排除　通过［引导］界面找出故障原因，按照以下步骤进行故障排查：

1）按下［MESSAGE］-［>］-［引导］，进入故障原因分析引导界面，进入该界面后，按下［操作］键，根据向导区域的内容，通过回答“是的”或“无”，一步一步解析故障原因，并最终显示引导出的结论。

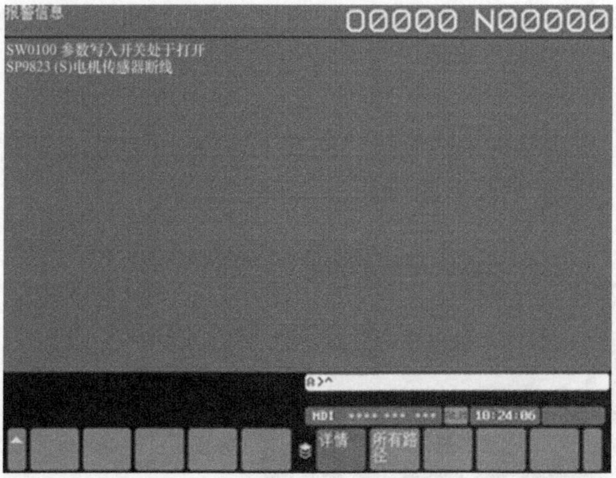

图 1.1.9　数控系统“SP9073（S）电动机传感器断线”报警

2）本案例系统给出了 3 个可能的故障原因，并给出故障排查向导，如图 1.1.10 所示：连接至 JYA2 的主轴电动机编码器反馈线是否有误?

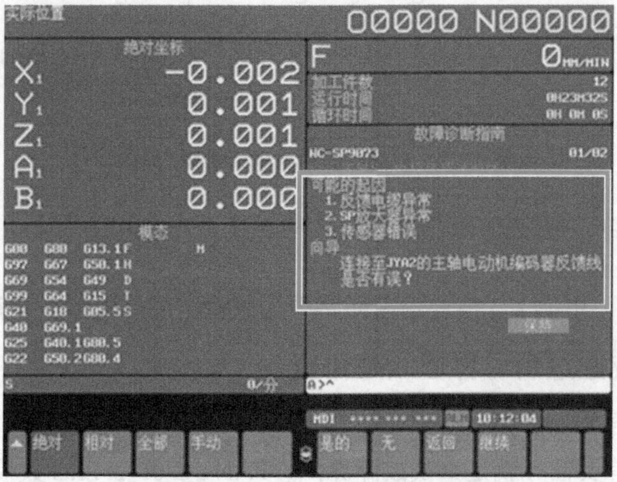

图 1.1.10　数控系统故障引导界面

3）根据向导提示，检查主轴电动机编码器反馈线与电动机编码器接口的连接，与主轴放大器 JYA2 接口的连接，发现 JYA2 接口连接松动，找到了故障原因。固定好 JYA2 接口，故障排除。

1.2　数控系统基于履历界面故障诊断应用

学习目标

1. 掌握数控系统履历界面的作用。
2. 报警履历故障诊断应用。

3. 外部操作信息履历故障诊断应用。

4.操作履历故障诊断应用。

重点和难点

操作履历故障诊断应用。

建议学时

4 学时

01.2 数控系统基于履历界面故障诊断应用

相关知识

一、数控系统履历界面的作用

数控系统履历界面可记录显示操作者执行的键入操作、信号操作、发生的报警等内容。在数控机床发生故障或报警时，可以借助于查看履历纪录，获得查找故障原因的线索。

1. 数控系统履历界面数据记录

数控系统履历界面通过参数设置，可以记录的数据包括以下内容：

1）MDI 键盘操作履历。

2）外部操作信息履历。

3）外部报警、信息添加履历。

4）参数、刀具偏置、工件偏置（工件偏移量）、用户程序公共变量履历。

5）输入输出信号操作履历等。

2.数控系统履历类型

常用数控系统履历类型包括报警履历、外部操作信息履历和操作履历，分别记录不同类型数据。

二、报警履历故障诊断应用

1. 报警履历界面内容显示

报警履历界面内容显示如图 1.2.1 所示，它是从已记录的全部履历数据中，抽取出报警履历显示在界面上。

报警履历界面按照报警发生的时间顺序从最新开始顺次显示，显示的报警信息包括：

1）路径名称（限于多路径运行时）。

2）报警发生日期和时刻。

3）报警的类别、编号和报警内容。

2. 进入报警履历界面

按照以下操作步骤进入报警履历界面：

1）按下功能键【MESSAGE】。

2）在显示［履历］软键之前，持续按［>］软键。

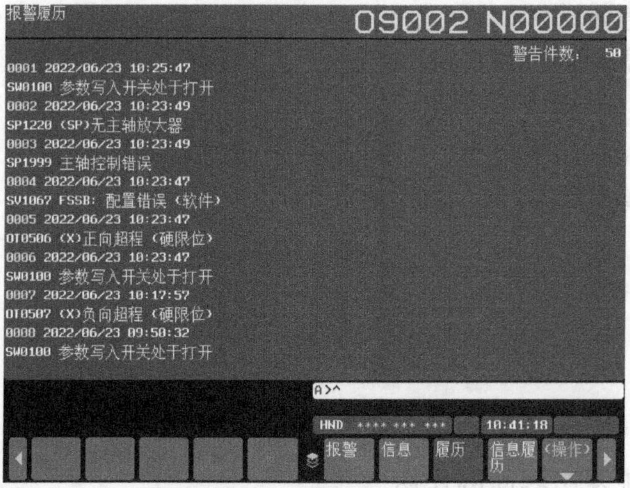

图 1.2.1 报警履历界面内容显示

3）按下［履历］软键，进入报警履历界面。

4）通过翻页键，可以查看报警履历更多内容。

3. 报警履历相关参数设定

（1）外部报警、宏报警履历显示设定　参数 3112#3 设定为 1，显示外部报警、宏报警履历，参数含义如图 1.2.2 所示。

	#7	#6	#5	#4	#3	#2	#1	#0
3112					EAH			

［数据类型］ 位型

#3 EAH 是否在报警履历功能中记录外部报警/宏报警的信息
0: 不予记录。
1: 予以记录。

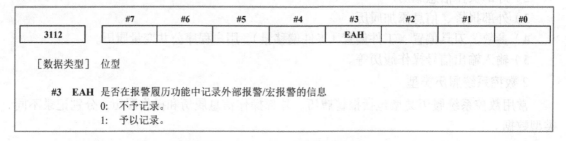

图 1.2.2 外部报警、宏报警履历显示设定

（2）报警履历附加记录设定　参数 3196#7 设定为 0，报警履历记录模态数据、绝对坐标值等附加信息，参数含义如图 1.2.3 所示。

	#7	#6	#5	#4	#3	#2	#1	#0
3196	HAL							

［输入类型］ 参数输入
［数据类型］ 位型

#7 HAL 发生报警时，是否在操作履历以及报警履历上记录附加信息（发生报警时的模态数据和绝对坐标值以及机械坐标值）
0: 予以登录。
1: 不予登录。

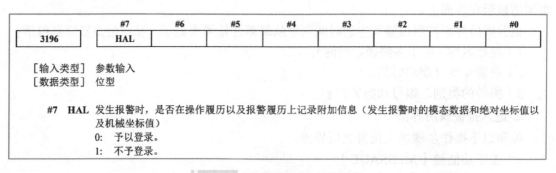

图 1.2.3 报警履历附加记录设定

（3）报警履历超存储量设定　参数 11354#2 设定为 1，报警履历可记录最新的 50 条记录，其余记录被删除，参数含义如图 1.2.4 所示。

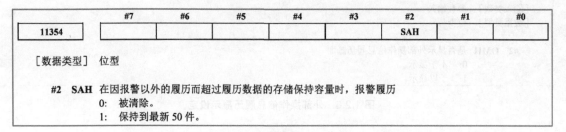

	#7	#6	#5	#4	#3	#2	#1	#0
11354						SAH		

［数据类型］ 位型

#2 SAH 在因报警以外的履历而超过履历数据的存储保持容量时，报警履历
0: 被清除。
1: 保持到最新 50 件。

图 1.2.4　报警履历记录条数设定

三、外部操作信息履历故障诊断应用

1.外部操作信息履历内容显示

外部操作信息履历内容显示如图 1.2.5 所示，它是从已记录的全部履历数据中，抽取出外部操作信息履历和宏信息履历显示在界面上。

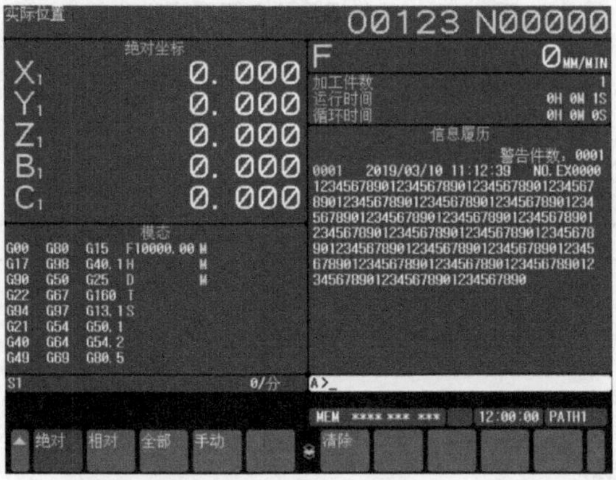

图 1.2.5　外部操作信息履历内容显示

2.进入外部操作信息履历界面

按照以下步骤进入外部操作信息履历界面：

1）按下功能键【MESSAGE】。

2）在显示［信息］软键之前，持续按［>］软键。

3）按下［信息］软键，显示出外部操作信息履历界面。

4）通过翻页键，可以查看外部操作信息履历更多内容。

3. 外部操作信息履历相关参数设定

（1）外部操作信息履历显示设定　参数 3112#2 设定为 1，显示外部操作信息履历，参数含义如图 1.2.6 所示。

（2）外部操作信息履历擦除设定　参数 3113#0 设定为 1，可以擦除外部操作信息履历，参数含义如图 1.2.7 所示。

	#7	#6	#5	#4	#3	#2	#1	#0
3112						OMH		

［输入类型］ 参数输入
［数据类型］ 位型

#2 OMH 是否显示外部操作信息履历画面
0: 不予显示。
1: 予以显示。

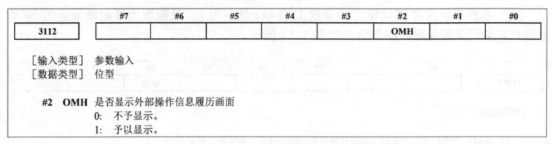

图 1.2.6 外部操作信息履历显示设定

	#7	#6	#5	#4	#3	#2	#1	#0
3113	MS1	MS0						HMC

［输入类型］ 参数输入
［数据类型］ 位型

#0 HMC 外部操作信息履历的内容
0: 无法擦除。
1: 可以擦除。

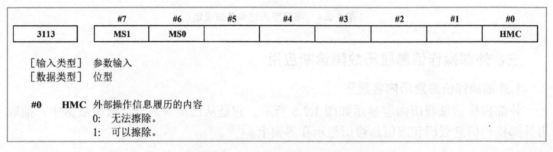

图 1.2.7 外部操作信息履历擦除设定

（3）外部操作信息履历记录设定 参数 3196#6 设定为 0，记录外部操作信息和宏程序履历，参数含义如图 1.2.8 所示。

	#7	#6	#5	#4	#3	#2	#1	#0
3196		HOM						

［输入类型］ 参数输入
［数据类型］ 位型

#6 HOM 是否记录外部操作信息和宏信息履历
0: 予以登录。
1: 不予登录。

图 1.2.8 外部操作信息履历记录设定

（4）外部操作信息履历超存储量设定 参数 11354#3 设定为 1，外部操作信息履历以外的数据超过存储容量时予以保存，参数含义如图 1.2.9 所示。

	#7	#6	#5	#4	#3	#2	#1	#0
11354					SOH			

［输入类型］ 参数输入
［数据类型］ 位型

#3 SOH 在因外部操作信息履历以外的数据超过履历数据的存储保持容量时，外部操作信息履历
0: 被清除。
1: 予以保存。

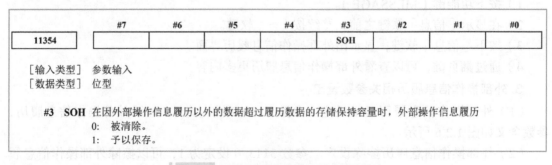

图 1.2.9 外部操作信息履历超存储量设定

四、操作履历故障诊断应用

1. 操作履历内容显示

操作履历界面内容显示如图 1.2.10 所示，主要显示内容见表 1.2.1。

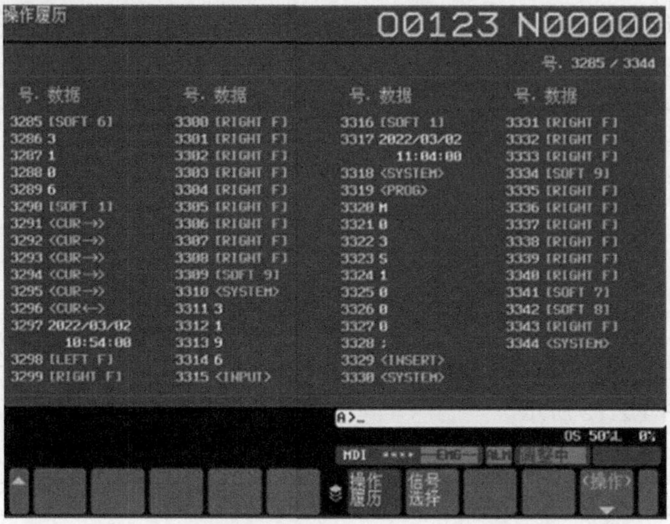

图 1.2.10　操作履历界面内容显示

表 1.2.1　操作履历界面显示内容

序号	履历类型	主要内容
1	操作履历	1-1 操作者进行的 MDI 键操作
		1-2 X、Y、G、F 输入输出信号 ON、OFF 状态变化
2	报警履历	2-1 所发生的报警
		2-2 报警发生时执行的程序段模态信息和坐标值（界面上不予显示）
3	数据变更履历	3-1 刀具偏置数据的变更（参数 3196#0 为 1 时）
		3-2 刀具偏置数据、扩展工件偏置数据、工件偏移量（T 系列）的变更（参数 No.3196#1 为 1 时）
		3-3 参数的变更（参数 3196#2 为 1 时）
		3-4 用户宏程序公共变量数据的变更（参数 3196#3 为 1 时）
4	外部操作信息履历以及宏信息履历	4-1 外部操作信息履历以及宏信息履历（参数 3196#6 为 0 时）
5	时间戳	5-1 显示日期和时刻

2. 进入操作履历界面

按照以下步骤进入操作履历界面：

1）按下功能键【SYSTEM】。

2）在显示［操作履历］软键之前，持续按［>］软键。

3）按下软键［操作履历］，并按下新显示的软键［操作履历］，显示操作履历界面。

4）通过翻页键进行向上一页、下一页界面切换，显示更多操作履历内容；希望显示页和页之间的内容时，按下左右光标键，界面按照每半页显示的方式变动。

5）按下软键［(操作)］，包含［顶部］、［最后］、［搜索号码］等操作软键。

3. 操作履历相关参数设定

（1）操作履历显示软键参数设定　参数 3106#4 设定为 1，显示操作履历界面，参数含义如图 1.2.11 所示。

	#7	#6	#5	#4	#3	#2	#1	#0
3106				OPH				

#4　OPH　是否显示操作履历画面
0:　不予显示。
1:　予以显示。

图 1.2.11　操作履历显示设定

（2）操作履历记录时刻周期参数设定　参数 3122 用于设定操作履历中记录时刻的周期，参数含义如图 1.2.12 所示。

3122	在操作履历中记录时刻的周期

［输入类型］　参数输入
［数据类型］　字型
［数据单位］　min
［数据范围］　0～1440
针对每个设定的时间，将时刻记录在操作履历中。
设定值为 0 的情况下，视为 10 min。
但是，在时间内没有记录数据时，则不予记录时刻。

图 1.2.12　操作履历记录时刻周期参数设定

（3）操作履历记录参数设定　参数 3195#5、3195#6、3195#7 对应的字符如图 1.2.13 所示，参数设定见表 1.2.2。

	#7	#6	#5	#4	#3	#2	#1	#0
3195	EKE	HDE	HKE					

图 1.2.13　操作履历记录参数 3195 各位字符

表 1.2.2　操作履历记录参数设定

序号	参数位字符与设置	参数含义
1	3195#5（HKE）设置为 0	记录 MDI 按键操作履历
2	3195#6（HDE）设置为 0	记录 DI/DO 履历
3	3195#7（EKE）设置为 1	显示擦除全部履历数据的［清除］软键

（4）数据变更履历参数设定　参数 3196 各位用于选择相关数据变更记录，对应的字符如图 1.2.14 所示，参数设定见表 1.2.3。

	#7	#6	#5	#4	#3	#2	#1	#0
3196	HAL	HOM			HMV	HPM	HWO	HTO

图 1.2.14 数据变更履历参数各位字符

表 1.2.3 数据变更履历参数设定

序号	参数位字符与设置	参数含义
1	3196#0（HTO）设置为 1	记录刀具偏置数据的变更履历
2	3196#1（HWO）设置为 1	记录刀具偏置数据、扩展共建偏置数据、工件偏移量（T 系统））的变更履历
3	3196#2（HPM）设置为 1	记录参数的变更履历
4	3196#3（HMV）设置为 1	记录用户宏程序公共变量变更履历
5	3196#6（HOM）设置为 1	记录外部操作信息以及宏消息履历
6	3196#7（HAL）设置为 0	在操作履历、报警履历上记录附加信息

4. 操作履历信息显示

（1）MDI 按键记录显示　在 MDI 键盘进行按键操作，MDI 键盘在履历界面按照键盘字符显示，例如：在【程序】界面下键入“M03S1000；”→“INSERT”后，对应的履历界面显示如图 1.2.15 所示。

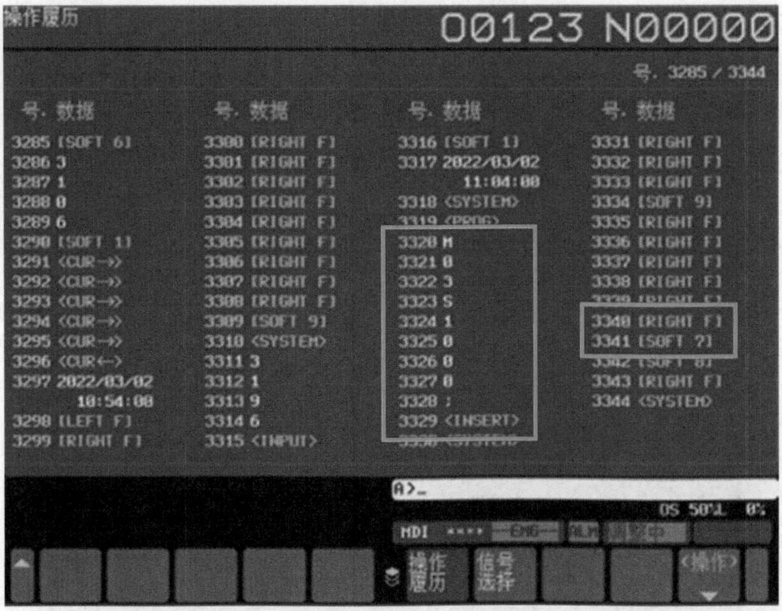

图 1.2.15 MDI 按键记录显示

（2）数控系统软键记录显示　数控系统软键记录显示见表 1.2.4，例如图 1.2.15 中标记处［RIGHT F］表示向右扩展键，［SOFT 7］表示水平软键 SF7。

表 1.2.4　数控系统软键记录显示

软键记录显示	对应的软件字符	垂直软键
［SOFT X］	横排软键，如［SOFT 9］指的是横排软键的 SF9 按键	VSF1
［LEFT F］	横排软键左翻页	VSF2
［RIGHT F］	横排软键右翻页	VSF3
［VSOFT X］	侧排软键	VSF4
<CUR>	上下左右光标	VSF5
<XX>	MDI 键盘按键	VSF6 VSF7 VSF8 VSF9
水平软键	◀ LEFT F　SF1　SF2　SF3　SF4　SF5　SF6　SF7　SF8　SF9　SF10　▶ RIGHT F	

（3）输入输出信号记录显示　操作履历界面可以记录数控系统 X、Y、G、F 信号的变化。例如记录工作方式选择信号变化，以 JOG 工作方式为例，对应的 PLC 信号为 G43.2、G43.0，按照以下步骤操作，在操作履历界面记录信号变化：

1）按下【SYSTEM】功能键，持续按［>］软键，直至显示［操作履历］软键。

2）按下软键［操作履历］，按下软键［信号选择］，显示信号界面。

3）输入 G43，按下【INPUT】键。

4）通过移动光标将 G43.2、G43.0 设定为 1，如图 1.2.16 所示。

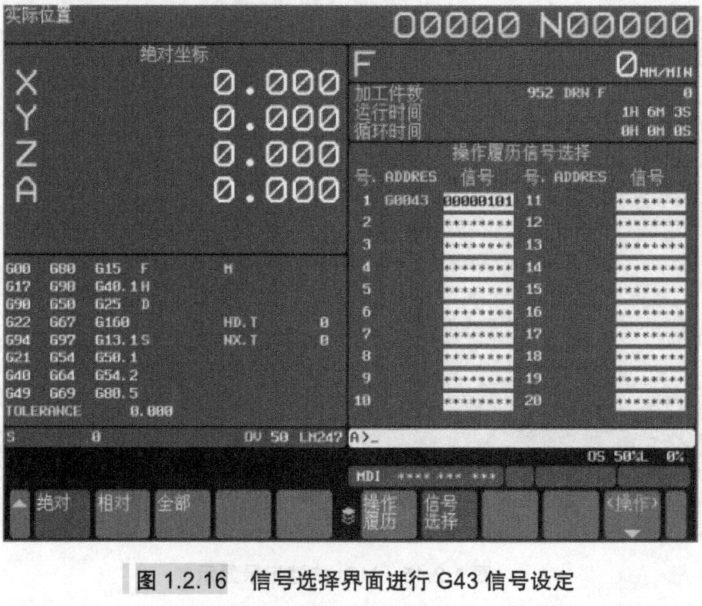

图 1.2.16　信号选择界面进行 G43 信号设定

5）退出信号选择界面。

6）在机床操作面板上进行工作方式切换，如选择 MDI 方式、EDIT 方式等。

7）再次进入操作履历界面，可以观察到 G43.2、G43.0 信号的变化，如图 1.2.17 所示。

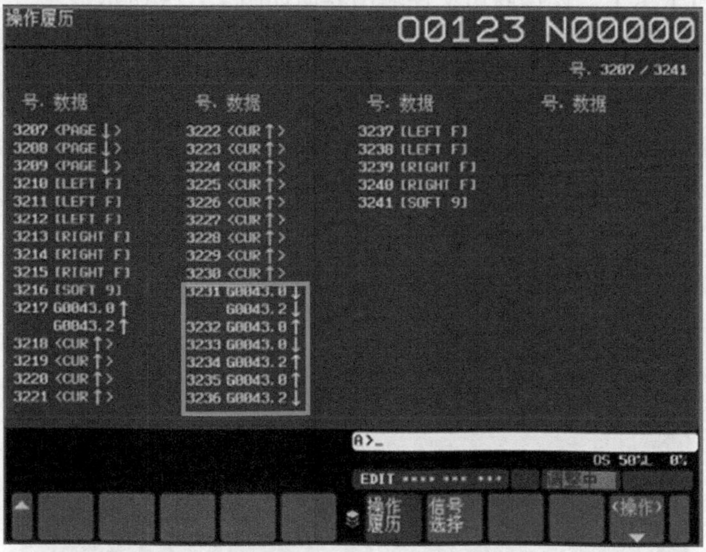

图 1.2.17　G43 信号记录显示

（4）操作履历记录刀补修改履历

按照以下步骤可以查看并保持刀补修改履历数据：

1）按下【OFFSET】功能键，进入刀偏界面，修改 1 号刀偏置值，长度修改为 100，如图 1.2.18 所示。

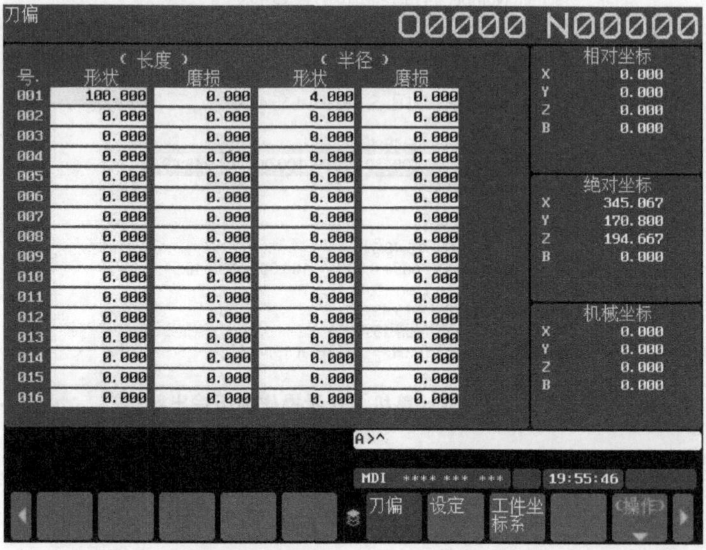

图 1.2.18　修改 1 号刀长度补偿值

2）按下【SYSTEM】功能键，持续按［>］软键，直至显示［操作履历］软键。

3）数控系统卡槽插入 CF 卡，参数 20 改为 4，工作方式选择 EDIT 模式。

4）按下［操作履历］软键→［(操作)］→按下软键［输出］，输出闪烁结束表明操作履历文件传输到 CF 卡上。操作履历文件输出界面如图 1.2.19 所示。

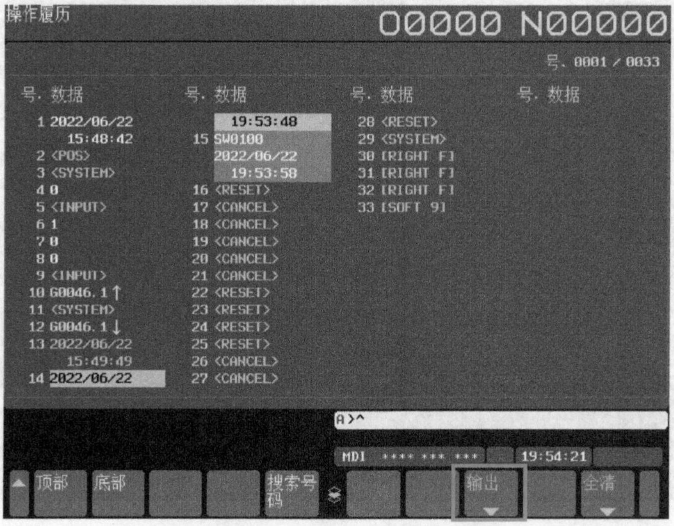

图 1.2.19　操作履历文件输出界面

5）使用读卡器在计算机上查看操作履历输出数据文件，找到修改刀补文字解释，如图 1.2.20 所示。

=============== OPERATION HISTORY ======
Data delete at 2022/06/22 15:48:42
Screen Number 1413H -> 0101H at 15:48:44
MDI 01_<POS> 15:48:45
Screen Number 0101H -> 0100H at 15:48:45
MDI 01_<SYSTEM> 15:48:45
Screen Number 0100H -> 1413H at 15:48:46
Screen Number 1413H -> 0102H at 15:48:46
MDI 01_0 15:48:48
MDI 01_<INPUT> 15:48:48
Tool Offset 01_HG 0001 0.000-> 100.000at 15:48:49
MDI 01_1 15:48:49
MDI 01_0 15:48:50
MDI 01_0 15:48:50
MDI 01_<INPUT> 15:48:51
Tool Offset 01_HG 0001 0.000 -> 100.000 at 15:48:51
DI/DO 1_G0046.1_on 15:48:52
MDI 01_<SYSTEM> 15:48:52
DI/DO 1_G0046.1_off 15:48:53
Screen Number 0102H -> 1413H at 15:48:53

图 1.2.20　在计算机上查看操作履历输出数据

项目 2

驱动装置故障诊断与排查

项目引入

根据数控系统伺服驱动装置、主轴驱动装置报警，结合伺服驱动器、主轴驱动器数码管显示，进行故障原因分析及故障排查。

项目目标

1. 掌握伺服驱动器故障诊断与排查方法。
2. 掌握主轴驱动器故障诊断与排查方法。

2.1 伺服驱动器故障诊断与排查

学习目标

1. 能够对伺服驱动器基于 LED 数码管指示的故障进行诊断与排查。
2. 能够排查伺服驱动装置电气控制电路故障。
3. 能够排查典型伺服驱动报警。

重点和难点

典型伺服驱动故障排查方法。

02.1 伺服驱动器故障诊断与排查

建议学时

6 学时

相关知识

一、伺服驱动器基于 LED 数码管指示故障诊断与排查

1. α i伺服驱动器 LED 数码管状态显示

FANUC 数控系统 α i 系列数字式交流伺服驱动器通常无状态指示灯显示，伺服驱动

器报警通过驱动器上七段数码管进行显示。根据七段数码管显示 0 ～ 9 数字或 A、B、C、D 等不同字符，通过查找维修说明书可以确定故障原因。伺服驱动器 LED 数码管显示如图 2.1.1 所示。

2. 伺服驱动器 LED 数码管显示含义

（1）等待建立通信状态数码显示　在伺服驱动器控制电源正常时 LED 数码管显示为“-”时，表示伺服驱动器处于等待与数控系统建立通信的状态，如图 2.1.2 所示。

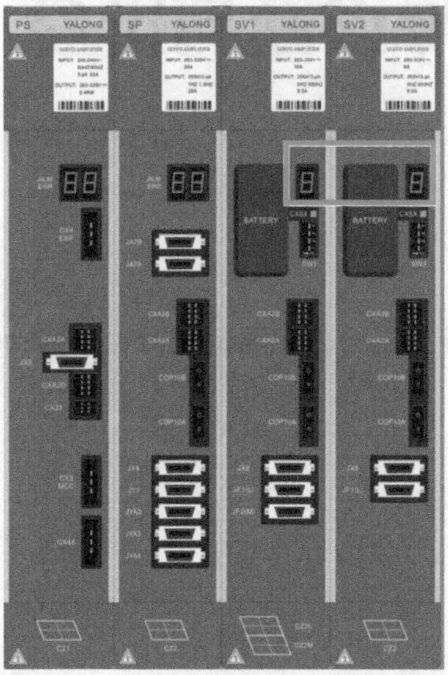

图 2.1.1　伺服驱动器 LED 数码管显示

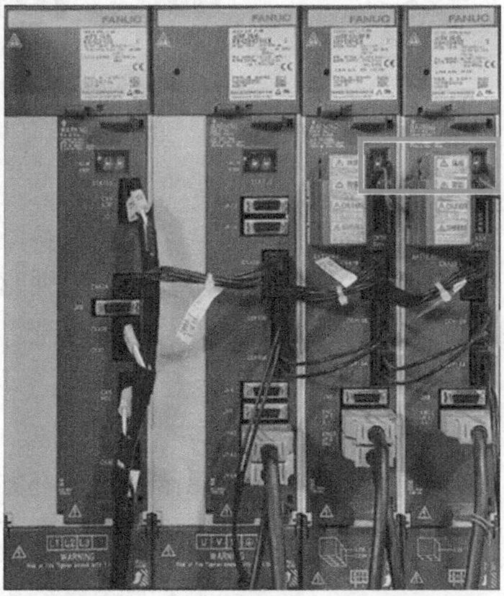

图 2.1.2　等待建立通信状态数码显示

（2）通信建立后数码显示　当伺服驱动器与数控系统通信建立后，七段 LED 数码管显示为“0”，如图 2.1.3 所示。

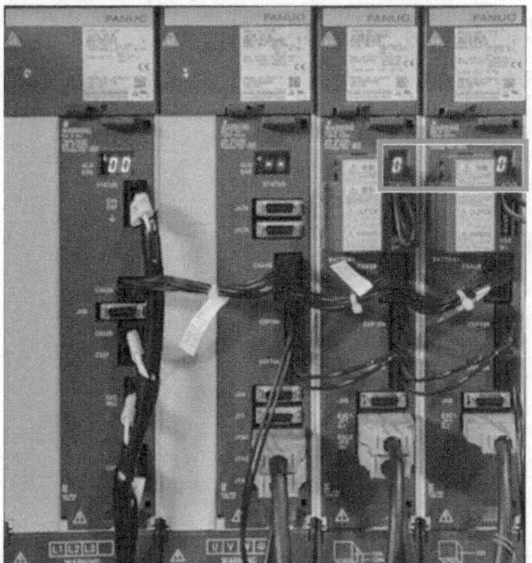

图 2.1.3　通信建立后数码显示

（3）伺服驱动故障时数码显示　如果伺服驱动器LED数码管出现其他数字或字符，则说明伺服驱动器检测出现异常状态。伺服驱动器LED数码管显示与对应状态分析见表2.1.1。

表 2.1.1　伺服驱动器 LED 数码管显示与对应状态分析

STATUS 的显示位置	LED 显示	伺服驱动器状态分析
	不显示	STATUS 显示 LED 不亮 1）未接通控制电源 2）电缆异常 3）控制电源线路接触不良
	英文数字	接通电源后，大约 4s 的时间里软件系列 / 版本分 8 次进行显示 例：软件版本系列 5H00/03.0 版的情况
	– 亮灯	等待来自 CNC 的就绪信号
	0 闪烁	绝缘电阻测量中
	0 亮灯	准备状态 伺服电动机处于励磁状态
	显示 1～	报警状态 根据显示的数字、字符判断报警的类别
	– 闪烁	安全扭矩关断状态

3. 伺服驱动器数码指示故障诊断与排查

（1）伺服驱动报警代码及状态分析　当数控系统出现伺服报警时，结合数控系统显示的伺服报警代码及伺服驱动器LED数码显示，通过查找伺服维修说明书（B-65515）进行故障代码的检索及故障原因分析，伺服驱动装置报警代码及状态分析见表2.1.2。

表 2.1.2　伺服驱动装置报警代码及状态分析（部分）

数控系统报警代码	LED 数码显示	报警内容
SV0444	1（闪烁）	SV 内部冷却风扇停止（风扇转速降低）
SV0015	2（闪烁）	SV 驱动器电源降低
SV0434	2	SV 控制电源低电压
SV0013	3	SV CPU 总线异常
SV0012	4	SV 切断电路异常
SV0435	5	SV 直流母线部分低电压
SV0438	b、c、d	L 轴、M 轴、N 轴 SV 电流异常
SV0449	8.、9.、A.	L 轴、M 轴、N 轴 SV IPM 报警
SV0600	8	SV 直流母线电流异常
SV0601	F（闪烁）	SV 散热器冷却风扇停止（风扇转速降低）
SV0603	8.、9.、A.	L 轴、M 轴、N 轴 SV IPM 报警（OH）
SV0604	P	放大器间通信异常

（续）

数控系统报警代码	LED 数码显示	报警内容
SV0654	7	DB 继电器异常
SV0659	7（闪烁）	SSM 异常
SV0014	J	SV CPU 看门狗
SV0016	b.、c.、d.	SV 电动机电流检测异常
SV0017	11	SV 内部通信异常
SV0018	11（闪烁）	SV 内部 ROM 数据异常
SV0035	—	SV 无异常
SV0036	A（闪烁）	相间打开
SV0037	9（闪烁）	SN 异常（OPEN）
SV0038	—	电流控制不良
SV0039	8（闪烁）	SV 异常（SHORT）

（2）伺服驱动报警及故障排查思路　以 SV0435 故障排查为例，说明基于数控系统报警和 LED 数码显示的故障排查思路。

故障现象。一台新调试的数控机床，使用 αi 系列伺服驱动器，数控系统上电松开急停后，数控系统显示“SV0435（Z）逆变器 DC LINK 低电压”报警，如图 2.1.4 所示，同时伺服驱动器 LED 显示报警状态“5”，如图 2.1.5 所示。

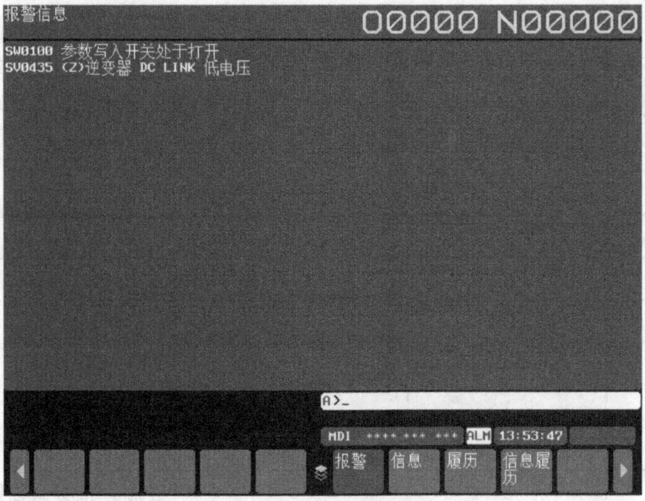

图 2.1.4 “SV0435（Z）逆变器 DC LINK 低电压”报警

故障排查。按照以下步骤进行故障排查。

1）查阅维修说明书（B-65515）目录，找到“Ⅱ αi-B 放大器故障追踪及处理”→“3 报警显示及其内容”→“3.1 伺服报警”，找到数控系统显示的报警号 SV0435，显示故障原因为 SV 直流母线低电压，如图 2.1.6 所示。

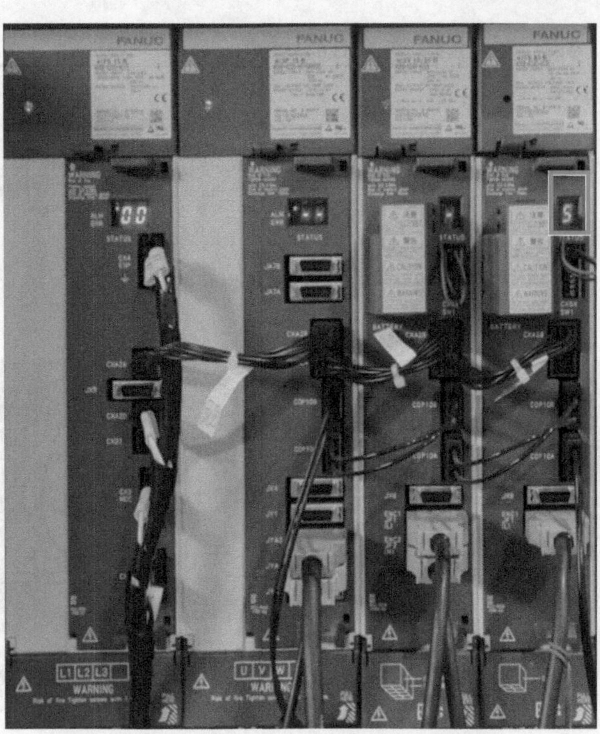

图 2.1.5 伺服驱动器 LED 显示报警状态“5”

▲ B-65515CM/01
安全使用须知
前言
目录
▶ I. αi-B放大器启动步骤
▲ II. αi-B放大器故障追踪及处理
1 概要
▶ 2 故障诊断功能
▲ 3 报警显示及其内容
3.1 伺服报警

SV0403			轴卡/软件组合不正确	
SV0404			V 准备就绪	
SV0407			误差过大	
SV0409			异常负载	
SV0410			停止时误差过大	
SV0411			移动时误差过大	
SV0413			LSI 溢位	
SV0415			轴行程过大	
SV0417			伺服参数不正确	4.3
SV0420			扭矩差过大	
SV0421			半闭环全闭环误差过大	4.3
SV0422			速度过大（扭矩控制）	
SV0423			误差过大（扭矩控制）	
SV0430			伺服电机过热	4.3
SV0431		03	PS 主电路过负载	4.1.2.4
SV0432		06	PS 控制低电压	4.1.2.7
SV0433		04	PS 直流母线部低电压	4.1.2.5
SV0434	2		SV 控制电源低电压	4.2.2
SV0435	5		SV 直流母线部低电压	4.2.5
SV0436			(软件)过热 (OVC)	4.3.3

图 2.1.6 查阅维修说明书 1

2）表格中进一步提示详细内容查阅 4.2.5，进入这个界面，维修说明书列举出现 SV0435 可能的原因，如图 2.1.7 所示，其中有一条指向“请确认直流母线用连接电缆（棒）的螺钉拧紧情况”。

3）根据维修说明书上提供的原因分析，进行相关检查。

4）通过检查，最终发现由于 Z 轴驱动器直流母线没有连接好，导致伺服上电时造成驱动器直流母线接触不良引起的报警，重新连接好驱动器直流母线后故障排除，如图 2.1.8 所示。在进行直流母线紧固时，一定要注意等驱动器母线上指示灯熄灭后进行。

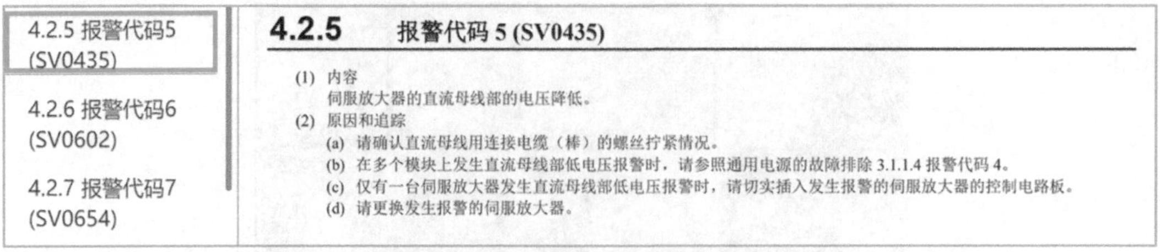
4.2.5 报警代码5 (SV0435)
4.2.6 报警代码6 (SV0602)
4.2.7 报警代码7 (SV0654)

4.2.5　报警代码 5 (SV0435)

(1) 内容
伺服放大器的直流母线部的电压降低。
(2) 原因和追踪
(a) 请确认直流母线用连接电缆（棒）的螺丝拧紧情况。
(b) 在多个模块上发生直流母线部低电压报警时，请参照通用电源的故障排除 3.1.1.4 报警代码 4。
(c) 仅有一台伺服放大器发生直流母线部低电压报警时，请切实插入发生报警的伺服放大器的控制电路板。
(d) 请更换发生报警的伺服放大器。

图 2.1.7　查阅维修说明书 2

图 2.1.8　Z 轴直流母线螺钉松动

二、伺服驱动装置电气控制与电路连接

1. DC24V 控制电源电路连接

控制电源采用 DC24V 电源，主要用于伺服控制电路的电源供电。外部电路给电源模块 PS 通过 CXA2D 提供 24V 直流电源，然后按照 CXA2A–CXA2B 的方式给主轴放大器和伺服放大器供电，如图 2.1.9 所示。

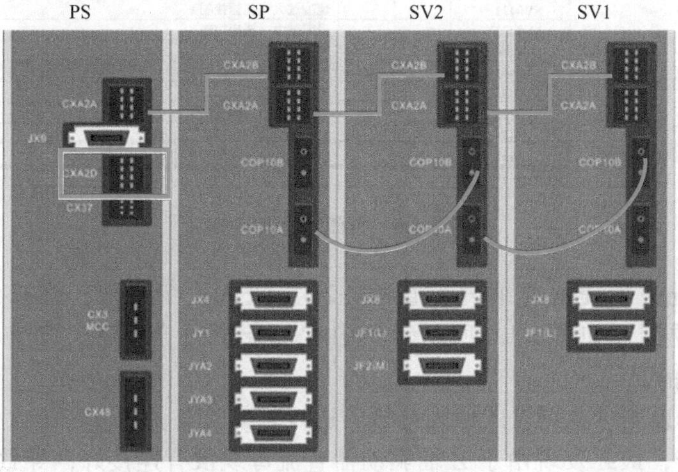

图 2.1.9　驱动器 24V 直流电源供电

2. 伺服驱动动力电源控制与电路连接

伺服驱动电源模块通常采用220V三相交流电源，给伺服驱动电源模块主电源接口CZ1通过交流接触器常开触点提供动力电源。交流接触器线圈导通受到电源模块接口CX3控制，在系统开机自检后，如果没有急停和报警，数控系统发出“*MCON”信号给SVM（伺服放大器），SVM接收到该信号后CX3闭合，交流接触器线圈得电，给驱动器电源模块通入主电源。CX3、CX4与电源模块动力电源之间的逻辑关系如图2.1.10所示。

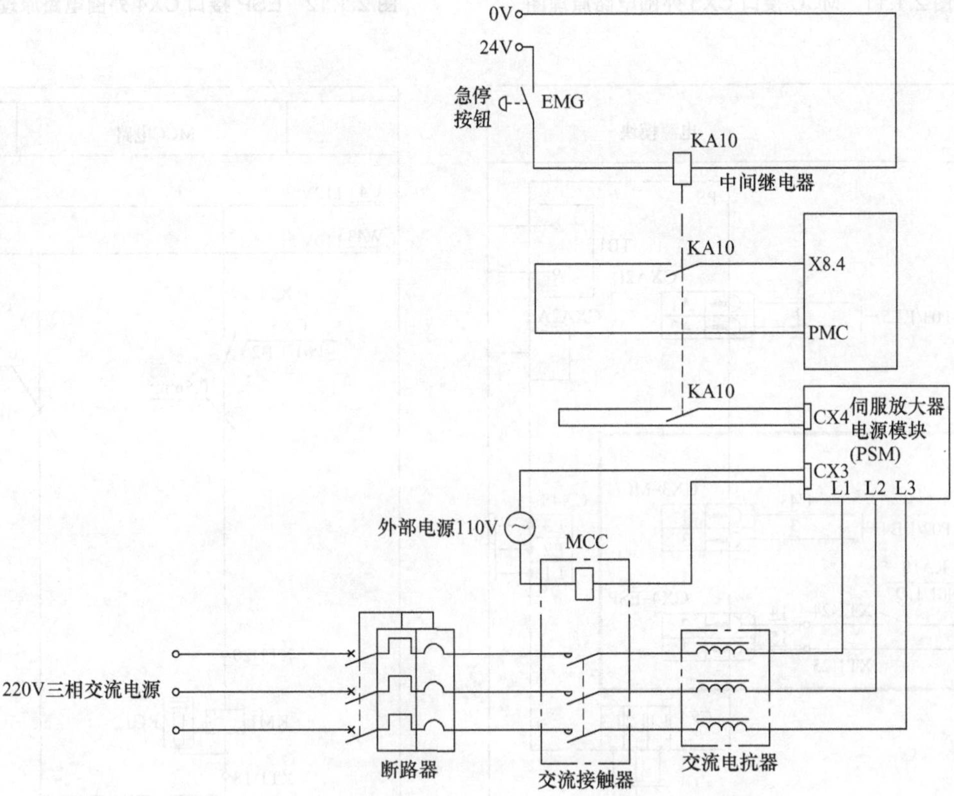

图 2.1.10 CX3、CX4 与电源模块动力电源之间的逻辑关系

3. MCC、ESP 控制

MCC接口与ESP接口用于对伺服放大器保护，在发生报警、急停等情况下能够切断伺服放大器主电源，停止机床运行，起到保护机床安全的作用。MCC接口CX3外围电路原理图如图2.1.11所示，急停信号ESP接口CX4外围电路原理图如图2.1.12所示。

4. MCC 外围电路连接

MCC接口外围电路实际连接如图2.1.13所示，110V交流电源U43通过CX3触点与交流接触器线圈KM1连接，只有当CX3触点因数控系统伺服驱动无故障闭合时，KM1线圈才能导通，给数控系统电源模块提供三相220V交流电源。

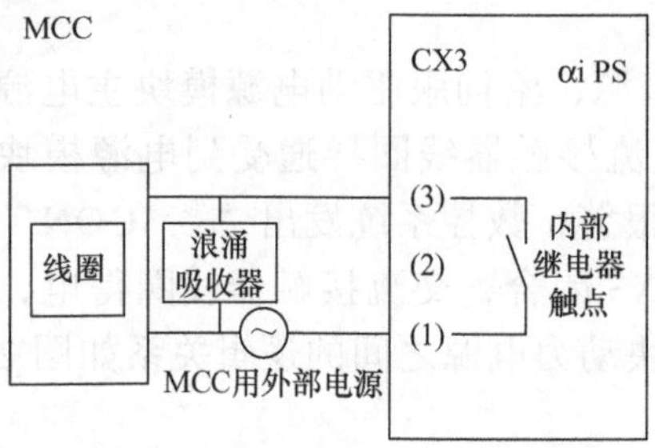

图 2.1.11　MCC 接口 CX3 外围电路原理图

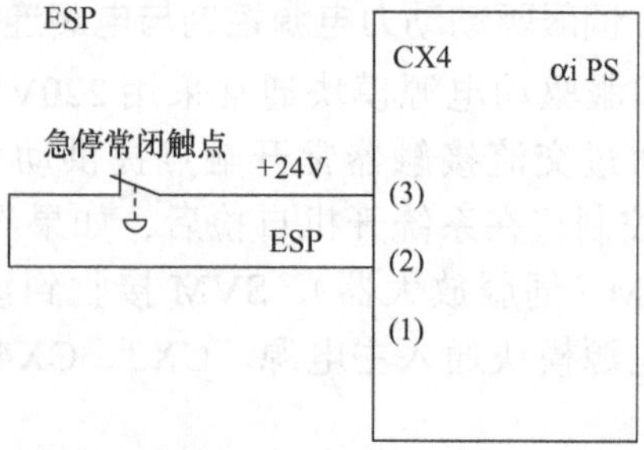

图 2.1.12　ESP 接口 CX4 外围电路原理图

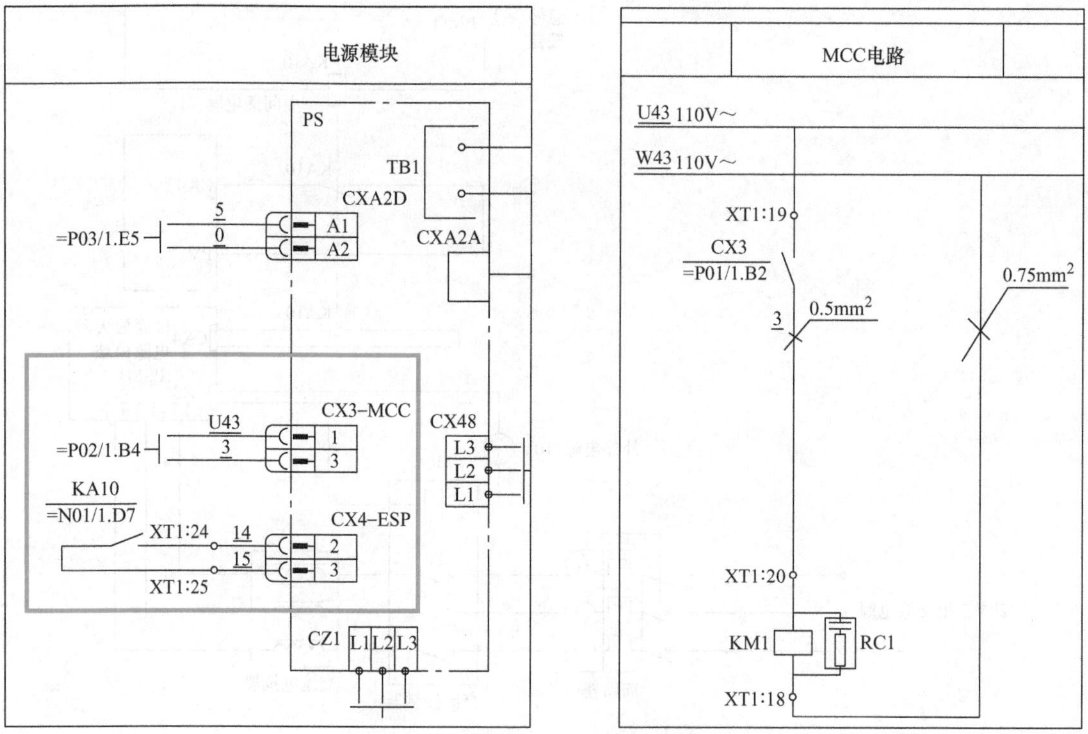

图 2.1.13　MCC 接口外围电路实际连接

5. ESP 外围电路连接

ESP 接口外围电路实际连接如图 2.1.14 所示，急停按钮 EMG、中间继电器 KA10 通过 24V 直流电源构成一个回路。当没有拍下急停按钮时，中间继电器 KA10 线圈得电，KA10 常开触点闭合，连接在电源模块 CX4 接口的外围电路短接，表示系统没有处于急停状态。

三、典型伺服驱动报警与故障排查

1. 伺服动力电源接触器无法正常吸合故障排查

（1）故障现象　伺服驱动电源模块没有动力电源。

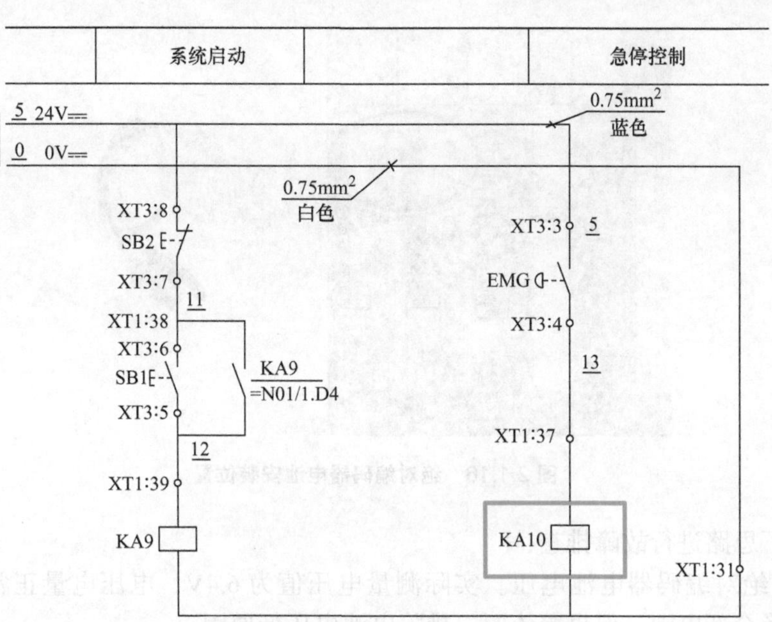

图 2.1.14 ESP 接口外围电路实际连接

（2）故障排查　当伺服驱动电源模块没有动力电源输入时，按照以下思路进行排查：

1）检查 SVM 是否有故障报警，如果有，先排除报警。

2）检查电源模块 PSM 的 CX4 接口是否断开，正常情况是短路的。如果开路，则说明急停电路有故障，检查中间继电器 KA10 外部电路，找到故障点。

3）用万用表检查伺服驱动电源模块三相 220V 动力电源进线是否断相，如果断相，则检查伺服驱动主电源电路，特别检查是否因熔断器断路造成断相。

4）观察 MCC 是否吸合，如果有吸合，上电时能听到 PSM 内部继电器吸合的声音，则说明 PSM 本身没有故障，此时需要检查 MCC 接口外围电路，找到故障点。

5）检查 PSM、SPM（主轴模块）、SVM 之间的连接线是否连接错误或连接不牢固。

6）如果以上检查没有故障，则是伺服驱动电源模块本身故障，应更换电源单元控制板。

2. 脉冲编码器电池电压低故障排查

（1）故障现象　一台数控加工中心，闲置一段时间后重新开机，系统显示 APC 绝对编码器电池电压低报警，如图 2.1.15 所示。

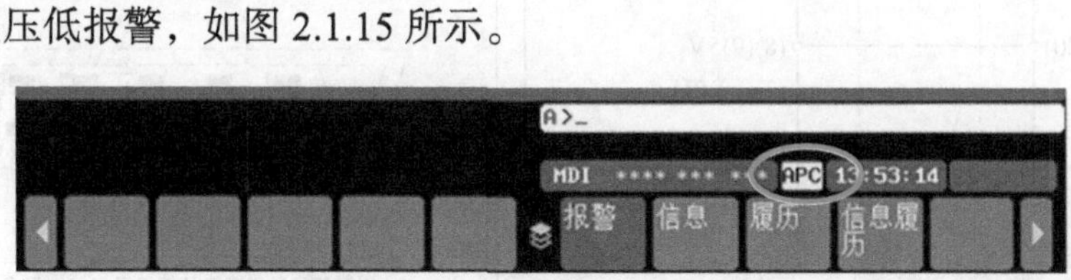

图 2.1.15 APC 绝对编码器电池电压低报警

（2）故障排查　在 FANUC 系统中，伺服电动机使用绝对编码器，需要为驱动器配置 6V 电池，以便系统断电后记忆编码器位置数据。当驱动器电池电压不足时，会发生 APC 报警，提示电池电压低，需要及时更换驱动器电池，否则会导致伺服轴原点丢失。伺服驱动器上绝对编码器电池安装位置如图 2.1.16 所示。

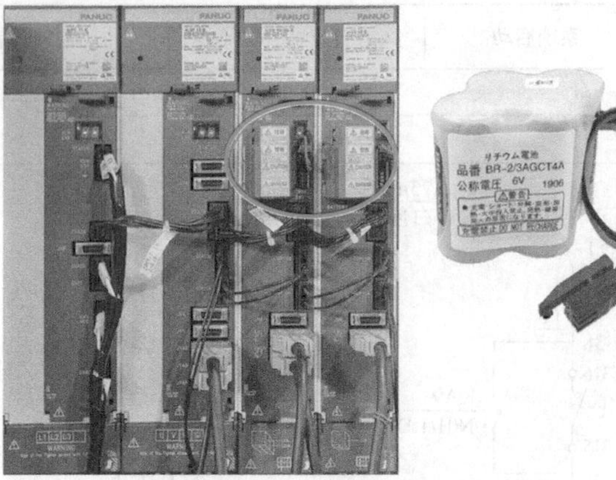

图 2.1.16 绝对编码器电池安装位置

按照以下思路进行故障排查：

1）测量绝对编码器电池电压。实际测量电压值为 6.4V，电压电量正常。为保险起见，重新更换全新电池，但报警依旧，排除电池电压低原因。

2）判断是否由于驱动器、X/Y 轴编码器线或者编码器不良导致。调换驱动器上 Y 轴与 Z 轴编码器插头后，系统仍出现 X/Y 轴电池电压低报警，不能确定故障原因。

3）为了排除刚刚 Y 轴与 Z 轴互换编码器线出现的偶发性故障，将驱动上 X 轴编码器线插头与 Z 轴编码器线插头进行调换，设备报警转移到 X 轴，初步判断报警是由于 Z 轴编码器线或者编码器问题导致。

4）因为线缆是新的，怀疑线缆本身制作时出现问题，拆开 JF1 插头后，参照标准编码器接线图样进行测量，如图 2.1.17 所示，发现焊接针脚出现脱落，6V 电压无法供给编码器使用。重新焊接好后开机运行，报警消除。

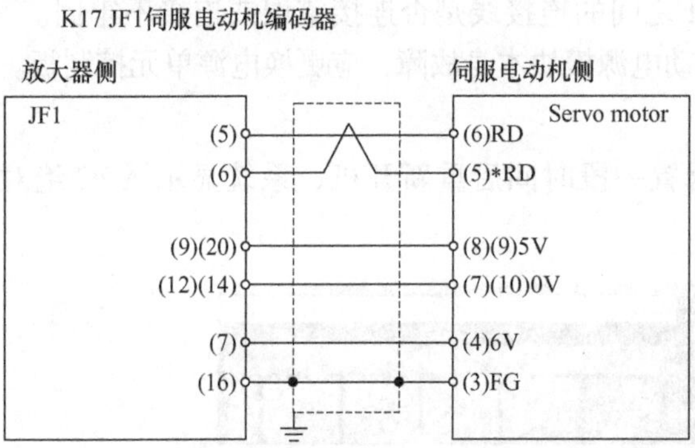

导线规格：

引脚	5V, 0V, 6V	SD,*SD,REQ,*REQ	地线
小于等于28m	0.3mm^2	0.18mm^2	0.15mm^2
小于等于50m	0.5mm^2	0.18mm^2	0.15mm^2

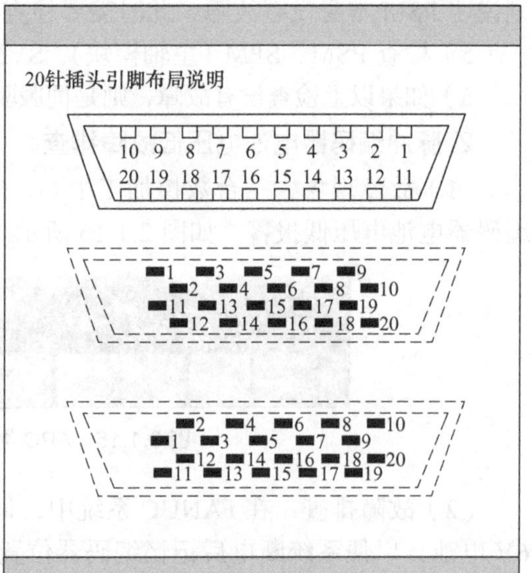

图 2.1.17 编码器反馈 JF1 引脚

3. SV368 串行数据错误（内装）报警故障排查

（1）故障现象　数控系统开机后，出现“SV368 串行数据错误（内装）”报警，如图 2.1.18 所示。

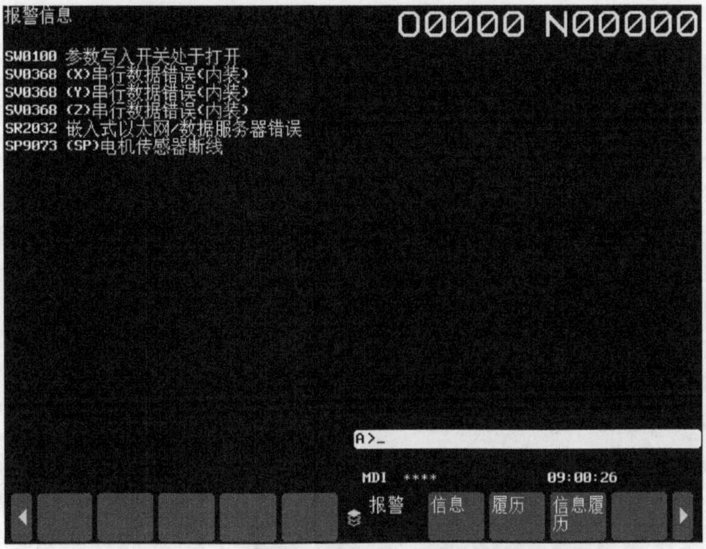

图 2.1.18 “SV368 串行数据错误（内装）”报警

（2）故障排查　按照以下思路进行故障排查：

1）排查伺服电动机编码器插头有无松动接触不良。

2）查看编码器线有无破损断线。

3）可通过替换编码器、电动机、反馈线缆和放大器的方式进行排查。

4）检查硬件型号是否匹配。

5）短时间内可以通过参数 12#7 和 1005#7 设定为 1 进行报警屏蔽。

6）把此电动机上的编码器跟其他电动机上的同型号编码器进行互换，如果互换后故障转移，则说明编码器本身已经损坏。

7）把伺服放大器跟其同型号的放大器互换，如果互换后故障转移，则说明放大器有故障。

8）更换编码器的反馈电缆，有时反馈电缆损坏后会造成编码器或放大器烧坏，所以需要先确认反馈电缆是否正常。

4. SV5136 FSSB：放大器数不足报警故障排查

（1）故障现象　数控系统上电出现“SV5136 FSSB：放大器数不足”报警。

（2）故障排查　数控系统伺服驱动连接如图 2.1.19 所示，数控系统和伺服放大器之间通过 FSSB 光缆按照 COP10A–COP10B 串行方式进行连接。

1）检查每个伺服放大器 SVM 的控制电源 24V 是否正常，LED 是否有显示，如果 LED 没有显示而 24V 电源输入正常，可判断伺服放大器有故障。

2）如果 LED 有显示，检查 FSSB 光缆接口 COP10A 和 COP10B 靠下的一个光口是否发光，如果不发光，则可以判断是放大器有故障。

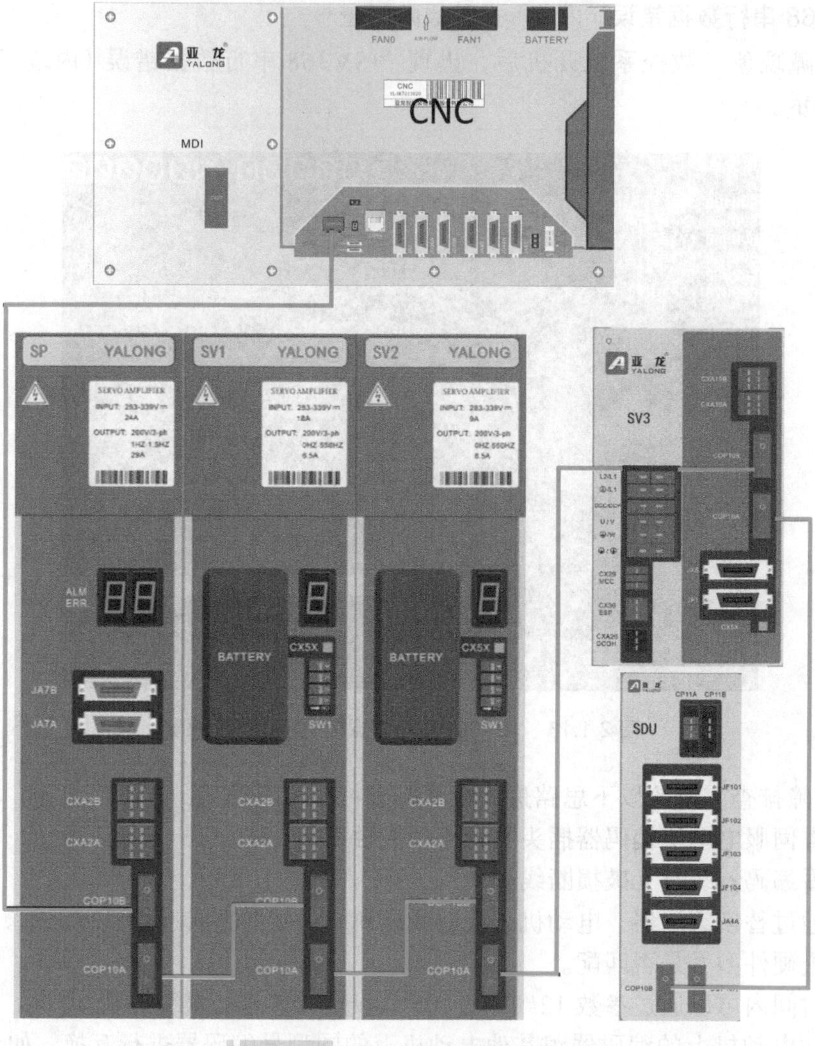

图 2.1.19 数控系统伺服驱动连接

3）检查连接伺服放大器和系统轴卡的 FSSB 光缆是否有故障。检查办法：用手电筒照光缆的一头，如果另一头的两个光口都有光发出，可确认光缆正常，否则不正常。

4）确认参数是否有更改，恢复机床的原始参数。

5）查看 FSSB 设定界面。在发生报警的状态下，显示 FSSB 设定界面，如图 2.1.20 所示，这里显示的是 FSSB 上识别的伺服放大器，从图中可以看出，系统识别到的驱动器只有 SP 轴驱动器，剩余驱动器无法识别，可将故障范围缩小至主轴驱动器以后的驱动器上。

5. SV436 软过热继电器（OVC）报警故障排查

（1）故障现象　数控系统上电出现“SV436 软过热继电器（OVC）”报警。

（2）故障排查　按照以下思路进行故障排查：

1）手动低速运转报警轴，一边观察伺服轴的负载状态，确认发生报警时，轴的运转状态，是低速还是快速移动时发生报警，是手动运行还是自动加工中发生报警，是偶发报警还是一直出现报警等。

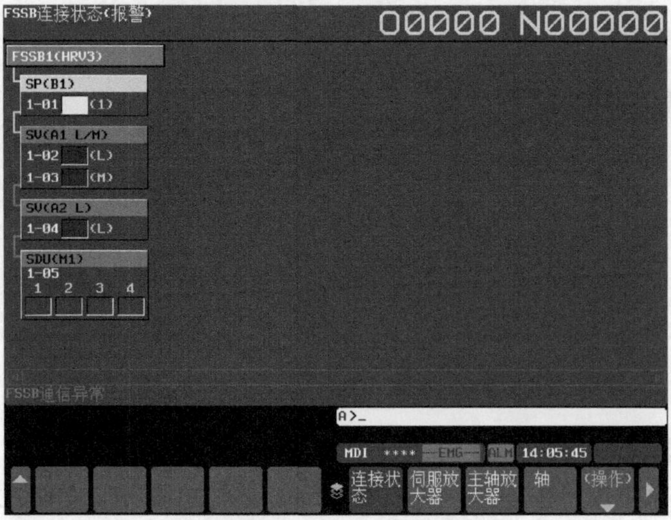

图 2.1.20 FSSB 设定界面

2）若低速运转时，轴移动正常负载显示正常，只有快速移动时发生报警，则需要确认电动机参数是否正常，重新初始化电动机参数进行测试，将加减速时间参数 1620、1621 数值加大后测试。

3）若报警发生在刹车轴或带有刹车装置的轴时，确认刹车是否正常，刹车能否完全松开。

4）若低速运转时，轴负载很大并发生报警，将电动机与机械结构脱开，单独测试电动机是否正常运行，负载是否正常；若单独测试电动机仍会出现报警，排查动力线及反馈线缆是否正常，插头是否松动，电动机绝缘是否正常、测试电动机轴承是否良好，电动机是否卡住等情况。

5）若将电动机脱开后运转正常，负载正常，则是由于机械部分故障导致，排查丝杆轴承、丝杆螺母、滑块、硬轨斜铁等是否异常。

6）若报警发生在程序加工时固定加工程序段，需要确认当前加工的切削量及加工工艺是否合理。

7）若设备为运转很长时间才会出现此故障，则需要确认设备导轨润滑是否正常，电动机选型是否合理、电动机与机械结构是否匹配。

8）若设备带有配重结构且重力轴发生报警，则确认配重是否合理，氮气配重时需要确认氮气缸压力等是否正常。

2.2 主轴驱动器故障诊断与排查

学习目标

1. 掌握数控系统串行主轴硬件连接。
2. 能够根据主轴驱动器数码管显示判断主轴状态。
3. 能够进行典型主轴驱动器数码管报警故障排查。

重点和难点

主轴驱动器数码管报警故障排查。

建议学时

4 学时

02.2 主轴驱动器故障诊断与排查

相关知识

一、数控系统串行主轴硬件连接

1. 主轴驱动器动力电源输入输出

FANUC 数控系统串行主轴驱动器硬件连接如图 2.2.1 所示。串行主轴模块通过来自

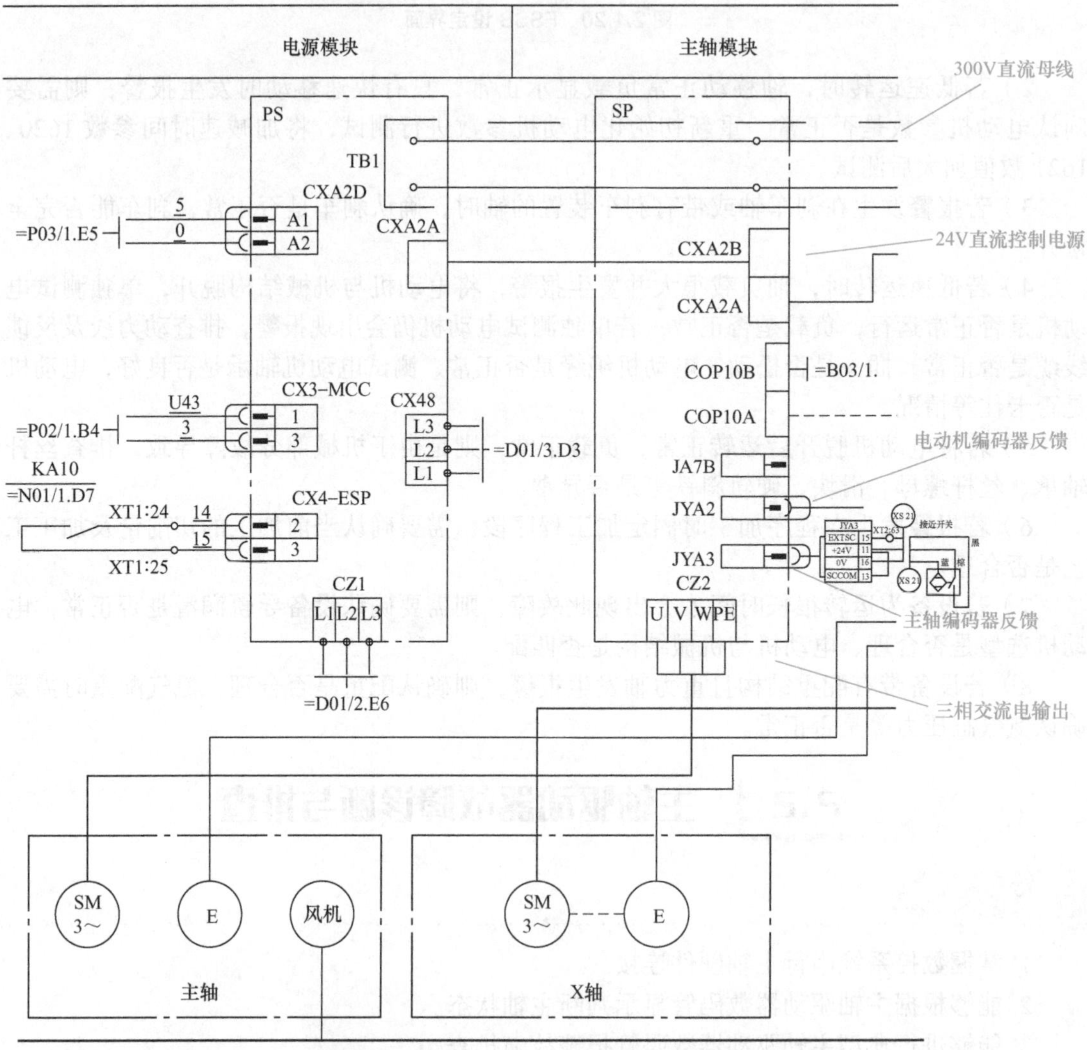

图 2.2.1　数控系统串行主轴驱动器硬件连接

电源模块的直流母线输入300V直流电压，主轴模块按照主轴运行指令（如M03S1000；）进行逆变，从底部CZ2接口给主轴电动机输出相应的三相交流电压。

2. 主轴驱动器控制电源输入

主轴驱动器控制电源由电源模块提供24V直流电，由电缆通过电源模块CXA2A接口传递给主轴模块CXA2B接口，供电正常时，主轴模块LED数码管指示灯亮。

3. 主轴驱动器反馈信号输入

主轴驱动器反馈包括主轴电动机编码器反馈、主轴编码器反馈。主轴电动机编码器反馈通过FANUC专用电缆连接至主轴驱动器JYA2接口，主轴编码器反馈根据使用编码器不同连接至JYA3或JYA4接口，同时需要设置相应的参数。主轴电动机编码器反馈连接如图2.2.2所示。

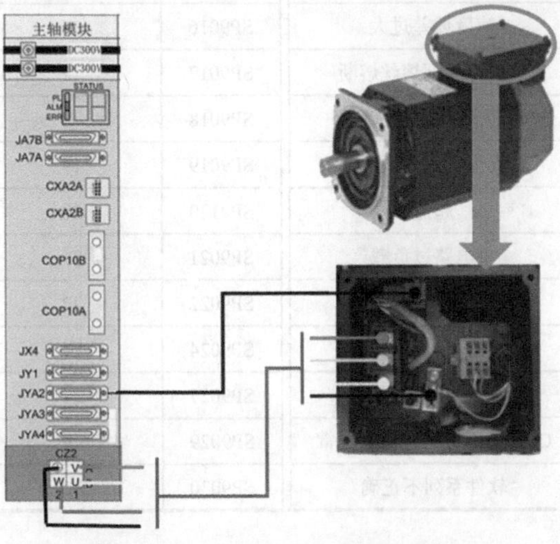

图 2.2.2 主轴电动机编码器反馈连接

二、主轴驱动器数码管状态指示及报警含义

1. 主轴驱动器数码管状态指示

除了主轴与数控系统CNC通信报警外，其他检测到主轴硬件或软件报警可以通过主轴数码管数字或字符进行显示。主轴数码管位于主轴驱动器上部，是双位数码管，可以显示0～9数字和A～Z的字符。在数码管左边，配有绿、红、橙三色LED灯。主轴模块LED数码管显示如图2.2.3所示，主轴模块LED三色灯与主轴状态关系见表2.2.1。

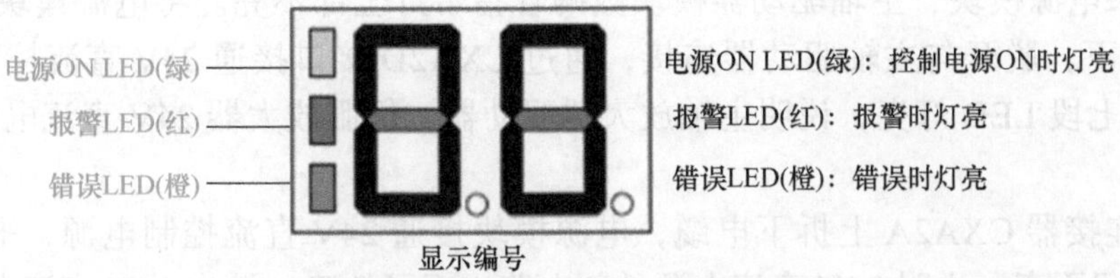

图 2.2.3 主轴模块LED数码管显示

表 2.2.1　主轴模块 LED 三色灯与主轴状态关系

序号	三色灯状态	主轴模块状态
1	绿灯亮	主轴模块 24V 直流电源正常
2	红灯亮	主轴出现故障报警
3	橙灯亮	主轴运行时出现警告信息

2. 主轴驱动器数码管报警含义

常见主轴驱动器七段数码管报警显示含义见表 2.2.2。

表 2.2.2　常见主轴驱动器七段数管码报警显示含义

报警编号	数码管报警号	报警内容	报警编号	数码管报警号	报警内容
SP9001	01	电动机过热	SP9015	15	主轴切换 / 输出切换报警
SP9002	02	速度偏差过大	SP9016	16	RAM 异常
SP9003	03	直流母线部熔丝熔断	SP9017	17	ID 编号奇偶性异常
SP9004	04	电源断相 / 熔丝熔断	SP9018	18	程序 ROM 和校验异常
SP9006	06	温度传感器断线	SP9019	19	U 相电流检测偏移过大
SP9007	07	超速	SP9120	20	V 相电流检测偏移过大
SP9009	09	主电路过负载	SP9021	21	位置传感器的极性误设
SP9010	10	输入电源电压低	SP9022	22	SP 过负载电流
SP9011	11	直流母线过电压	SP9024	24	串行转发数据异常
SP9012	12	直流母线过电流	SP9027	27	位置编码器信号断线
SP9013	13	CPU 内部数据存储器异常	SP9029	29	短时间过负载
SP9014	14	软件系列不正确	SP9030	30	PS 输入过电流

三、典型主轴驱动器数码管报警故障排查

1. 主轴驱动器数码管 LED 灯不亮故障排查

（1）故障现象　数控系统上电后，主轴驱动器数码管不亮。

（2）故障分析　主轴驱动器数码管不亮可能原因分析如下：

1）主轴驱动器未正常供给 24V 直流控制电源。

2）24V 直流电源短路。

3）主轴驱动器熔丝烧坏。

（3）故障排查　按照以下思路进行故障排查：

1）如果电源模块、主轴驱动器模块数码管指示灯全部不亮。将电源模块 CXA2A 上连接电缆拆下，脱开与主轴驱动器连接，通过 CXA2D 接口接通 24V 直流控制电源，如果电源模块七段 LED 灯亮，说明主轴放大器驱动器、伺服放大器 24V 直流电源可能发生了短路。

2）从连接器 CXA2A 上拆下电缆，电源模块接通 24V 直流控制电源，七段 LED 数码管灯如果仍不亮，说明 24V 直流电源外部电路出现了故障，检查 24V 直流电源电路。

3）将主轴驱动器模块侧板扣拔出，检查 PCB 上熔丝是否已熔断。主轴驱动器上熔断

器位置如图 2.2.4 所示。

2. SP9001 电动机过热报警故障排查

（1）故障现象　系统界面显示“ SP9001 电动机过热”报警，主轴驱动器数码管显示“01”报警，如图 2.2.5 所示。

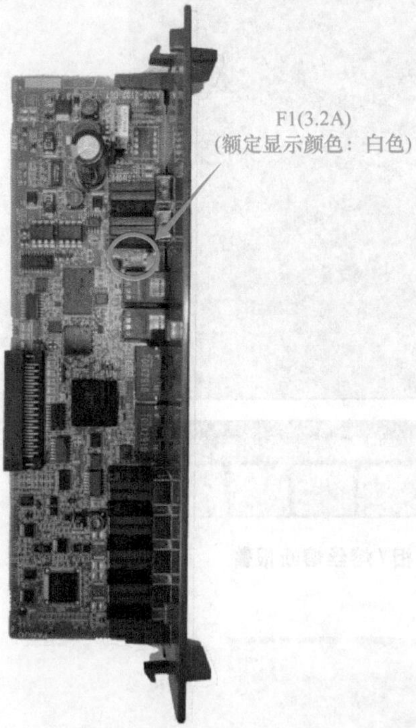

图 2.2.4　主轴驱动器上熔断器位置

图 2.2.5　主轴驱动器数码管“01”报警

（2）故障排查　分以下几种情况进行分析判断：

1）如果切削加工过程显示本报警，则可能原因是：

主轴电动机冷却用风扇电动机停止运行，需确认风扇电动机用电源电缆连接是否正确，电缆是否存在划痕等；如果不能恢复，则更换风扇电动机。

如果主轴电动机冷却方法为液冷时，则需确认：冷却系统是否存在不良；主轴电动机环境温度是否较高；加工条件是否满足要求。

2）如果轻负载时显示本报警，则可能原因是：

主轴电动机加减速频率较高。

电动机固有参数有误。

3）如果刚接通电源或在电动机温度较低的状态下显示本报警，则可能原因是：

电动机固有参数有误。

主轴电动机反馈电缆异常。

主轴电动机内部温度传感器不良。

温度传感器电缆连接有误。

主轴放大器可能不良。

3. SP9004（SP）电源断相 / 熔丝熔断报警故障排查

（1）故障现象　数控系统上电后，系统显示界面出现 SP9004（SP）电源断相 / 熔丝熔断报警，如图 2.2.6 所示，同时电源模块 LED 数码管显示 14 报警，如图 2.2.7 所示。

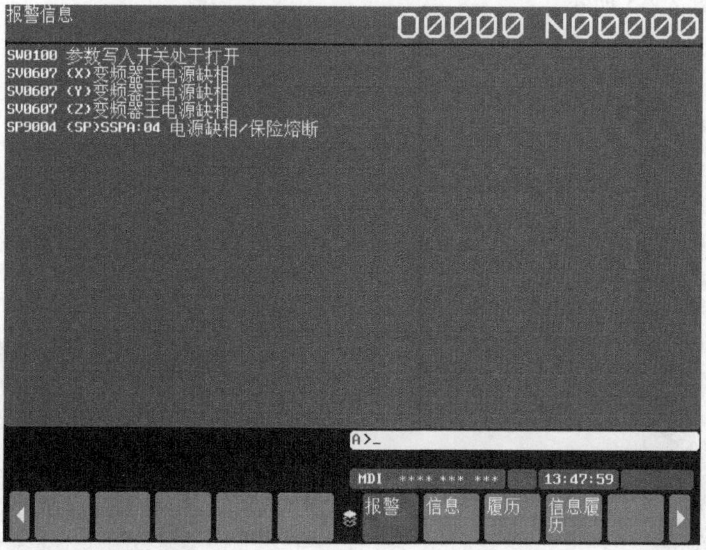

图 2.2.6　SP9004（SP）电源断相 / 熔丝熔断报警

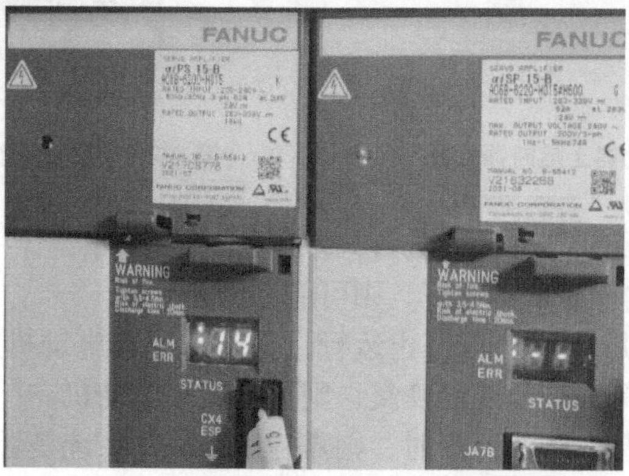

图 2.2.7　电源模块 LED 数码管显示 14 报警

（2）故障分析　从数控系统显示界面来看，显示的是 SV、SP 全轴报警，应从电源输入查找共性的原因。

（3）故障排查　按照以下思路进行故障排查：

1）确认电源线输入接口情况。

2）排查 CX48 接口接线，查看是否断相或者相序不正确，CX48 接口相序必须和主轴驱动器电源输出接口 CZ1 保持一致。CX48 接口相序如图 2.2.8 所示。

3）高低绕组电动机注意绕组切换。

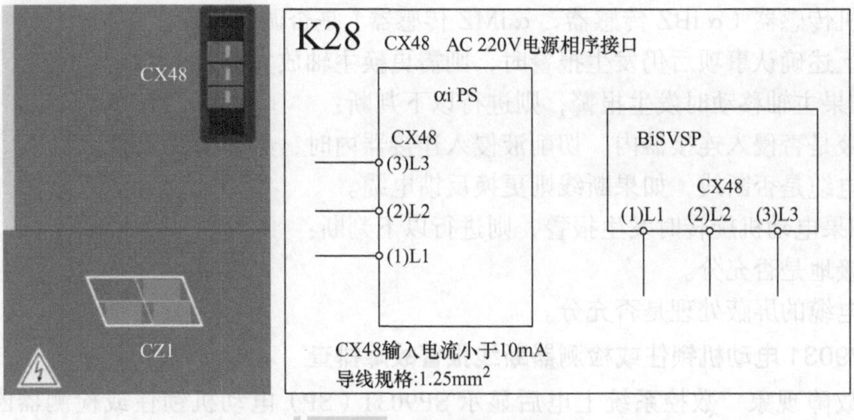

图 2.2.8 CX48 接口相序

4）检查电源模块 PS 主板与电源模块本体之间是否连接可靠，电源模块 PS 主板与本体的连接如图 2.2.9 所示。

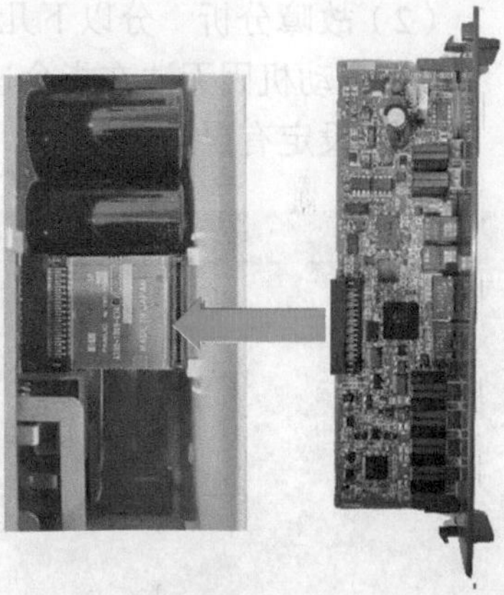

图 2.2.9 电源模块 PS 主板与本体的连接

4. SP9073 电动机传感器断线报警故障排查

（1）故障现象　数控系统上电后显示 SP9073（SP）电动机传感器断线报警，如图 2.2.10 所示，同时主轴驱动器数码管显示 73 报警，如图 2.2.11 所示。

（2）故障分析　主轴电动机传感器断线从以下几个方面进行判断。

1）如果电动机励磁关断时发生报警，则进行以下判断：

串行主轴参数设定是否有误。

反馈电缆是否断线。

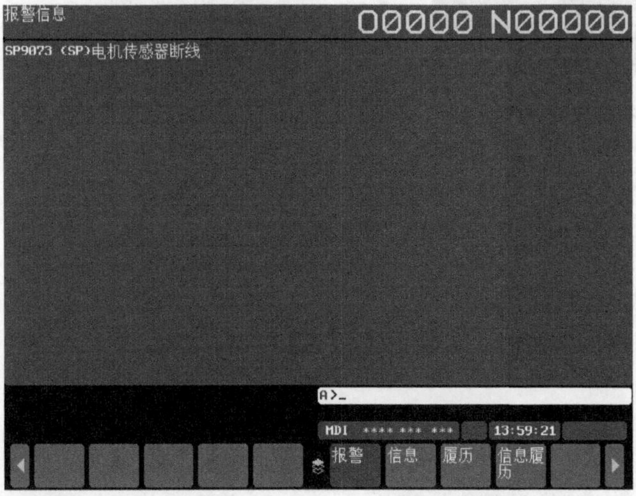

图 2.2.10 数控系统 SP9073（SP）电动机传感器断线报警

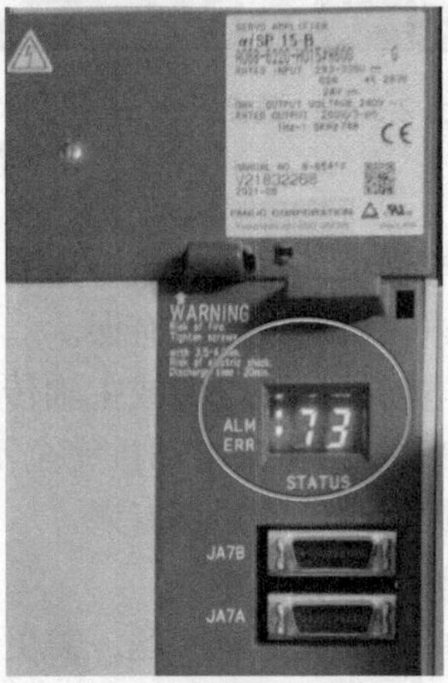

图 2.2.11 主轴驱动器数码管显示 73 报警

电动机传感器（α iBZ 传感器，α iMZ 传感器）是否调整不良。

实施上述确认事项后仍发生报警时，则需更换主轴放大器。

2）如果主轴移动时发生报警，则进行以下判断：

切削液是否侵入连接器内。切削液侵入连接器内时，必须清洗干净。

反馈电缆是否断线，如果断线则更换反馈电缆。

3）如果电动机旋转时发生报警，则进行以下判断：

机架接地是否充分。

反馈电缆的屏蔽处理是否充分。

5. SP9031 电动机锁住或检测器断线报警故障排查

（1）故障现象　数控系统上电后显示 SP9031（SP）电动机锁住或检测器断线报警，如图 2.2.12 所示，同时主轴驱动器数码管显示 31 报警，如图 2.2.13 所示。

（2）故障分析　分以下几种情况进行讨论。

1）电动机因无法在指令速度下旋转而停止，或在极低转速下旋转，可能的原因是：

参数设定有误。

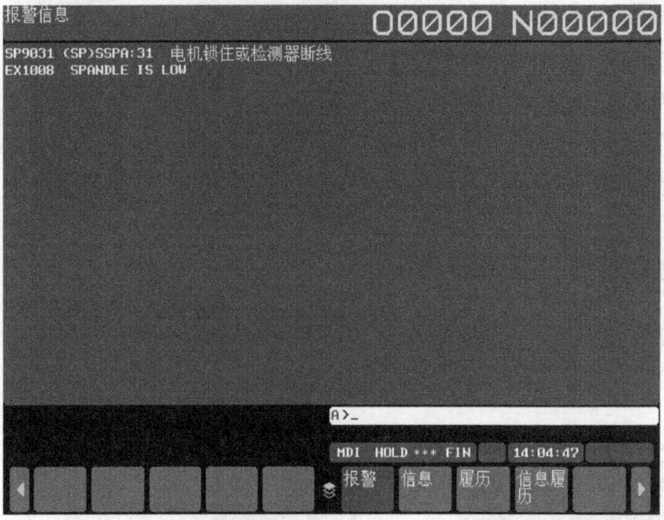

图 2.2.12　数控系统 SP9031（SP）电动机锁住或检测器断线报警

图 2.2.13　主轴驱动器数码管显示 31 报警

电动机动力线相位顺序有误。

电动机反馈电缆有误。

电动机反馈电缆或主轴传感器（或电动机）不良。

2）如果主轴电动机完全不旋转而发生报警时，可能的原因是：

锁定主轴的顺序有误。

动力线存在不良。

主轴放大器有问题，需更换。

项目3

数控机床 PMC 故障诊断与排查

项目引入

数控机床出现与 PMC 相关联的故障时，可以借助于信号诊断与强制、信号跟踪与分析等手段查找故障原因。

项目目标

1.能够对数控机床 PMC 信号进行诊断与强制。
2.能够对数控机床 PMC 信号进行跟踪及状态分析。

3.1 数控机床 PMC 信号诊断与强制

学习内容

1. 数控系统 PMC 菜单结构。
2. PMC 信号诊断。
3. PMC 信号强制。

重点和难点

PMC 信号诊断与强制。

03.1 数控机床PMC信号诊断与强制

建议学时

2 学时

相关知识

一、数控系统 PMC 菜单结构

FANUC 数控系统 PLC 又称 PMC，按下【 SYSTEM 】功能键，多次按［ > ］软键，

直至出现 PMC 菜单软键，PMC 菜单包括三个一级菜单，分别是［PMC 维护］、［PMC 梯图］、［PMC 配置］。PMC 菜单结构如图 3.1.1 所示。

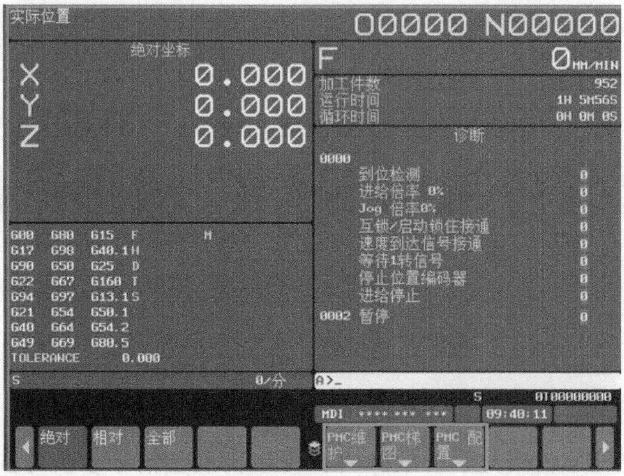

图 3.1.1　PMC 菜单结构

1. PMC 维护子菜单结构

按下［PMC 维护］软键，显示多个与 PMC 维护相关的软键菜单，包括信号状态、I/O 设备、PMC 报警、I/O、定时、计数器、K 参数、数据、跟踪、跟踪设定、I/O 诊断等软键，通过［>］软键进行切换，实现 PMC 信号状态监控、查看 PMC 报警信息、进行定时、计数设定、信号跟踪等功能。PMC 维护子菜单如图 3.1.2 所示。

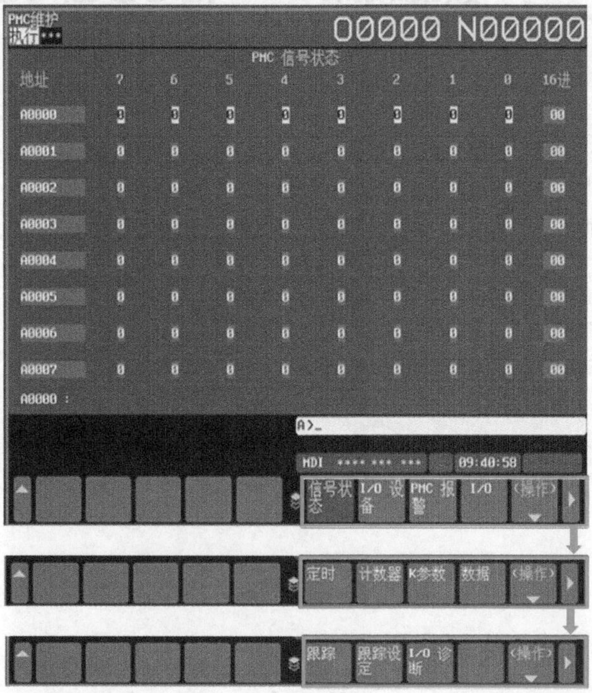

图 3.1.2　PMC 维护子菜单

2. PMC 梯图子菜单结构

按下［PMC 梯图］软键，显示与 PMC 梯图相关的软键菜单，包括列表、梯形图、双层圈检查等软键，实现查看 PMC 主程序、子程序列表、梯形图监控与编辑等功能。PMC 梯图子菜单如图 3.1.3 所示。

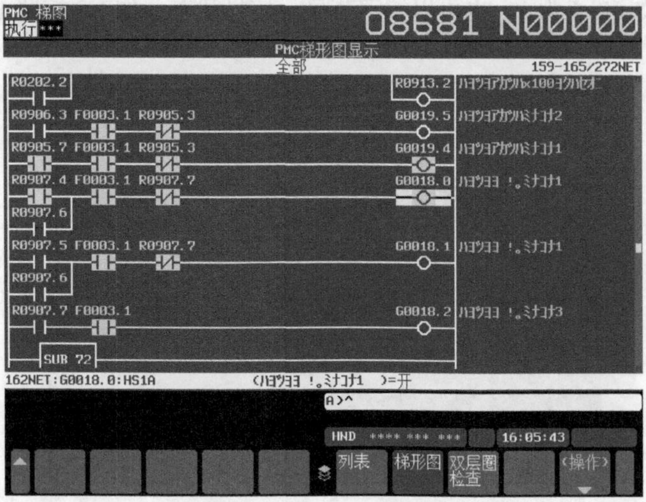

图 3.1.3　PMC 梯图子菜单

3. PMC 配置子菜单结构

按下［PMC 配置］软键，显示与 PMC 配置相关的软键菜单，包括标头、设定、PMC 状态、SYS 参数、模块、符号、信息、在线等功能，实现 PMC 设定、I/O 地址分配等。PMC 配置子菜单如图 3.1.4 所示。

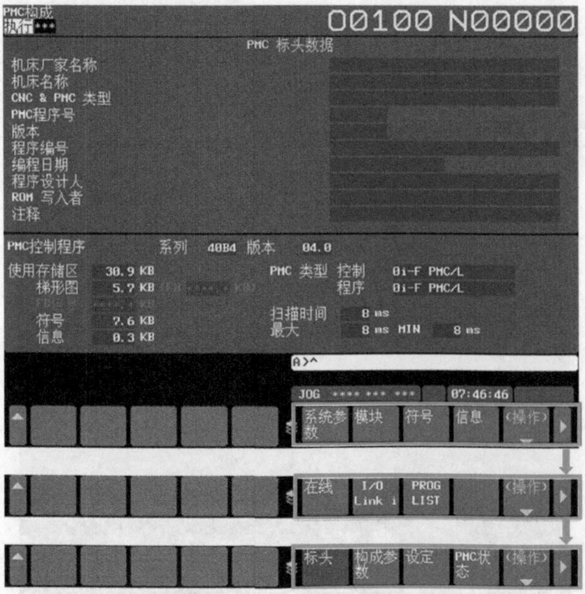

图 3.1.4　PMC 配置子菜单

二、PMC 信号诊断

1. 信号状态界面显示

在 PLC 维护界面下，按下［信号状态］软键，即进入信号状态监控界面，如图 3.1.5 所示。在信号状态监控界面的左上角可以显示梯形图运行状态如“执行”，信号监控界面可以按位显示信号状态，如 X8.4 为 1，也可以按字节显示信号状态，如 X8 按照 16 进制显示为 17。

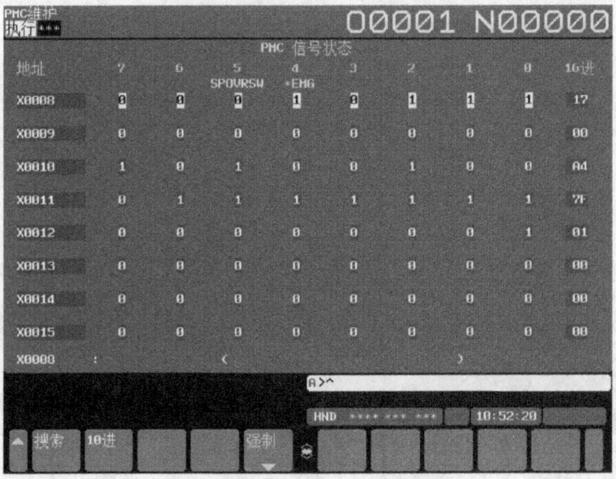

图 3.1.5　信号状态监控界面

在信号状态监控界面通过相应操作能够获得以下信息：

1）可以监控在 PMC 程序中使用的 X、Y、G、F、R、E、K 等所有信号状态。

2）通过输入信号→［搜索］软键，可以查找所要监控的信号状态。

3）信号状态有三种显示方法：以位模式“0”或“1”显示，以 16 进制显示或以十进制显示。

2. 信号状态诊断

按下［信号状态］软键后再按［(操作)］软键，即进入信号状态子菜单，如图 3.1.6 所示，包括［搜索］、［10 进］、［强制］等操作软键，通过这个界面，可以诊断信号状态，如图中所示 G43.2、G43.0 信号状态为 1。

图 3.1.6　诊断信号 G43 状态

三、PMC 信号强制

1. PMC 设定

使用强制功能首先要对 PMC 进行相关设定，设定后才会显示［强制］功能软键，才能对信号进行强制操作。

（1）进入 PMC 设定界面　按下【SYSTEM】功能键→［PMC 配置］软键→［>］软键→［设定］软键，进入 PMC 设定界面，如图 3.1.7 所示。

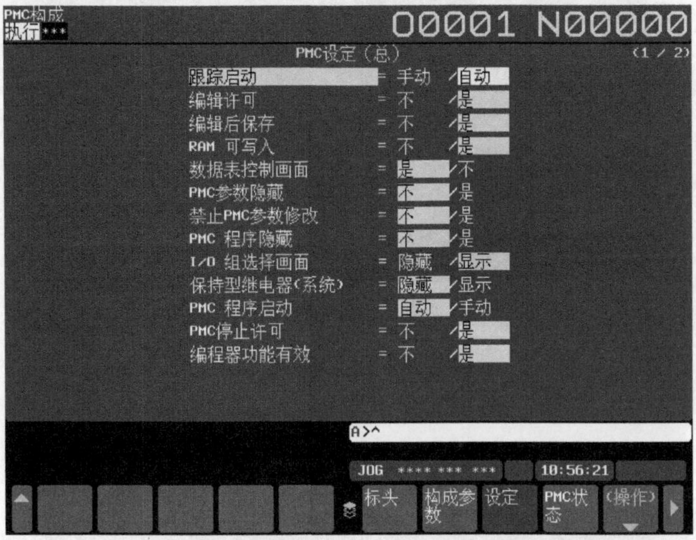

图 3.1.7　PMC 设定界面

（2）PMC 相关设定　在 PMC 设定界面，将“编辑许可”设定为“是”，“RAM 可写入”设定为“是”，“编辑器功能有效”设定为“是”，其余按照需求进行设定。

2. 信号强制应用条件

（1）信号强制与 PMC 程序运行状态　对 PMC 输入信号 X 进行强制，实际上是忽略输入信号的采样状态，不使用 I/O 设备就能调试顺序程序；对 PMC 输出信号进行强制，实际上是忽略梯形图的逻辑运算结果，确认 I/O 设备侧的信号线路状态。因此对于已经定义的 X 信号、Y 信号，只有当 PMC 程序停止运行，才能够进行信号强制，否则由于 PMC 对输入输出信号实时扫描，不断刷新信号状态，强制功能发挥不了作用；对于 PMC 程序中没有使用的输入输出信号或中间继电器信号，可以直接进行强制，与梯形图状态无关。

（2）停止梯形图运行　按照以下路径停止梯形图运行：按下【SYSTEM】功能键→［PMC 配置］软键→［PMC 状态］软键→［（操作）］软键→［停止］软键，此时 PMC 状态界面左上角显示 PMC“停止”状态，如图 3.1.8 所示。当梯形图停止运行后，也是通过这个界面按下［启动］软键可以激活梯形图处于执行状态。

3. PMC 信号强制

以冷却电动机输出信号强制为例，冷却电动机输出信号地址为 Y10.4，在梯形图停止运行情况下，按照以下步骤对该信号进行强制：按下【 SYSTEM 】功能键→［ > ］软键→［ PMC 维护 ］→［ 信号状态 ］→输入冷却电动机输出信号 Y10.4 →［ 搜索 ］，光标停留在 Y10.4 位置→［ 强制 ］→［ 开 ］，则 Y10.4 信号为 1，强制结果如图 3.1.9 所示。

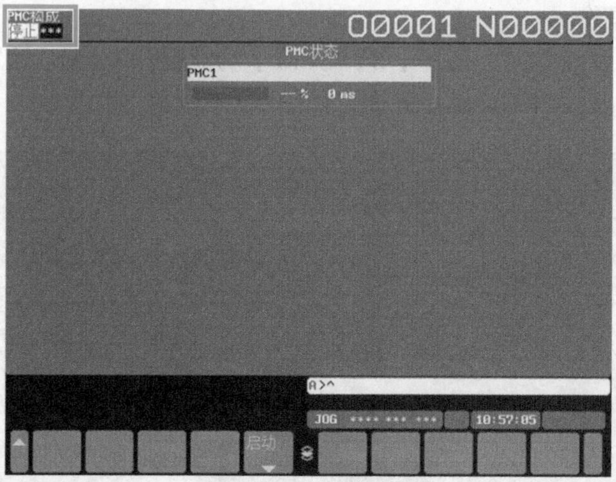

图 3.1.8　停止梯形图运行

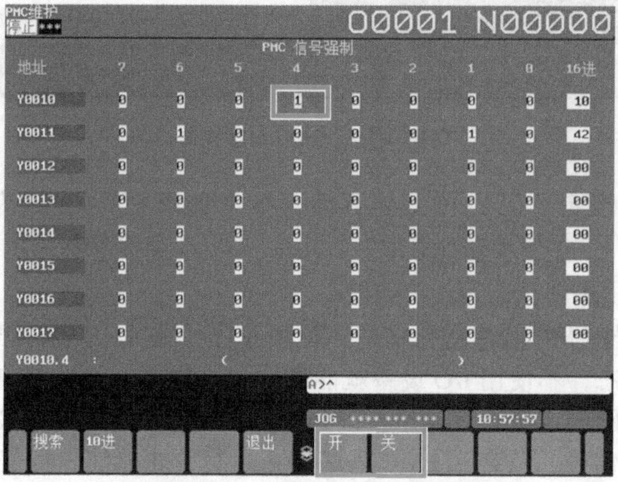

图 3.1.9　冷却电动机输出信号强制

3.2　数控机床 PMC 信号跟踪及状态分析

学习目标

1. 掌握 PMC 信号跟踪功能应用场景。
2.能够进行 PMC 信号跟踪设定。
3. 能够进行 PMC 信号跟踪及信号分析。

重点和难点

PMC 信号跟踪设定。

建议学时

2 学时

03.2 数控机床PMC信号跟踪及状态分析

相关知识

一、PMC 信号跟踪功能应用场景

数控系统发生报警时，需要借助信号状态界面或梯形图分析信号之间的逻辑关系。但是 FANUC PMC 信号扫描周期非常快，0i–F 数控系统每步扫描速度达到 ns 级，直接用肉眼观察，很多信号的变化根本无法看到。采用 FANUC 系统 PMC 信号跟踪功能可以记录信号的变化，同时可以呈现相关信号之间的逻辑关系。

使用 FANUC 数控系统信号跟踪功能，最多可以记录 32 个信号状态，通常应用于以下场景：

1）需要记录信号的瞬时变化状态时。

2）需要记录信号随时间周期性变化时。

3）需要呈现信号之间的时序关系时。

二、PMC 信号跟踪设定

1. PMC 信号跟踪软键

通过【SYSTEM】功能键→［>］软键→［PMC 维护］→［>］软键，进入 PMC 信号跟踪相应菜单软键，包括［跟踪］、［跟踪设定］软键，如图 3.2.1 所示。

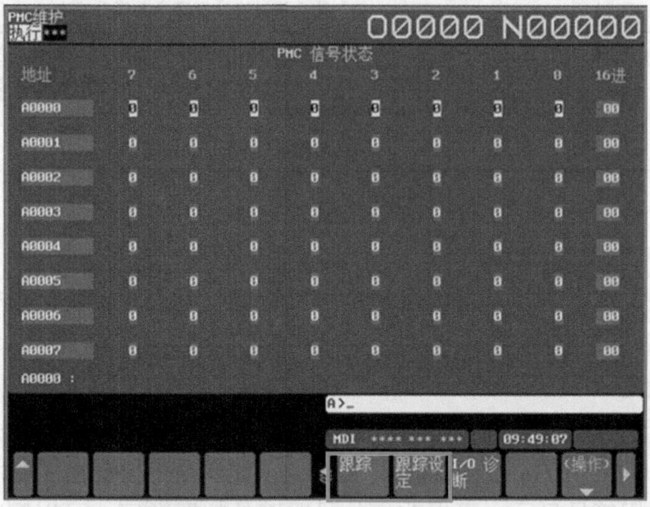

图 3.2.1　PMC 信号跟踪菜单软键

2.跟踪方式设定

FANCU 数控系统跟踪设定包括跟踪方式设定和跟踪地址设定，按下［跟踪设定］软键，进入跟踪方式设定界面，如图 3.2.2 所示。

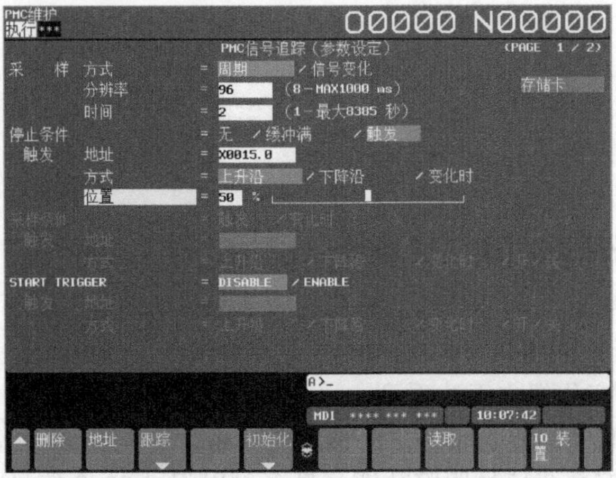

图 3.2.2 PMC 信号跟踪方式设定

（1）采样设定　采样设定包括方式、分辨率及时间，采样设定选项含义见表 3.2.1。

表 3.2.1 采样设定

序号	项目	选项	含义
1	采样方式	周期 / 信号变化	周期：以所设定的周期采样信号 信号变化：以所设定的周期监视信号，在信号发生变化时采样
2	采样分辨率	采样分辨率	1）设定采样的分辨率，默认值为最小采样分辨率（毫秒），此值随 CNC 而不同 2）设定范围为 0 ～ 1000（ms） 3）输入值被进位到最小采样分辨率（ms）的倍数
3	采样时间	采样时间	1）在采样方式中选择“周期”时显示，进行将要采样的时间设定 2）设定值根据“分辨率”的设定值和将要采样的信号数，输入容许值将会变动 3）可输入的时间显示在右边

（2）停止条件设定　停止条件设定包括触发地址、方式和位置，停止条件设定选项含义见表 3.2.2。

（3）采样条件设定　采样条件设定包括触发地址、方式和位置，采样条件设定选项含义见表 3.2.3。

3. 采样地址设定

在跟踪参数设定界面通过翻页键进入第二个界面，用于设定采样信号地址，如采样地址设定为 G43.7、G43.5、G43.2、G43.1、G43.0，如图 3.2.3 所示。采样信号地址可以用地址显示，也可以用符号显示；可以改变信号跟踪的位置顺序，可以删除信号，通过显示器下方软键进行操作。

表 3.2.2 停止条件设定

序号	项目	选项	含义
1	触发地址	无 / 缓冲满 / 触发	无：不会自动停止
			缓冲满：采样缓冲器满时自动停止
			触发：通过触发器自动停止 触发跟踪的停止条件为“触发”时可设定触发信号地址，是跟踪停止时触发条件
2	触发方式	上升沿 / 下降沿 / 变化时	上升沿：触发器信号上升时自动停止
			下降沿：触发器信号下降时自动停止
			变化时：触发器信号变化时自动停止
3	触发位置	触发位置	跟踪的停止条件为“触发”时可设定，按相对于采样时间（或次数）的比例设定停止触发器成立的位置，设在全采样时间（或次数）中的哪个位置，根据用途进行设定

表 3.2.3 采样条件设定

序号	项目	选项	含义
1	触发地址	触发 / 变化时	采样方式为“信号变化”时可设定进行采样的条件 触发：采样触发器条件成立时采样 变化时：采样地址的信号变化时采样
2	触发方式	上升沿 / 下降沿	上升沿：触发器信号上升时自动停止
			下降沿：触发器信号下降时自动停止
3	START/TRIGGER（跟踪触发条件）	DISABLE/ENABLE	DISABLE：触发器无效
			ENABLE：触发器有效
		触发地址	跟踪的启动条件为“ENABLE”时可设定，设定触发启动跟踪的方式
		触发方式	上升沿：触发器信号上升时自动停止
			下降沿：触发器信号下降时自动停止

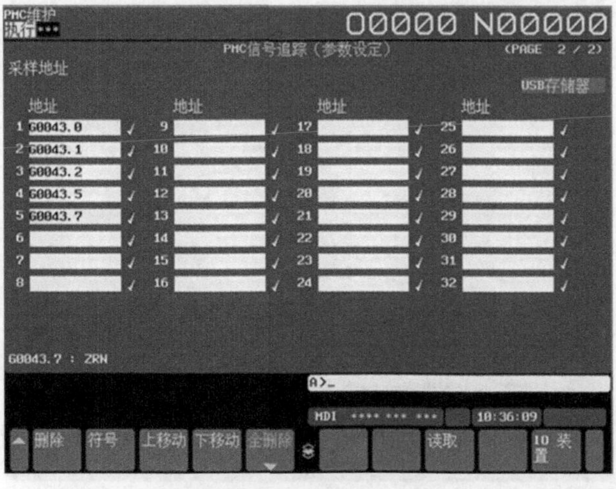

图 3.2.3 采样地址设定

三、PMC 信号跟踪及信号分析

下面以对 X 信号、Y 信号、G 信号、F 信号、R 信号跟踪为例，说明信号跟踪设定、操作及分析。

1.跟踪参数设定示例

按下［跟踪设定］软键进入跟踪参数设定界面，如图 3.2.4 所示，跟踪参数设定如下：

1）采用周期性采样方式。

2）分辨率设置为 96ms。

3）通过 F1.1 复位信号的上升沿触发停止。

4）触发停止位置处于采样周期 23% 位置。

5）通过 G8.4 信号上升沿启动跟踪。

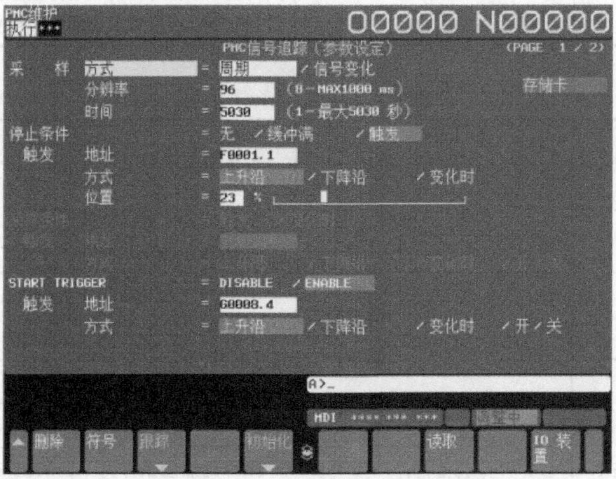

图 3.2.4 跟踪参数设定示例

2.采样地址设定示例

采样地址设定如图 3.2.5 所示，包括以下信号跟踪：

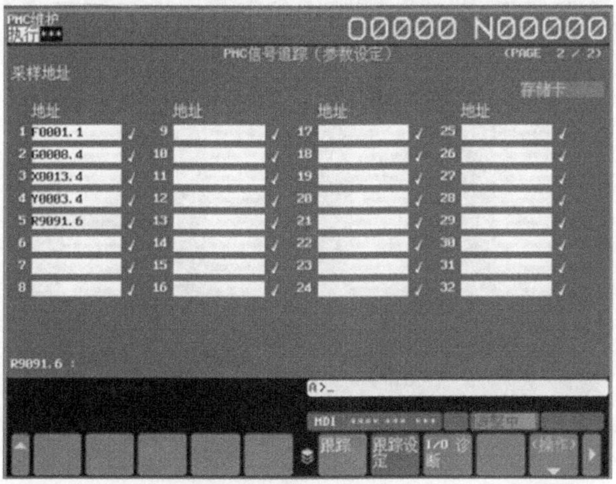

图 3.2.5 采样地址设定示例

1）复位信号 F1.1。

2）急停信号 G8.4。

3）输入信号 X13.4。

4）输出信号 Y3.4。

5）脉冲信号 R9091.6。

3. 信号跟踪示例

按下［跟踪］软键，按下［开始］，此时信号追踪准备就绪。根据跟踪参数设定，启动追踪触发器的条件是 G8.4 信号上升沿，拍下急停按钮触发 G8.4 信号，信号开始跟踪，按下复位按钮，信号停止跟踪，所采集的跟踪信号状态如图 3.2.6 所示。

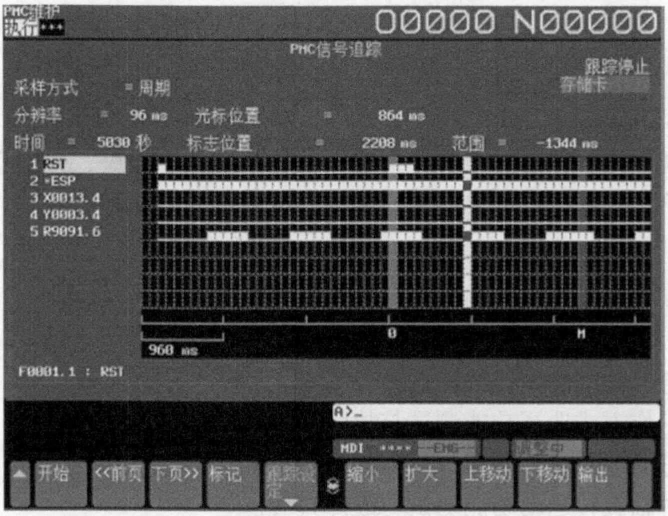

图 3.2.6 跟踪信号状态

4. 跟踪信号分析

信号跟踪界面分为参数区域和图形区域，上方参数区域显示了设定的跟踪参数，如采样方式为周期采样、分辨率为 96ms、采样时间为 5030 秒（s）等；下方图形区域由横轴和纵轴构成，横轴表示跟踪时间，间隔宽度就是分辨率，即每一格分辨率表示的时间长度，纵轴就是采样信号地址，在信号跟踪界面可以看到所跟踪信号随时间变化的状态。

在信号跟踪显示界面，可以计算信号周期长度，将光标移动至待计算周期信号开始位置，按下［标记］软键，移动光标至周期计算结束位置，界面上方就会显示信号周期数据，如图 3.2.6 中显示信号计算长度为 1344ms。

项目 4

数控机床功能测试与故障排查

项目引入

数控系统出现报警，首先必须解除报警；数控系统没有报警，并不意味着能够实现相关功能。本项目给出了数控机床典型功能测试、故障排查思路和方法。

项目目标

1. 能够进行 I/O Link i 功能测试与故障排查。
2. 能够进行急停功能测试与故障排查。
3. 能够进行工作方式选择功能测试与故障排查。
4. 能够进行进给运动功能测试与故障排查。
5. 能够进行主轴旋转运动功能测试与故障排查。
6. 能够进行主轴定向功能测试与故障排查。
7. 能够进行手轮功能测试与故障排查。
8. 能够进行机床辅助功能测试与故障排查。
9. 能够进行数控机床外部报警故障排查。

4.1 I/O Link i 功能测试与故障排查

学习内容

1. 掌握 I/O 模块选型与硬件连接。
2. 掌握 I/O 模块参数设置与地址分配。
3. 能够进行 I/O 模块故障诊断与排查。

重点和难点

I/O 模块故障排查。

建议学时

4 学时

04.1 I/O Link i 功能测试与故障排查

相关知识

一、I/O 模块选型与硬件连接

1. I/O模块选型

数控系统和 I/O 模块之间可以通过 I/O Link 或 I/O Link i 方式进行连接，其中数控系统为主控单元，I/O 模块为从控单元。数控系统主板上 I/O 接口为 JD51A，I/O 模块上输入接口为 JD1B，输出接口为 JD1A，数控系统主板与 I/O 模块之间采用串行连接方式。

I/O Link i 相对于 I/O Link 而言，其通信转发速率和维护性得到了较大提升。在使用 I/O Link i 通信方式时，必须选用能够支持这种通信方式的 I/O 模块，在订货或选用时必须选择合适的型号。可以从 I/O 模块铭牌上产品型号进行识别，如果型号中间段为 0309，表示支持 I/O Link 方式，如图 4.1.1 所示；如果型号中间段为 0319，表示支持 I/O Link i，如图 4.1.2 所示。

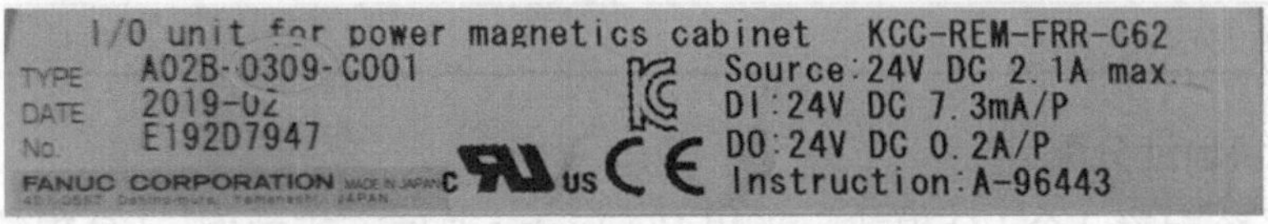

图 4.1.1　支持 I/O Link 方式 I/O 模块型号

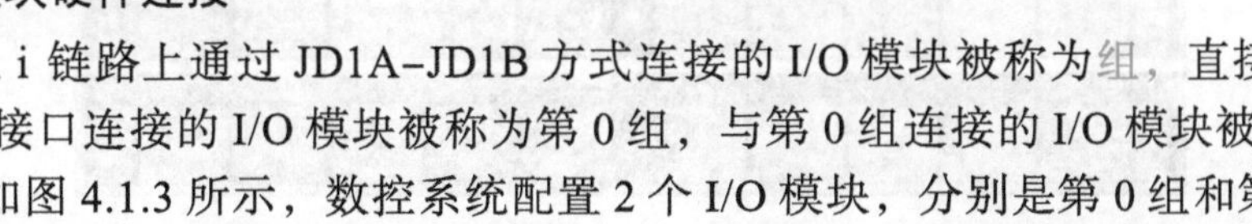

图 4.1.2　支持 I/O Link i 方式 I/O 模块型号

2. I/O 模块硬件连接

I/O Link i 链路上通过 JD1A–JD1B 方式连接的 I/O 模块被称为组，直接与数控系统主板 JD51A 接口连接的 I/O 模块被称为第 0 组，与第 0 组连接的 I/O 模块被称为第 1 组，依次类推。如图 4.1.3 所示，数控系统配置 2 个 I/O 模块，分别是第 0 组和第 1 组。数控系统主板 JD51A 接口连接第 0 组 JD1B 接口，第 0 组 JD1A 接口连接至第 1 组 JD1B 接口，第 1 组 JD1A 接口空着，手轮连接在第 0 组 I/O 模块 JA3 接口上。I/O 模块工作电源为 DC24V，通过 CP1 接口输入。

二、I/O 模块参数设置与地址分配

1. I/O 模块参数设置

通过参数 11933#1、#0 组合设置选择 I/O 模块 I/O Link 或 I/O Link i 通信方式。I/O 模块通信方式选择与参数设置关系见表 4.1.1。

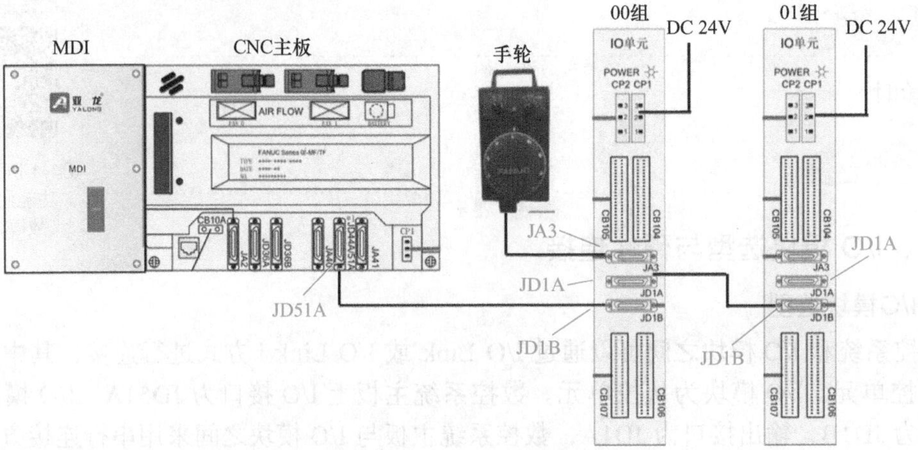

图 4.1.3　I/O 模块硬件连接

表 4.1.1　I/O 模块通信方式选择与参数设置关系

通信方式	11933#1	11933#0
I/O Link 通信方式	0	0
I/O Link i 通信方式	1	1

2. I/O 模块地址分配

以数控系统配置 2 个 I/O 模块、采用 I/O Link i 通信方式为例，I/O 模块地址分配步骤如下：

1）进入 I/O 模块地址编辑界面。按下功能键【SYSTEM】→［>］软键→［PMC 配置］软键→［I/O Link i］软键→［(操作)］软键→［编辑］软键，进入地址编辑界面，如图 4.1.4 所示。

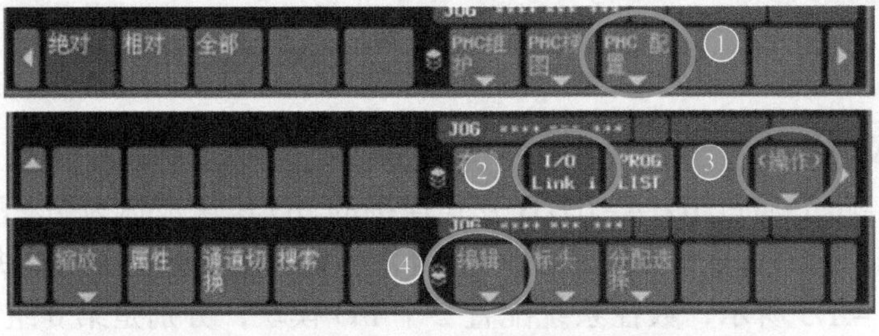

图 4.1.4　进入 I/O 模块地址编辑界面

2）按下［新］软键→［缩放］软键，即可添加 I/O 模块组并进行地址分配，可根据机床实际配置 I/O 模块数量依次进行添加，系统默认为 00 组、01 槽。I/O模块地址分配界面如图 4.1.5 所示。

3）第 0 组 I/O 模块地址分配。例如第 0 组 I/O 模块输入信号 X 起始地址为 X6，12 个字节；输出信号 Y 起始地址为 Y6，8 个字节，第 0 组 I/O 地址分配如图 4.1.6 所示。

4）开通手轮接口。选择［属性］软键，将光标移动到第 0 组 I/O 模块的 MPG 选项上，按下［变更］软键，勾选上手轮，如图 4.1.7 所示

图 4.1.5　I/O 模块地址分配界面

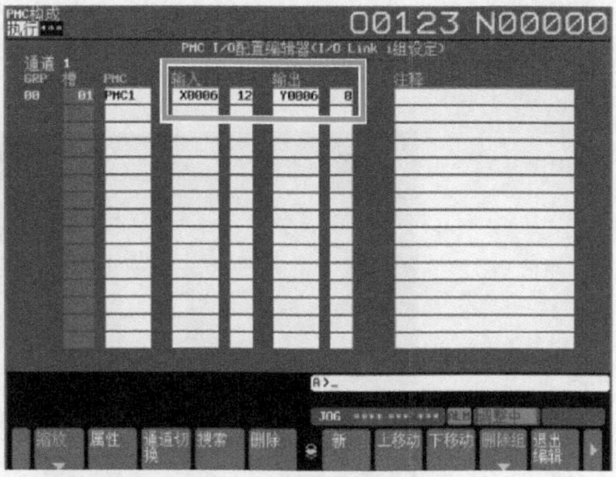

图 4.1.6　第 0 组 I/O 模块地址分配

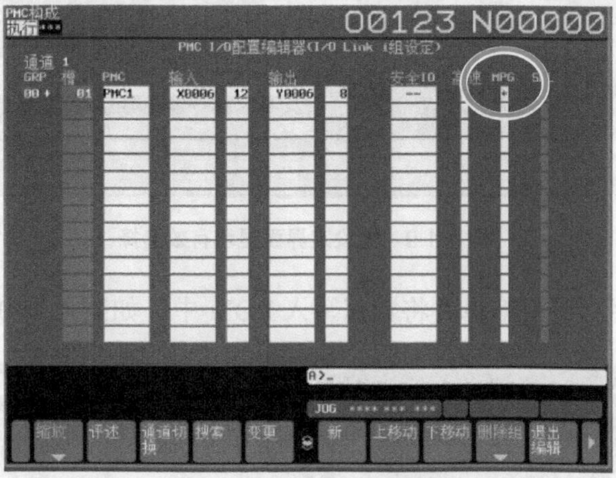

图 4.1.7　开通手轮接口

5）手轮地址设定。按［缩放］软键，进入 I/O 模块槽设定界面，手轮输入地址为 X18，大小为 2 个字节，手轮地址分配结束后，按下［缩放结束］软键，退出手轮地址分配界面。手轮地址设定界面如图 4.1.8 所示。

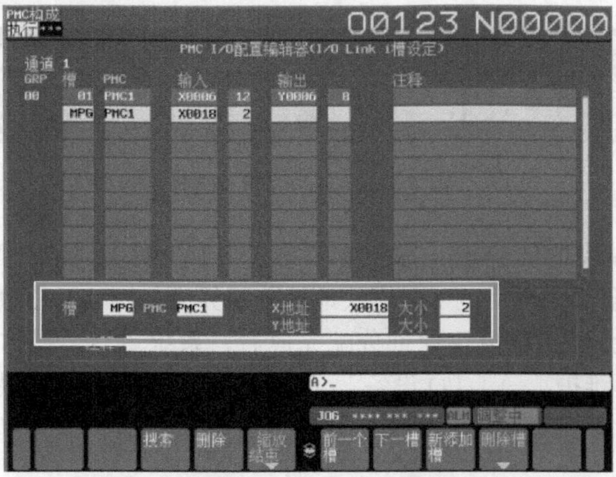

图 4.1.8　手轮地址设定

6）缩放结束返回组设定界面，按下［ > ］软键→［选择有效］，组设定界面显示有效选择，如图 4.1.9 所示。

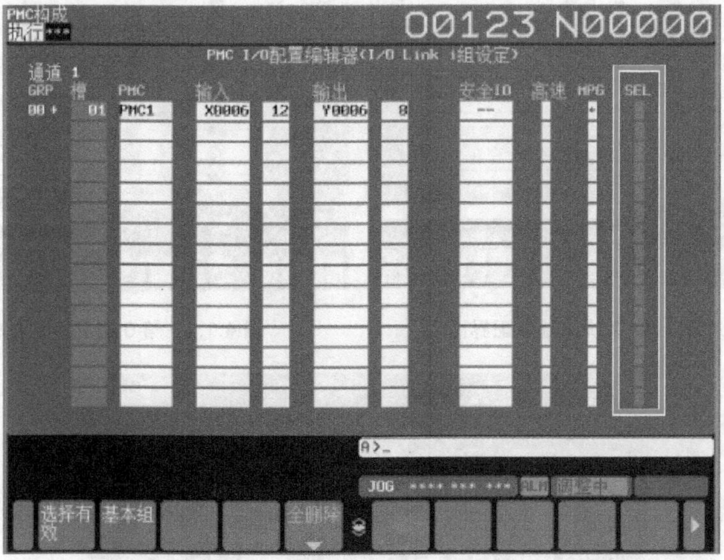

图 4.1.9　组设定界面显示有效选择

7）地址分配保存。退出编辑并将数据写入 ROM 中，如图 4.1.10 所示。

图 4.1.10　I/O 地址分配数据写入 ROM

8）地址分配有效。I/O 地址分配数据写入完成后选择［分配选择］，选择［有效］，如图 4.1.11 所示，完成后的第 0 组 I/O 模块地址分配界面如图 4.1.12 所示。

图 4.1.11　选择【分配选择】

9）第 1 组 I/O 模块地址分配。按照前面第 0 组 I/O 模块地址分配步骤，进行第 1 组 I/O 模块地址分配，全部完成后的 I/O 模块地址分配界面如图 4.1.13 所示。

10）地址分配检验。I/O 模块地址分配完成后，系统重启，操作面板按键指示灯亮，同时通过路径［ PMC 维护］→［ I/O 设备］，可以查看 I/O 模块连接成功的状态，如图 4.1.14 所示。

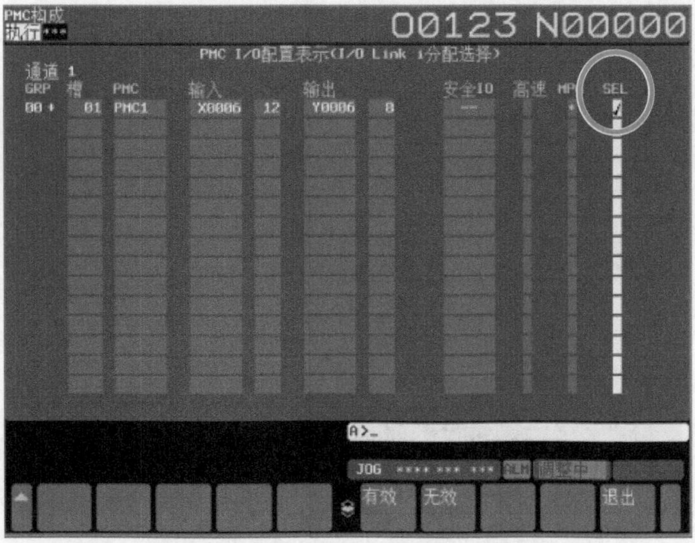

图 4.1.12　第 0 组 I/O 模块地址分配完成

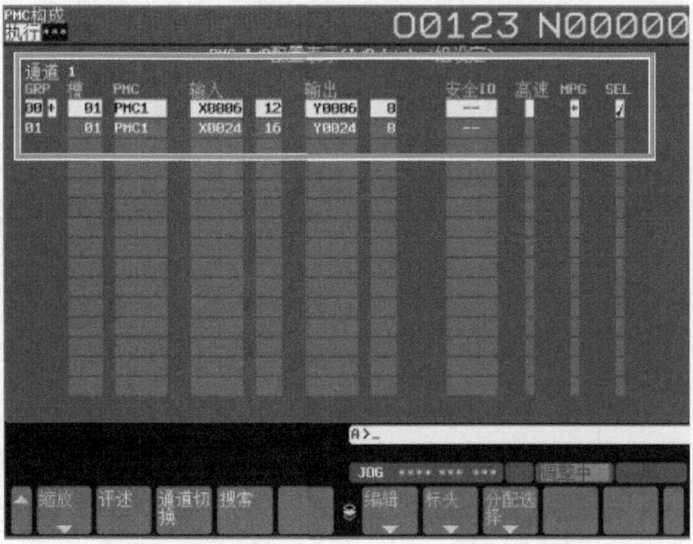

图 4.1.13　第 2 组 I/O 模块地址分配完成界面

三、I/O 模块故障诊断与排查

1. I/O 模块故障原因分析

I/O 模块通过 I/O Link i 方式连接出现故障时，可能的原因有以下几种：

（1）I/O 模块电源异常　可能的原因是 I/O 模块电源没有接通，或电压不合适。这时要检查 I/O 模块电源接口 CP1 的供电回路，I/O 模块 DC24V 电源接口如图 4.1.15 所示，I/O 模块 DC24V 电源供电回路如图 4.1.16 所示，如果 DC24V 电源供电不正常，按照电气原理图对回路进行排查。

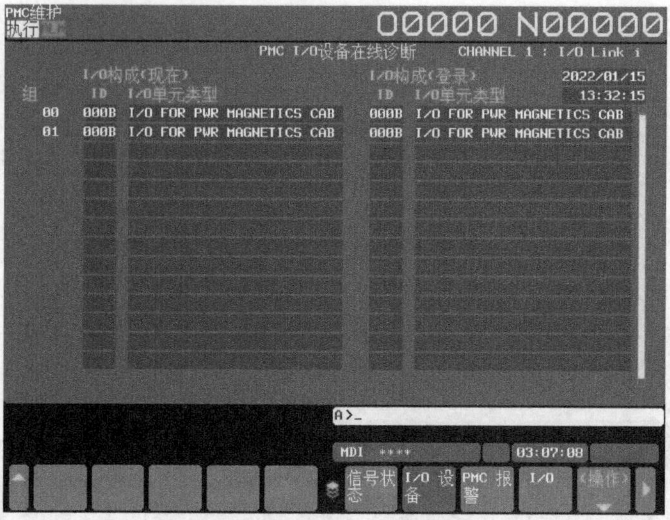

图 4.1.14　I/O 模块连接状态检查

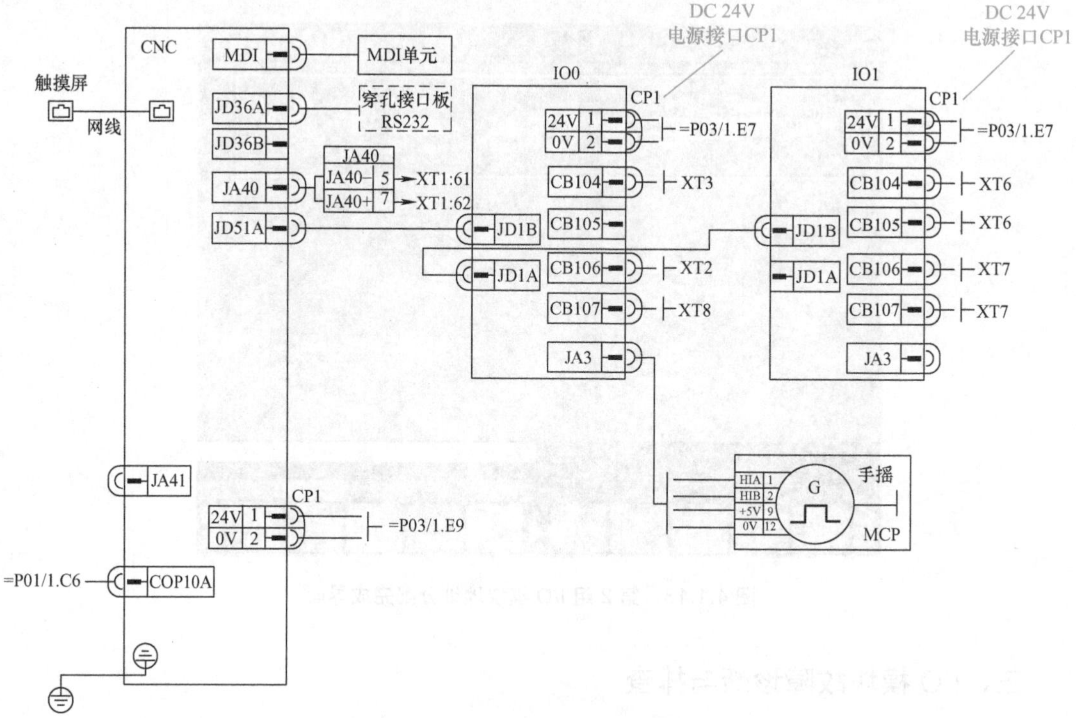

图 4.1.15　I/O 模块 DC24V 电源接口

（2）I/O Link i 电缆连接不正确　按照图 4.1.17 所示 I/O 模块连接原理图进行电缆连接检查。

（3）I/O 模块接地不正确　检查 I/O 模块接地方式。

（4）输入 / 输出信号连接错误或连接不可靠　检查相关连接。

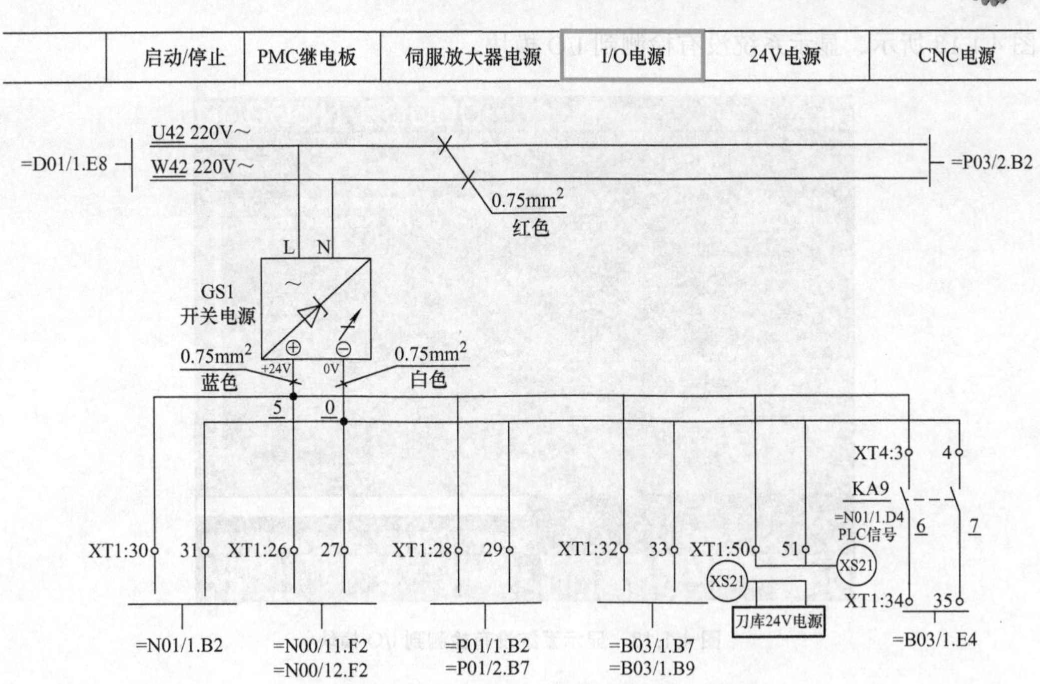

图 4.1.16　I/O 模块 DC24V 电源供电回路

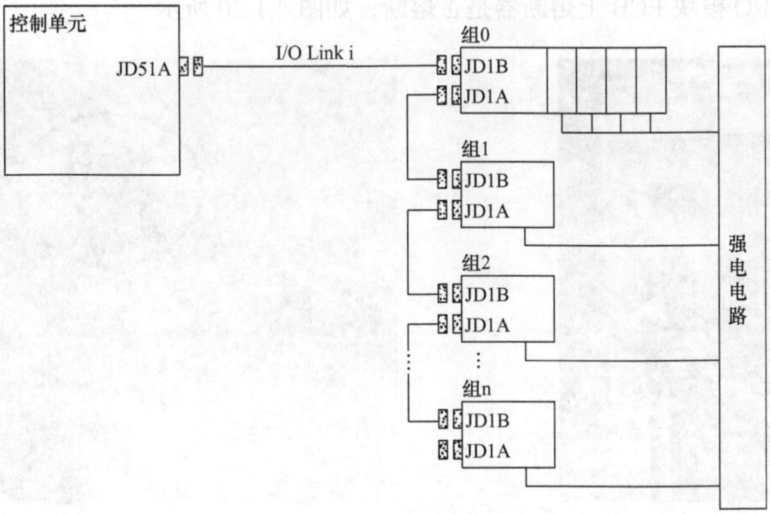

图 4.1.17　I/O 模块连接原理图

（5）I/O Link i 地址分配不正确　检查 I/O Link i 地址分配是否正确，地址是否有效。在［I/O 设备］界面检查 I/O 模块地址分配结果。

2. I/O 模块典型故障排查

（1）故障现象　数控系统开机出现“ER97 I/O Link FAILURE（CH1 G00）”报警。

（2）故障排查　故障排查思路如下：

1）首先通过路径［PMC 维护］→［I/O 设备］进入 PMC I/O 设备在线诊断界面，

如图 4.1.18 所示，显示系统没有检测到 I/O 模块。

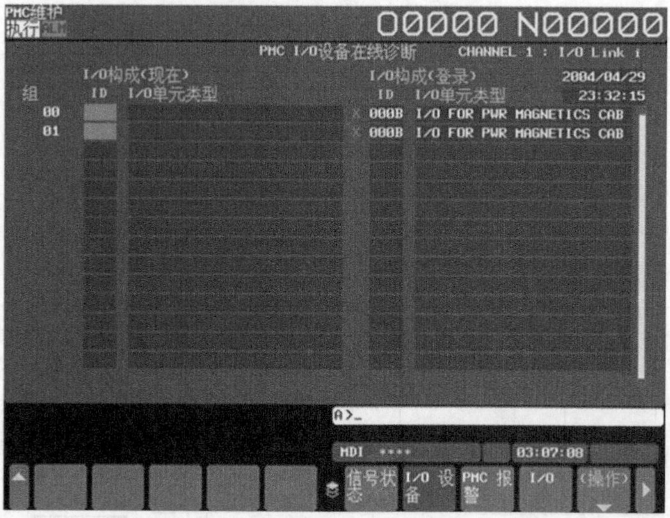

图 4.1.18　显示系统没有检测到 I/O 模块

2）检查 I/O Link i 电缆是否连接正确，检查 I/O 模块电源指示灯是否点亮，如图 4.1.19 所示。

3）检查 I/O 模块 PCB 上熔断器是否熔断，如图 4.1.20 所示

图 4.1.19　I/O 模块电源指示

图 4.1.20　I/O 模块 PCB 上熔断器

4.2　急停功能测试与故障排查

学习目标

1. 掌握急停功能电气控制与连接。

2. 能够编写及查看急停控制 PMC 程序。

3. 能够进行急停功能测试与故障排查。

重点和难点

急停功能相关故障排查。

04.2 急停功能测试与故障排查

建议学时

4 学时

相关知识

急停是数控机床一种重要的安全保护措施，在数控机床发生异常的情况下，可以通过按下急停按钮切断放大器电源，停止数控机床动作。急停报警分为两种情况：一种是人为触发报警，操作者发现机床有运行不正常趋势时可按下急停按钮，数控系统显示 EMG 急停报警，松开急停按钮报警会消失；一种是急停故障导致报警，通常由数控机床电气连接、参数设置、PMC 程序或通信等故障引起，排除故障后才能消除急停报警。

一、急停功能电气控制与连接

1. 急停控制电路

急停控制电路如图 4.2.1 所示，急停控制回路电源为 DC24V，急停控制中间继电器为 KA10。当数控系统正常工作时，急停按钮触点闭合，中间继电器 KA10 线圈得电；当因数控机床故障按下急停时，急停按钮触点断开，中间继电器 KA10 线圈失电。

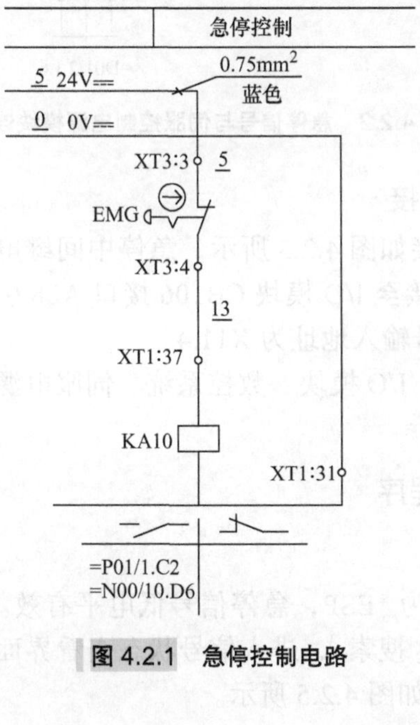

图 4.2.1 急停控制电路

2.急停信号与伺服控制电源模块连接

急停信号与伺服控制电源模块连接如图 4.2.2 所示，伺服控制电源模块接口 CX4 与急停中间继电器 KA10 常开触点连接。当没有按下急停按钮时，KA10 常开触点闭合，表示没有外部故障，如果数控系统开机自检合格，电源模块接口 CX3内部触点吸合，外部 200V 三相交流电可以通过接口 CZ1 给电源模块供电；如果按下了急停按钮，KA10 常开触点断开，表示存在外部故障，会导致电源模块接口 CX3 内部触点不能吸合，外部 200V 三相交流电不能给 CZ1 接口供电，电动机停止工作。

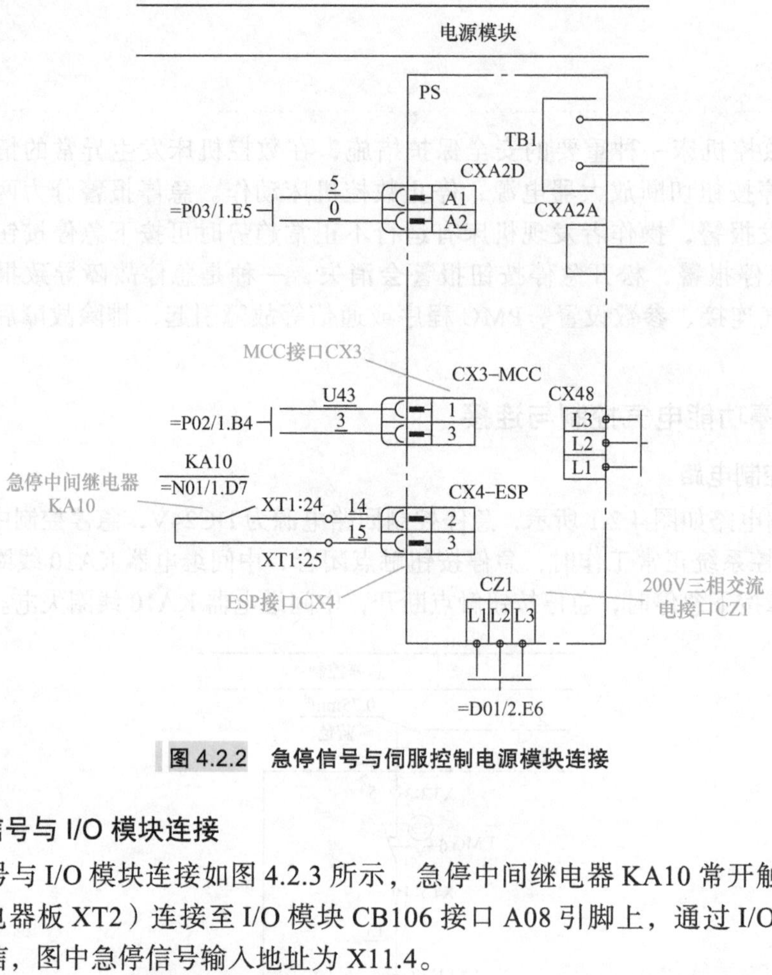

图 4.2.2　急停信号与伺服控制电源模块连接

3.急停信号与 I/O 模块连接

急停信号与 I/O 模块连接如图 4.2.3 所示，急停中间继电器 KA10 常开触点通过继电器板（如继电器板 XT2）连接至 I/O 模块 CB106 接口 A08 引脚上，通过 I/O 模块与数控系统建立通信，图中急停信号输入地址为 X11.4。

急停信号与中间继电器、I/O 模块、数控系统、伺服电源模块之间连接与信号传递如图 4.2.4 所示。

二、急停控制 PMC 程序

1. 急停信号

急停信号为 G8.4，符号为 *ESP，急停信号低电平有效。按照路径［ PMC 维护］→［信号状态］→输入 G8.4 →［搜索］，进入信号状态查看界面，按下或松开急停按钮，可以看到 G8.4 信号状态变化，如图 4.2.5 所示。

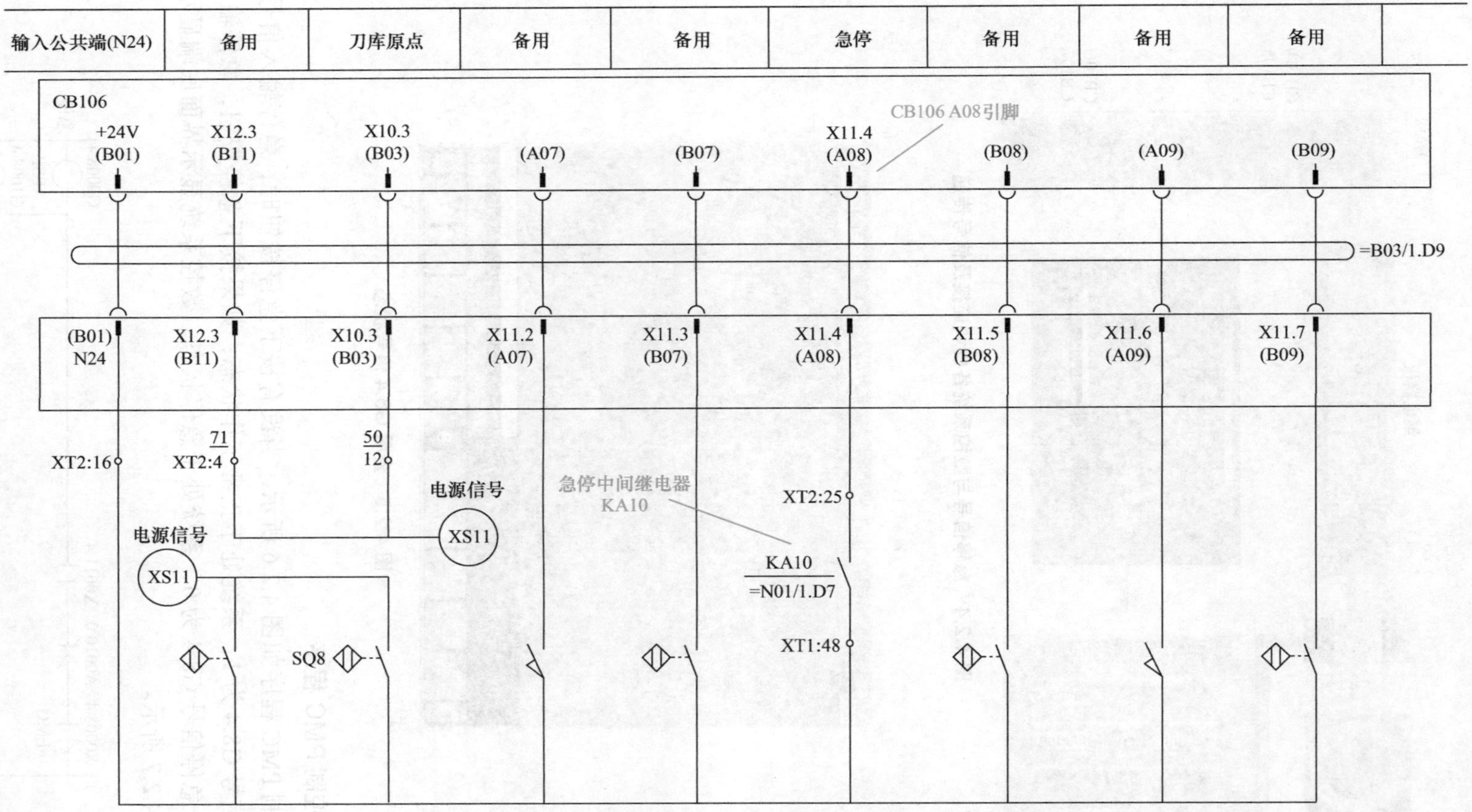

图 4.2.3 急停信号与 I/O 模块连接

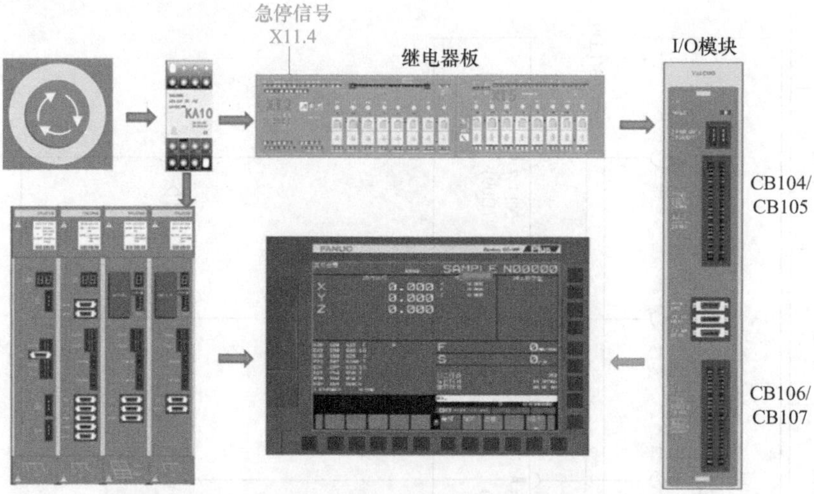

图 4.2.4　急停信号与数控系统各模块连接及信号传递

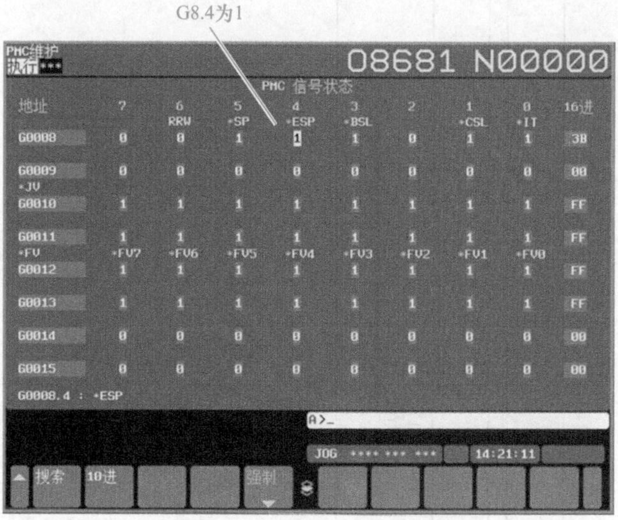

图 4.2.5　查看 G8.4 信号状态

2. 急停控制 PMC 程序

急停控制 PMC 程序如图 4.2.6 所示，当没有按下急停按钮时，急停输入信号 X11.4 为 1，急停信号 G8.4 为 1，系统处于正常工作状态；如果按下急停按钮，急停输入信号 X11.4 为 0，急停信号 G8.4 为 0，系统处于急停状态，数控系统显示界面底端显示 EMG 报警，如图 4.2.7 所示。

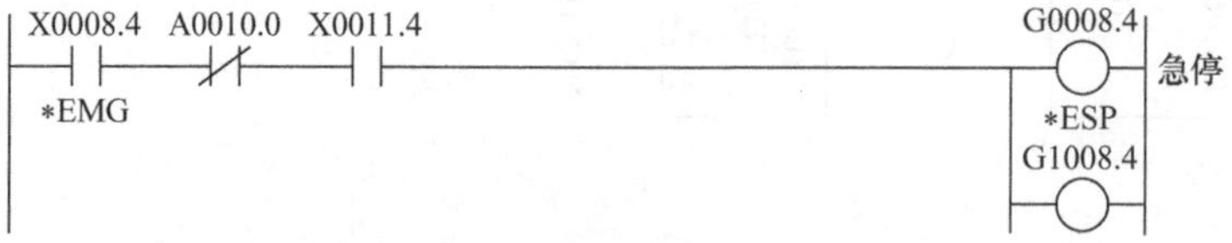

图 4.2.6　急停控制 PMC 程序

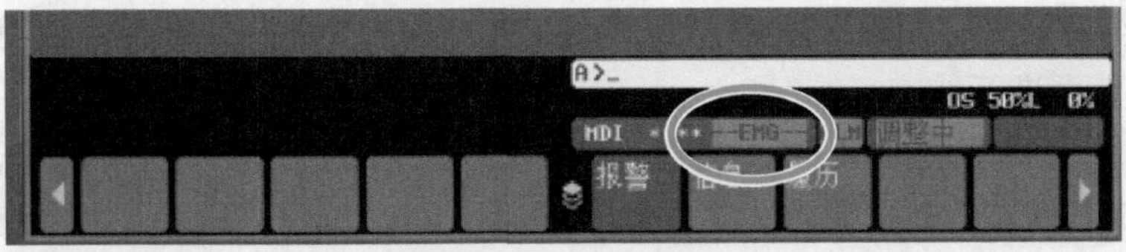

图 4.2.7　急停报警

三、急停功能测试与故障排查

1. 急停功能测试

数控系统完成机电联调或维修完成后，可进行急停功能测试。MDI 方式下编写并运行以下程序：

M03 S500；
G01 X100.0 F200.0；

按下急停按钮，观察主轴停转，坐标轴停止移动；松开急停，再次启动程序，主轴转动，坐标轴移动。

2. 急停故障诊断与排查

图 4.2.8 表示与急停相关的硬件连接，当数控系统发生急停故障时，可以从急停回

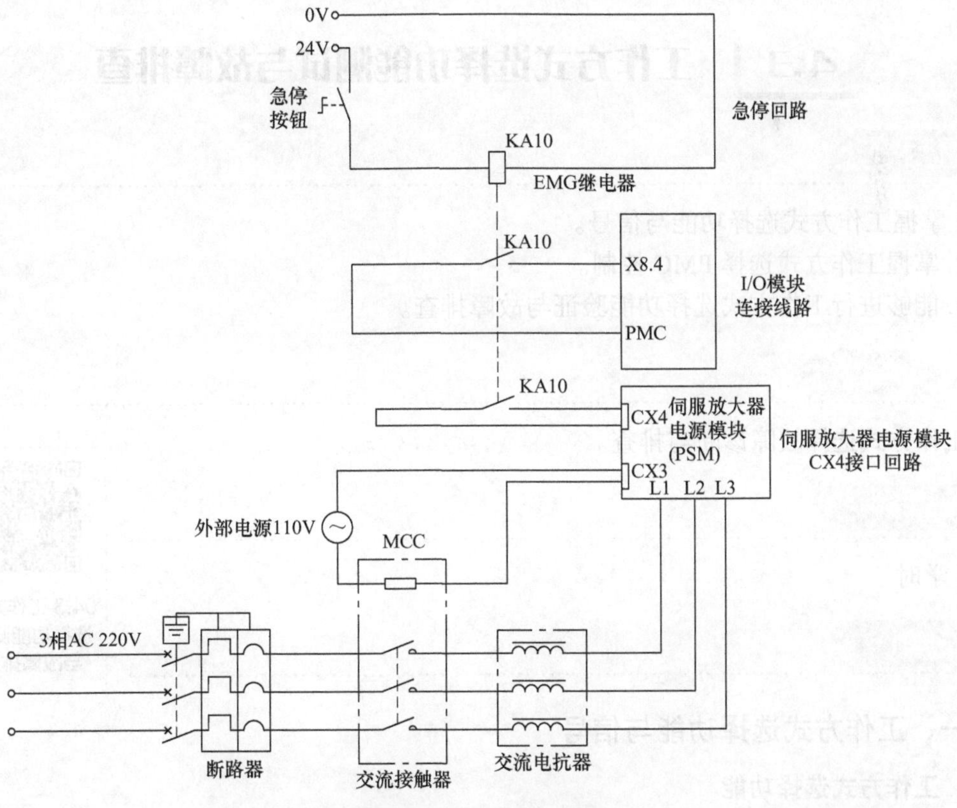

图 4.2.8　急停信号电气连接

路、I/O 模块连接线路、伺服放大器电源模块 CX4 接口回路进行排查，也可借助梯形图、信号状态检测界面进行排查。

例如，伺服电源模块接口 CX4 与急停中间继电器 KA10 常开触点相连，如果连接不可靠，接口 CX4 的端子 2 和端子 3 之间没有短接成功，数控系统会出现报警，如图 4.2.9 所示。

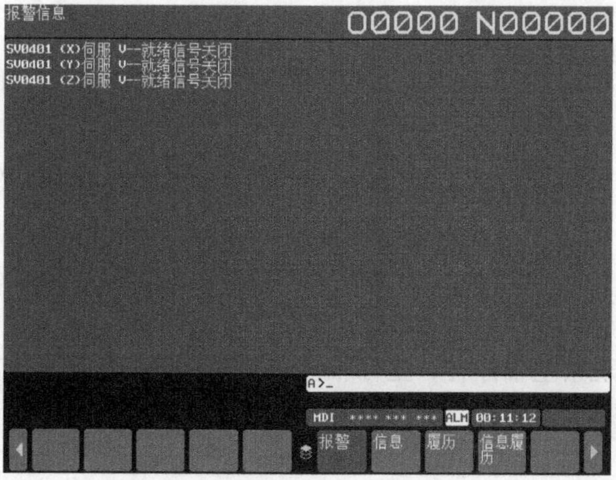

图 4.2.9 急停故障关联报警

4.3 工作方式选择功能测试与故障排查

学习目标

1.掌握工作方式选择功能与信号。
2. 掌握工作方式选择 PMC 控制。
3. 能够进行工作方式选择功能验证与故障排查。

重点和难点

工作方式选择故障诊断与排查。

04.3 工作方式选择功能测试与故障排查

建议学时

4 学时

相关知识

一、工作方式选择功能与信号

1. 工作方式选择功能

数控机床操作面板工作方式选择如图 4.3.1 所示，包括自动、编辑、MDI、REMOTE、回参考点、JOG、步进、手轮等方式。选择了某种工作方式，对应按键上方会有指示灯指示。

图 4.3.1 工作方式选择

1）自动。自动方式下系统运行的加工程序为系统存储器内程序。当选择了系统中保存的某个加工程序并按下机床操作面板上“循环启动”按键后，数控系统开始自动运行加工程序。

2）编辑。编辑方式下能够编辑存储在 CNC 内存中的加工程序，包括插入、修改、删除、字替换、自动插入顺序号等。

3）MDI。MDI 方式下可以编制加工程序并执行，程序格式与通常程序格式相同，通常用于调试运行。

4）REMOTE。REMOTE 方式下可以通过 RS232 接口或网口与计算机进行通信，实现数控机床加工程序远程数据传送与在线加工。

5）回参考点。回参考点方式下按下轴选按钮及轴方向按钮，各坐标轴自动返回参考点以建立机床坐标系，如果同时按下快速移动按钮，则机床快速返回参考点。

6）JOG。JOG 方式下持续按下机床操作面板上的进给轴及方向选择按键，坐标轴会在指定方向产生连续移动，手动连续进给速度由系统参数设定，进给速度可以通过倍率开关进行调整。

7）步进。步进方式下按下轴选择按键，每按一下方向按键，进给轴按照所选方向移动一步，机床移动的最小距离为最小设定单位，每一步可以是该单位的 1 倍、10 倍、100 倍或 1000 倍。

8）手轮。手轮方式可以通过旋转手摇脉冲发生器微量移动机床进给轴，通常用于对刀操作或微调。在进行手轮操作时要选择移动轴、移动倍率等，手轮正、反方向旋转分别代表进给轴不同移动方向。

2. 工作方式选择信号

数控机床工作方式选择由 G43 信号各位组态实现，G43 信号各位符号如下：

	#7	#6	#5	#4	#3	#2	#1	#0
G43	ZRN		DNC1			MD4	MD2	MD1

工作方式选择数控系统应答信号为 F3、F4 信号对应位，工作方式选择与信号 G43、F3、F4 对应关系见表 4.3.1。

表 4.3.1 工作方式选择信号

序号	工作方式选择	G43 信号状态					F 信号	
		ZRN	DNC1	MD4	MD2	MD1	符号	地址
1	编辑（EDIT）	0	0	0	1	1	MEDT	F3.6
2	存储器运行（MEM）	0	0	0	0	1	MMEM	F3.5
3	手动数据输入（MDI）	0	0	0	0	0	MMDI	F3.3
4	手轮 / 增量进给（HND/INC）	0	0	1	0	0	MH/MINC	F3.1 F3.0
5	手动连续进给（JOG）	0	0	1	0	1	MJ	F3.2
6	手轮示教（THND）	0	0	1	1	1	MTCHIN	F3.7
7	手动连续示教（TJOG）	0	0	1	1	0	—	—
8	DNC 运行（RMT）	0	1	0	0	1	MRMT	F3.4
9	手动返回参考点（REF）	1	0	1	0	1	MREF	F4.5

二、工作方式选择 PMC 控制

1.工作方式选择控制流程

工作方式选择控制流程如图 4.3.2 所示，按下某个工作方式选择按键，相应按键输入信号 X 或按键映射信号 R 为 1，通过 PMC 程序使得 G43 对应信号位为 1。如按下 JOG 方式按键，映射地址 R900.5 为 1，根据表 4.3.1 通过 PMC 程序触发 G43.2（MD4）、G43.0（MD1）同时为 1，向数控系统发出 JOG 方式请求信号，系统通过将 F3.2 信号置 1 进行应答，此时数控系统处于 JOG 工作方式，同时点亮 JOG 方式按键上方指示灯。

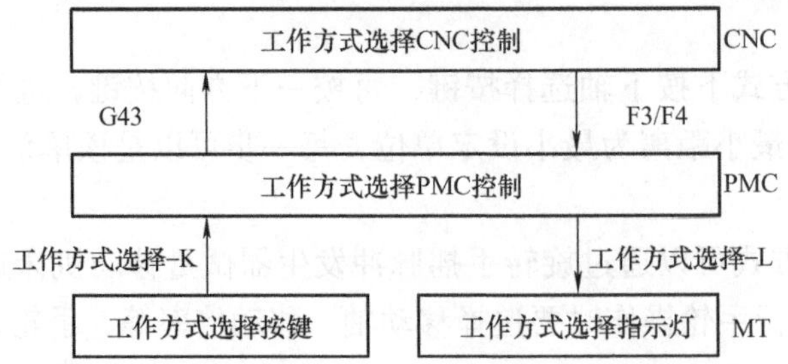

图 4.3.2 工作方式选择控制流程

2. 工作方式选择按键地址

工作方式选择按键及指示灯映射地址见表 4.3.2。

表 4.3.2 工作方式选择按键及指示灯映射地址

名称	控制面板按键输入信号地址	控制面板按键灯输出信号地址
自动模式（AUTO）	R900.0	R910.0
编辑模式（EDIT）	R900.1	R910.1
MDI 模式（MDI）	R900.2	R910.2

（续）

名称	控制面板按键输入信号地址	控制面板按键灯输出信号地址
远程传输模式（RMT）	R900.3	R910.3
返回参考点模式（REF）	R900.4	R910.4
手动模式（JOG）	R900.5	R910.5
增量模式（INC）	R900.6	R910.6
手轮模式（HND）	R900.7	R910.7

3. 工作方式选择 PMC 程序

（1）工作方式选择特点　数控系统同一时刻只允许选择一种工作方式，选择了某种工作方式后要求能够保持这种工作方式，如果选择了另一种工作方式则前一种工作方式失效。

（2）工作方式选择 PMC 程序编写　工作方式选择 PMC 程序编写思路如下：

1）所有工作方式选择按键输入信号触发软中间继电器 R200.7，如图 4.3.3 所示。

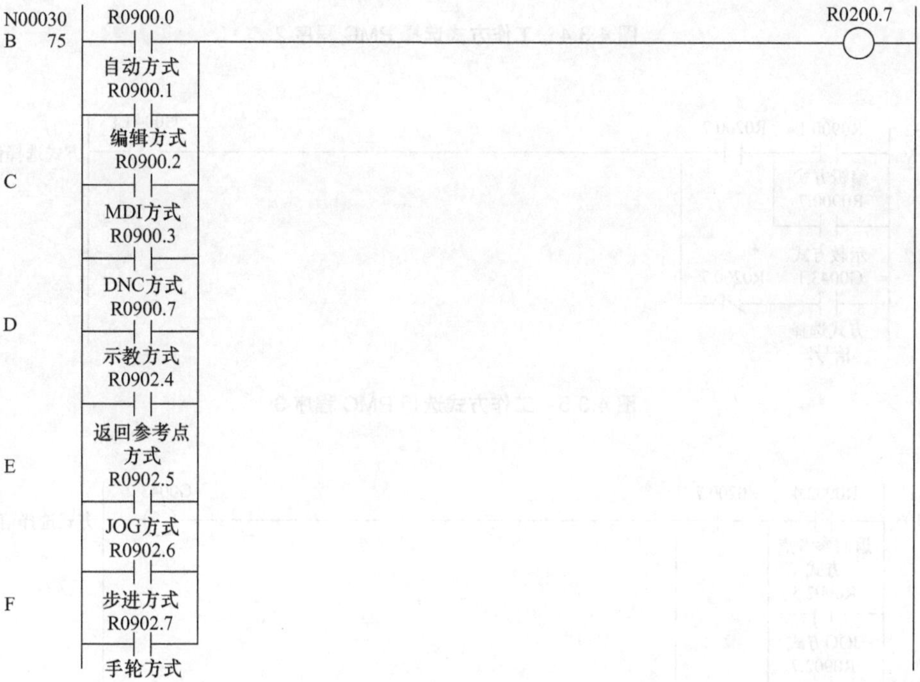

图 4.3.3　工作方式选择 PMC 程序 1

2）根据表 4.3.1 将所有使 G43.0 置 1 的信号并联，选择其中任何一种方式，G43.0 保持为 1 的状态；如果再次选择了其他工作方式，信号 G43.0 失电，如图 4.3.4 所示。

3）同样的思路处理 G43.1、G43.2、G43.5、G43.7 信号，分别如图 4.3.4、图 4.3.5、图 4.3.6 所示。

4）可以通过 F3 或 F4 相应信号点亮工作方式选择按键对应指示灯，如图 4.3.7 所示。

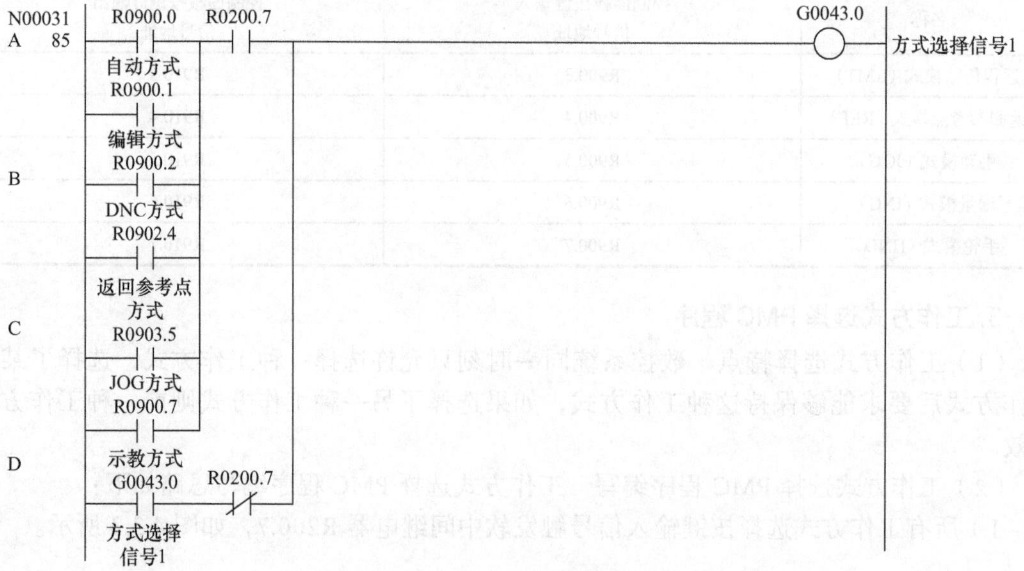

图 4.3.4 工作方式选择 PMC 程序 2

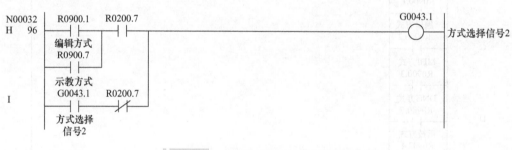

图 4.3.5 工作方式选择 PMC 程序 3

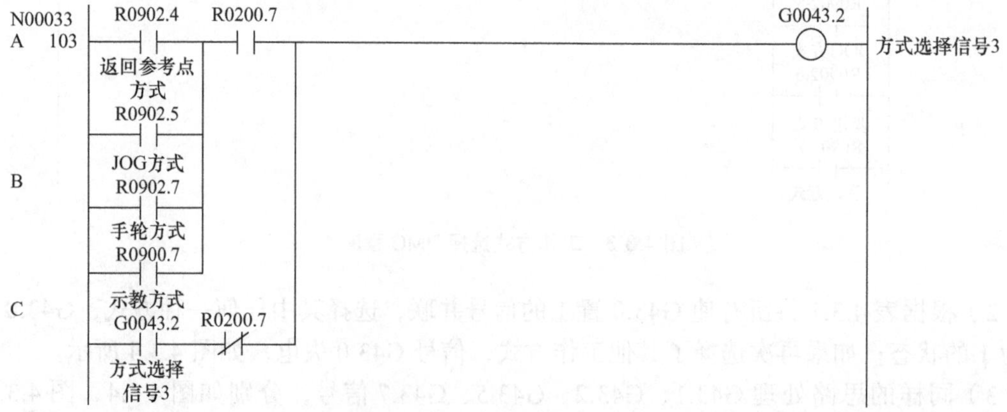

图 4.3.6 工作方式选择 PMC 程序 4

图 4.3.6 工作方式选择 PMC 程序 4（续）

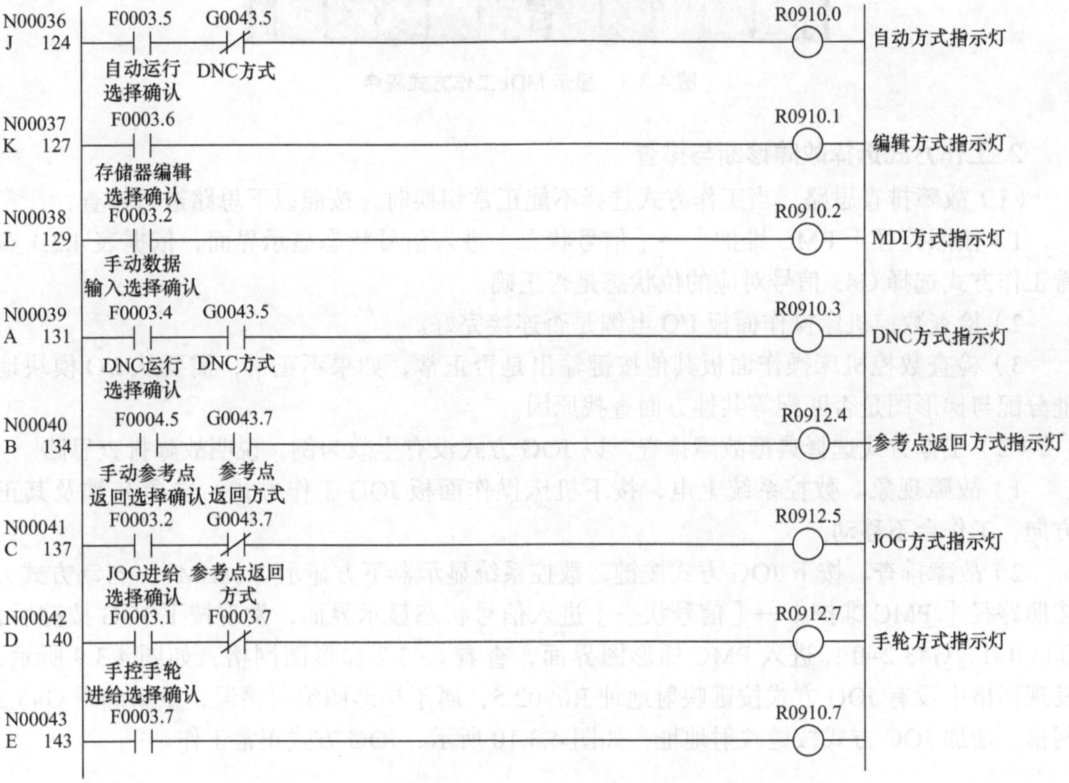

图 4.3.7 工作方式选择 PMC 程序 5

三、工作方式选择功能验证与故障排查

1. 工作方式选择功能验证

按下数控机床操作面板工作方式选择按键，数控系统显示器下方会显示相应工作方式，同时，按键上方指示灯亮，表明该工作方式生效。如图 4.3.8 所示，按下 MDI 按键，

系统切换到 MDI 方式，MDI 按键灯亮；松开按键，MDI 自锁保持。这时可以在 MDI 方式下编写并运行程序。

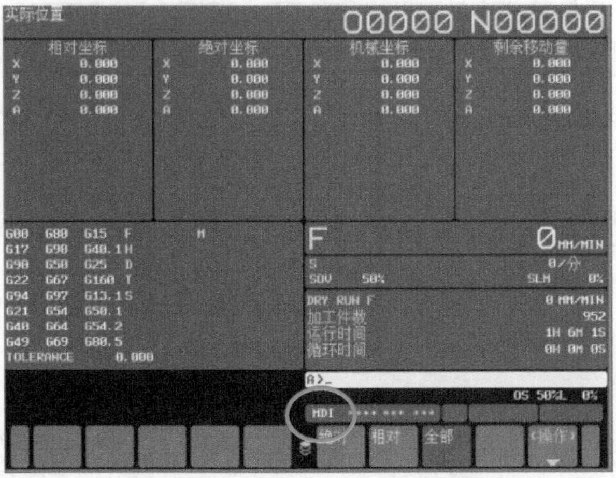

图 4.3.8 显示 MDI 工作方式程序

2. 工作方式选择故障诊断与排查

（1）故障排查思路 当工作方式选择不能正常切换时，按照以下思路进行排查：

1）按照路径［ PMC 维护］→［信号状态］进入信号状态显示界面，依据表 4.3.1 查看工作方式选择 G43 信号对应的位状态是否正确。

2）检查数控机床操作面板 I/O 电缆是否连接完好。

3）检查数控机床操作面板其他按键输出是否正常，如果不正常，需要从 I/O 模块地址分配与梯形图是否匹配等共性方面查找原因。

（2）工作方式选择典型故障排查 以 JOG 方式没有生效为例，说明故障排查思路。

1）故障现象。数控系统上电，按下机床操作面板 JOG 工作方式，选择 X 轴及其正方向，工作台不移动。

2）故障排查。按下 JOG 方式按键，数控系统显示器下方显示“MEM”（自动方式），按照路径［ PMC 维护］→［信号状态］进入信号状态显示界面，发现按下 JOG 按键后，G43.0=1，G43.2=0；进入 PMC 梯形图界面，查看 G43.2 梯形图网格，如图 4.3.9 所示，发现网格中没有 JOG 方式按键映射地址 R0902.5，属于梯形图编写错误，重新编辑 G43.2 网格，增加 JOG 方式按键映射地址，如图 4.3.10 所示，JOG 方式正常工作。

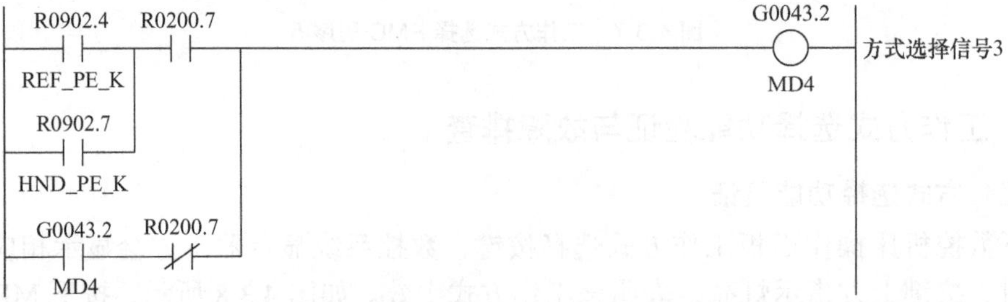

图 4.3.9 G43.2 网格缺少 JOG 方式映射地址

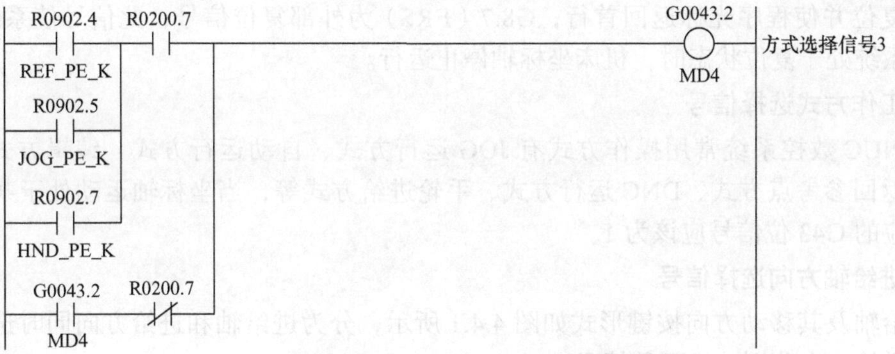

图 4.3.10 G43.2 网格完整梯形图

4.4 进给运动功能测试与故障排查

学习目标

1. 掌握进给运动关联信号的含义及其应用。
2. 掌握进给运动关联参数的含义及其设定。
3. 理解进给运动 PMC 程序控制逻辑。
4. 掌握进给运动功能测试项目及其方法。
5. 领会进给运动故障诊断与排查思路。

重点和难点

进给运动故障诊断与排查。

04.4 进给运动功能测试与故障排查

建议学时

6 学时

相关知识

一、进给运动关联信号控制

数控机床坐标轴进给运动实现除了伺服驱动硬件正确、可靠连接外，还必须具备一些必要的控制信号。

1. 急停信号

急停信号地址为 G8.4，用符号表示为 *ESP，急停信号低电平有效，要使坐标轴能够正常运行 G8.4 必须为 1。

2. 复位信号

FANUC 数控系统中复位信号有两个：G8.6（RRW）和 G8.7（ERS）。其中 G8.6（RRW）

含义为复位并使程序光标返回首行；G8.7（ERS）为外部复位信号，此信号使系统复位。当数控系统处于复位状态时，机床坐标轴停止运行。

3. 工作方式选择信号

FANUC 数控系统常用操作方式有 JOG 运行方式、自动运行方式、编辑方式、MDI 方式、返回参考点方式、DNC 运行方式、手轮进给方式等，当坐标轴运动处于某种方式时，对应的 G43 位信号应该为 1。

4. 进给轴方向选择信号

进给轴及其移动方向按键形式如图 4.4.1 所示，分为进给轴和进给方向同时选择、进给轴和进给方向分别选择两种情况。

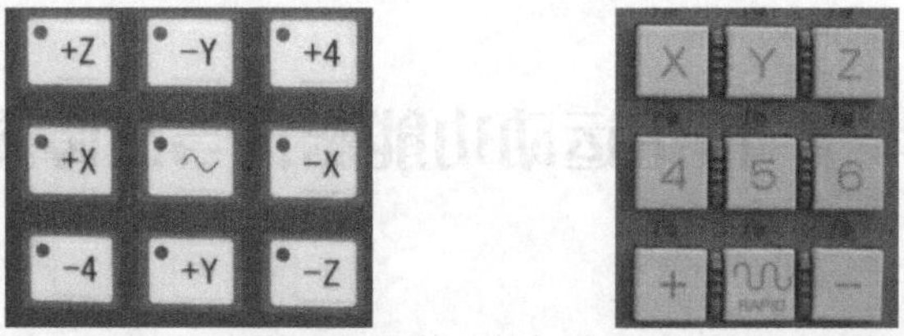

a) 进给轴和进给方向同时选择　　b) 进给轴和进给方向分别选择

图 4.4.1　进给轴及其方向选择

进给轴方向选择信号见表 4.4.1，G100 表示坐标轴正方向移动，G102 表示坐标轴负方向移动。如 Y 轴正方向移动须触发 G100.1 信号，Z 轴负方向移动须触发 G102.2 信号。

表 4.4.1　进给轴方向选择信号

进给轴	进给方向	数控系统信号	
		符号	地址
X、Y、Z、4、5	+	+J1 ～ +J5	G100.0 ～ G100.4
	–	–J1 ～ –J5	G102.0 ～ G102.4

手动返回参考点减速信号符号为 ※DEC1 ～ ※DEC5，信号地址为 X9.0 ～ X9.4。

5. 进给轴速度控制信号

（1）进给轴手动方式速度控制信号　进给轴手动进给速度控制信号为 G10、G11，G10、G11 各字节每位对应符号如图 4.4.2 所示。

G10	※JV7	※JV6	※JV5	※JV4	※JV3	※JV2	※JV1	※JV0
G11	※JV15	※JV14	※JV13	※JV12	※JV11	※JV10	※JV9	※JV8

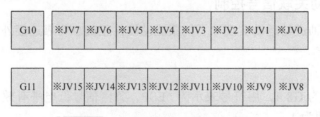

图 4.4.2　进给轴手动方式速度控制信号

（2）进给轴自动方式速度控制信号　进给轴自动进给速度控制信号为 G12，G12 每位对应符号如图 4.4.3 所示。

（3）快速移动倍率控制信号　快速移动倍率控制通常有 4 档，分别是 F0、25%、50% 和 100%。快速移动倍率开关如图 4.4.4 所示。

G12	※FV7	※FV6	※FV5	※FV4	※FV3	※FV2	※FV1	※FV0

图 4.4.3　进给轴自动方式速度控制信号

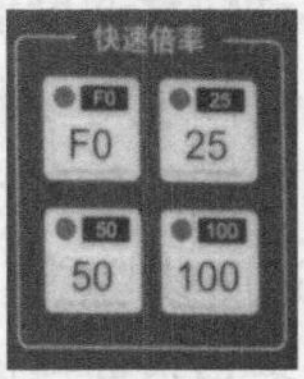

图 4.4.4　快速移动倍率开关

快速移动倍率控制信号为 G14.1、G14.0，对应符号见表 4.4.2。

表 4.4.2　快速移动倍率控制信号

信号名称	数控系统信号	
	符号	地址
快速移动倍率	ROV1 ROV2	G14.0 G14.1

通过信号 G14.1、G14.0 组态实现对快速移动速度控制，快速移动倍率信号与倍率值对应关系见表 4.4.3。

表 4.4.3　快速移动倍率信号及其倍率值

快速移动倍率信号		倍率值
G14.1	G14.0	
0	0	100%
0	1	50%
1	0	25%
1	1	F0

二、进给运动关联参数设定

在完成进给轴伺服参数设定后，还需要设定进给轴运动速度。

1. 空运行速度参数 1410

空运行速度参数 1410 用于设定手动进给（JOG）倍率为 100% 时的空运行速度。

2.进给速度参数 1411

进给速度参数 1411 用于加工过程中不需要改变切削进给速度的情形，此时通过参数来指定切削进给速度，在用户编制的加工程序中就不用指定切削速度了。

3.快速移动速度参数 1420

快速移动速度参数 1420 为每个轴设定快速移动倍率为 100% 时的快速移动速度。

4.快速移动速度参数 1421

快速移动速度参数 1421 为每个轴设定快速移动倍率为 F0 时的速度。

5. 手动进给速度参数 1423

手动进给速度参数 1423 为每个轴设定手动快速移动速度。

6. 手动快移速度参数 1424

手动快移速度参数 1424 为每个轴设定快速移动倍率为 100% 时的手动快速移动速度。

7. 手动返回参考点速度参数 1425

手动返回参考点速度参数 1425 为每个轴设定返回参考点时减速后各轴的速度（FL 速度）。

8. 参考点返回速度参数 1428

参考点返回速度参数 1428 设定采用减速挡块参考点返回情形，或在尚未建立参考点状态下参考点返回时的快速移动速度。

9. 最大切削进给速度参数 1430

最大切削进给速度参数 1430 用于设定各轴最大切削进给速度。在切削过程中，各轴的进给速度分别被各轴最大切削进给速度钳制。

三、进给运动 PMC 程序控制

1. 进给轴手动控制 PMC 程序

（1）进给轴手动应满足条件　进给轴手动应满足条件如下：

1）工作方式选择。选择手动工作方式，包括手动连续进给（JOG）、手轮进给（HAND）、增量进给（INC）、回参考点（REF）等手动工作方式。

2）坐标轴选择。进给轴手动须选择进给坐标轴，如选择 X 轴、Y 轴、Z 轴等，通常进给轴选择后处于保持状态。

3）进给方向选择。选择坐标轴是朝正方向移动（+）还是朝负方向移动（–）。

（2）进给轴手动控制相关信号　以 X 轴为例，进给轴手动控制相关信号见表 4.4.4。

表 4.4.4　X 轴手动控制相关信号

序号	信号地址	信号含义
1	R0905.4	X 轴按键地址
2	R0202.5	轴选中继信号
3	R0203.7	手动方式中继信号
4	R0202.6	轴选上升沿信号
5	R0203.1	X 轴选并自锁信号
6	R0906.4	+ 向移动信号
7	F0094.0	X 轴返回参考点结束信号

（3）进给轴手动控制 PMC 程序　进给轴手动控制 PMC 程序包括以下部分：

1）轴选中继 PMC 程序。轴选中继 PMC 程序如图 4.4.5 所示，选择任何一个坐标轴都会触发中间继电器信号 R202.5。

2）手动方式中继 PMC 程序。手动方式中继 PMC 程序如图 4.4.6 所示，选择手动（JOG）、手轮（HND）、增量（INC）、回参考点（REF）任何一种方式，都会触发中间继电器信号 R203.7。

图 4.4.5 轴选中继 PMC 程序

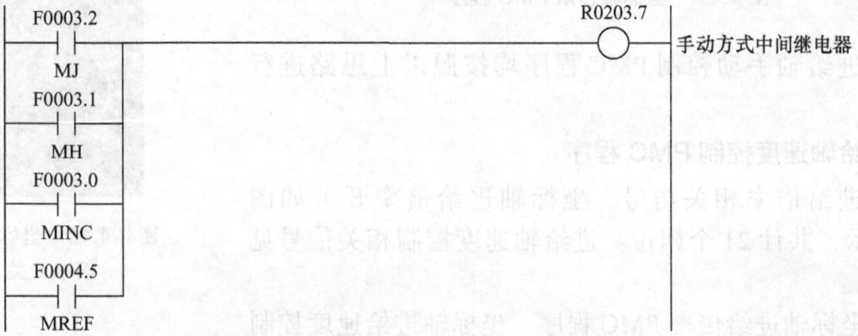

图 4.4.6 手动方式中继 PMC 程序

3）轴选上升沿信号 PMC 程序。轴选上升沿信号 PMC 程序如图 4.4.7 所示，选择任何一个坐标轴按键，都会触发上升沿信号 R202.6。

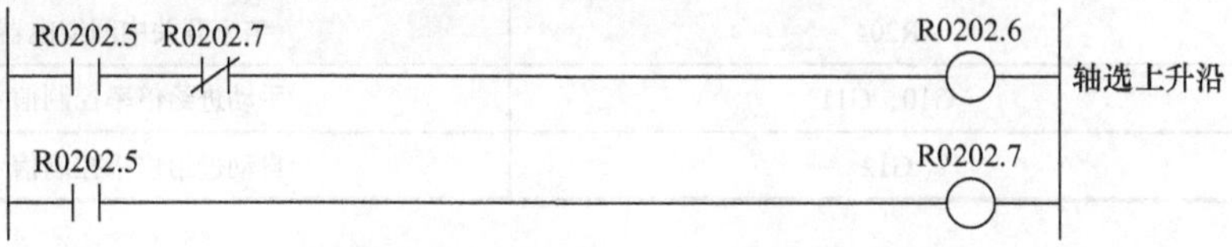

图 4.4.7 轴选上升沿信号 PMC 程序

4）轴选自锁信号 PMC 程序。轴选自锁信号 PMC 程序如图 4.4.8 所示，手动方式下选择 X 轴，触发 X 轴选中间继电器信号 R203.1 并自锁。

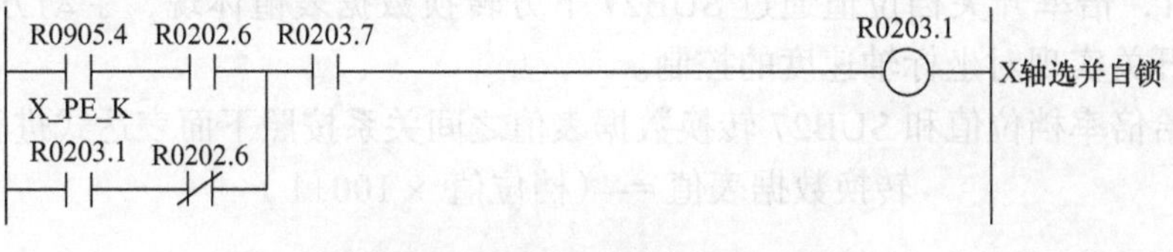

图 4.4.8 轴选自锁信号 PMC 程序

5）坐标轴移动 PMC 程序。坐标轴移动 PMC 程序如图 4.4.9 所示，手动或增量方式下，选择 X 轴及其正方向，触发 G100.0 信号，X 轴朝着正方向移动；回参考点方式下，按下 X 轴按键，X 轴回参考点，到达参考点位置后，通过 X 轴返回参考点结束信号 F94.0 结束回参考点动作。

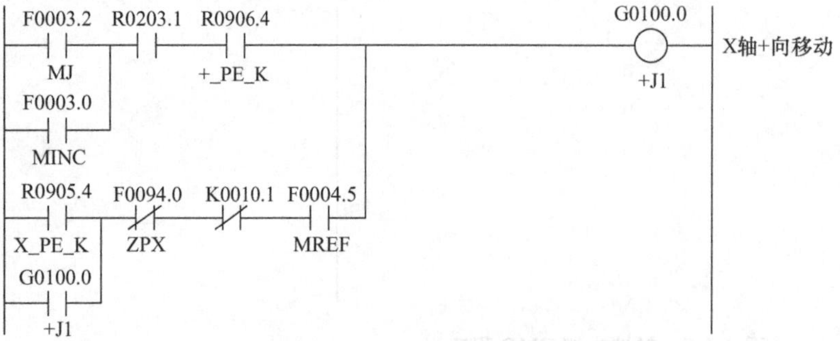

图 4.4.9 坐标轴移动 PMC 程序

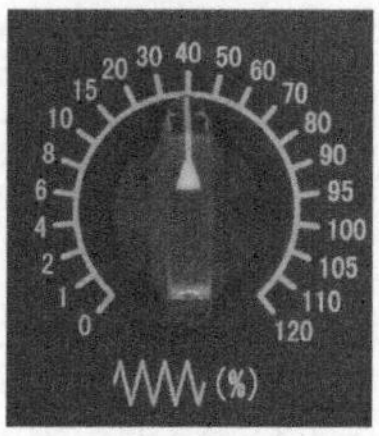

图 4.4.10 坐标轴进给倍率开关

其他进给轴手动控制 PMC 程序均按照以上思路进行编程。

2. 进给轴速度控制 PMC 程序

（1）进给倍率相关信号　坐标轴进给倍率开关如图 4.4.10 所示，共计 21 个档位。进给轴速度控制相关信号见表 4.4.5。

（2）坐标轴进给倍率 PMC 程序　坐标轴进给速度控制分为手动进给倍率控制和自动进给倍率控制，PMC 控制程序如下：

表 4.4.5　进给轴速度控制相关信号

序号	信号地址	信号含义
1	X7.0 ～ X7.4	倍率开关输入地址
2	R204	倍率开关中间继电器
3	G10、G11	手动进给倍率控制信号
4	G12	自动进给倍率控制信号

1）地址转换 PMC 程序。将进给倍率开关档位输入地址 X7.0 ～ X7.4 转换为中间继电器地址 R204，采用格雷码地址转换方式，梯形图如图 4.4.11 所示。

2）手动进给倍率 PMC 程序。手动进给倍率 PMC 程序如图 4.4.12 所示。通过二进制代码转换指令 SUB27 将进给倍率开关中间继电器信号 R204 转换为手动进给倍率控制信号 G10、G11，倍率开关档位值通过 SUB27 下方转换数据表值体现，手动方式下通过旋转进给倍率开关实现对坐标轴速度的控制。

手动进给倍率档位值和 SUB27 转换数据表值之间关系按照下面表达式进行换算：

转换数据表值 =–（档位值 × 100+1）

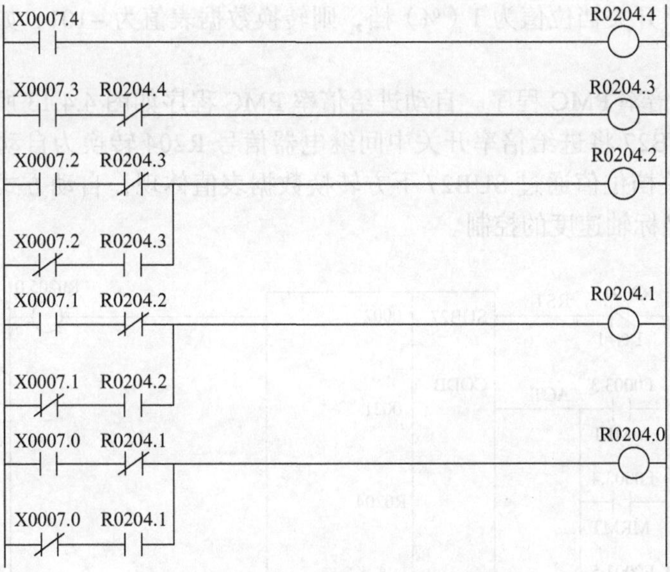

图 4.4.11 进给倍率开关地址转换

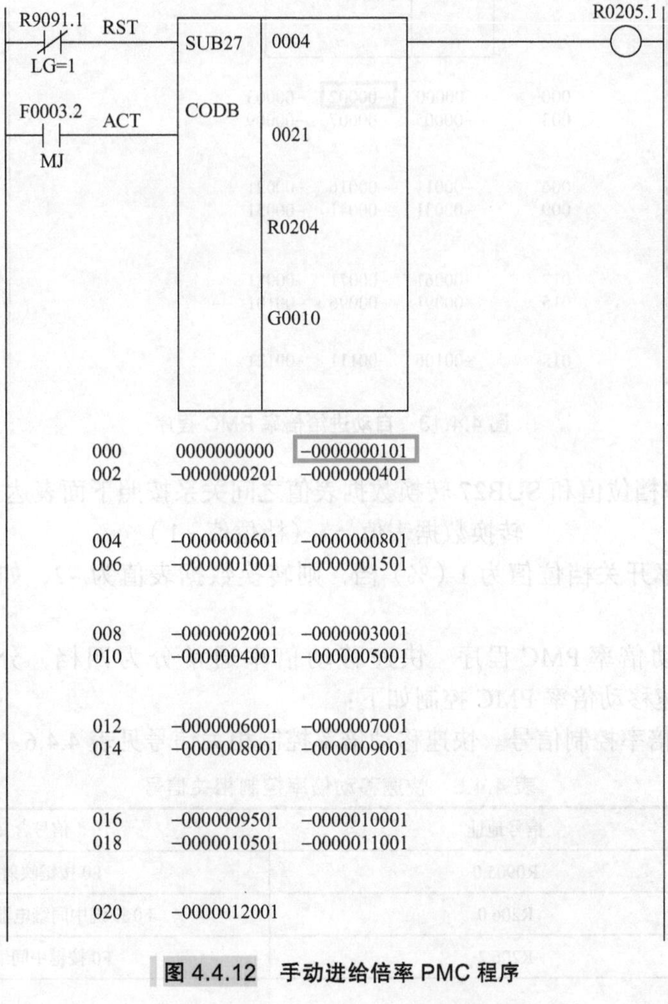

图 4.4.12 手动进给倍率 PMC 程序

例如进给倍率开关档位值为 1（%）档，则转换数据表值为 –101，如图 4.4.12 标记处所示。

3）自动进给倍率 PMC 程序。自动进给倍率 PMC 程序如图 4.4.13 所示。通过二进制代码转换指令 SUB27 将进给倍率开关中间继电器信号 R204 转换为自动进给倍率控制信号 G12，倍率开关档位值通过 SUB27 下方转换数据表值体现，自动方式下通过旋转进给倍率开关实现对坐标轴速度的控制。

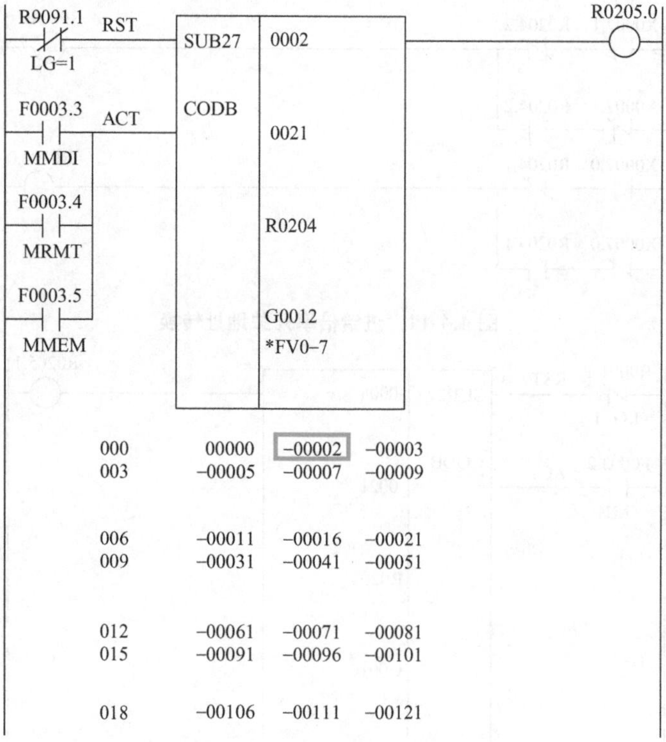

图 4.4.13 自动进给倍率 PMC 程序

自动进给倍率档位值和 SUB27 转换数据表值之间关系按照下面表达式进行换算：

转换数据表值 = –（档位值 +1）

例如进给倍率开关档位值为 1（%）档，则转换数据表值为 –2，如图 4.4.13 标记处所示。

（3）快速移动倍率 PMC 程序 快速移动倍率通常分为四档，分别是 F0、25%、50%、100%，快速移动倍率 PMC 控制如下：

1）快速移动倍率控制信号。快速移动倍率控制相关信号见表 4.4.6。

表 4.4.6 快速移动倍率控制相关信号

序号	信号地址	信号含义
1	R0905.0	F0 按键映射地址
2	R206.0	F0 按键中间继电器（上升沿）
3	R206.2	F0 按键中间继电器

（续）

序号	信号地址	信号含义
4	R0905.1	25% 按键映射地址
5	R0206.3	25% 按键中间继电器（上升沿）
6	R0206.5	25% 按键中间继电器
7	R0905.2	50% 按键映射地址
8	R0206.6	50% 按键中间继电器（上升沿）
9	R0207.0	50% 按键中间继电器

2）快速移动倍率中间信号处理　按下某个快速移动倍率按键，倍率信号起作用，再按一次该按键，倍率信号失效，这是快速移动倍率控制基本思路。以倍率 F0 为例，首先对 F0 按键进行上升沿处理，F0 按键映射地址 R905.0 转换为上升沿信号中继信号 R206.0，转换为中继信号 R206.2 后，按一次按键信号有效，再按一次信号失效，快速移动倍率信号处理 PMC 程序如图 4.4.14 所示。

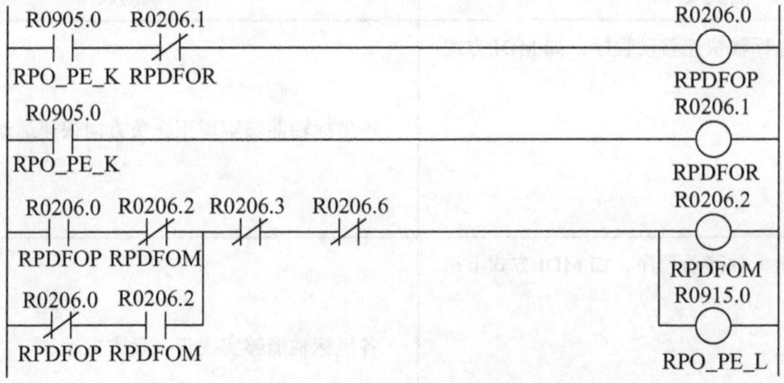

图 4.4.14　快速移动倍率信号处理 PMC 程序

3）快速移动倍率控制 PMC 程序。快速移动倍率控制按照 G14.1、G14.0 组态与倍率档位关系编写 PMC 程序，如图 4.4.15 所示。

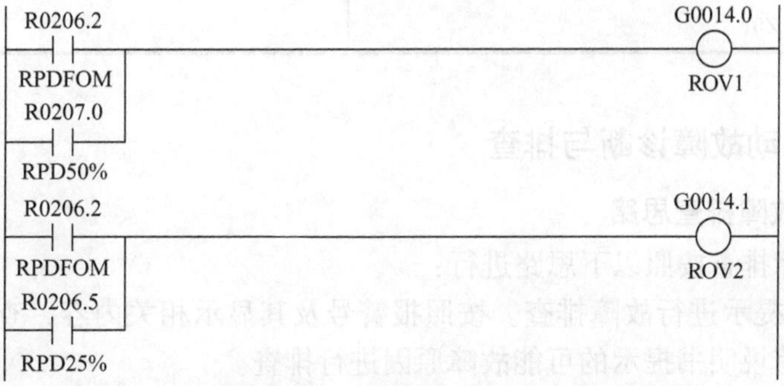

图 4.4.15　快速移动倍率控制 PMC 程序

四、进给运动功能测试

1. 手动方式下进给运动功能测试

手动方式下进给运动功能测试项目见表 4.4.7。

表 4.4.7 手动方式下进给运动功能测试

序号	测试项目	观测点
1	JOG 方式下按下坐标轴及其方向键	各坐标轴能够实现正、负方向运动
2	坐标轴移动时旋转手动进给倍率开关	坐标轴移动速度能够按照倍率档位进行变化
3	JOG 方式下坐标轴快速移动	切换快速移动倍率按键，坐标轴移动速度能够相应变化
4	手动方式下进行回参考点操作	各坐标轴能够正确回参考点

2. 自动方式下进给运动功能测试

自动方式下进给运动功能测试项目见表 4.4.8。

表 4.4.8 自动方式下进给运动功能测试

序号	测试项目	观测点
1	自动方式下运行坐标轴快速移动程序，如 MDI 方式下运行程序： G00 X50.0； X-50.0； M99；	各坐标轴能够实现正、负方向快速运动
2	自动方式下运行坐标轴移动程序，如 MDI 方式下运行程序： G01 X50.0 Y30.0； X-50.0 Y0.0； M99；	各坐标轴能够实现正、负方向运动
3	程序运行过程中旋转自动方式下进给运动倍率开关	坐标轴移动速度能够相应变化
4	自动方式下进行自动回参考点操作，如 MDI 方式下运行程序： G28 X0 Y0 Z0；	各坐标轴能够正确回参考点

五、进给运动故障诊断与排查

1. 进给运动故障排查思路

进给运动故障排查按照以下思路进行：

1）按照报警提示进行故障排查。按照报警号及其显示相关内容，查阅数控系统维修说明书，按照维修说明书提示的可能故障原因进行排查。

2）通过功能测试进行故障排查。进给运动有些故障并不会出现报警，但会影响功能的实现，因此需要通过功能测试去发现故障。当进给运动某个功能不能实现时，通过现象分析从硬件、参数、信号、PMC 程序等方面查找原因。

2. 进给运动典型故障排查

（1）故障现象　加工中心 JOG 方式下按下 X 轴及其正方向按键，机床 X 坐标轴不移动。

（2）故障排查　故障排查过程如下：

1）进入梯形图界面查看 G100.0 梯形图网格，按下 X 轴及其正方向按键，发现 G100.0 线圈没有导通，进一步查看，信号 R203.1 常开触点没有闭合，如图 4.4.16 所示。

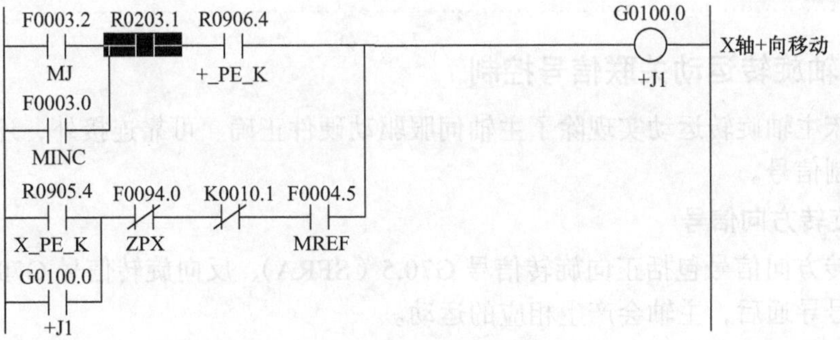

图 4.4.16　X 轴选按键信号 R203.1 没有导通

2）查看信号 R203.1 梯形图网格。进入 R203.1 梯形图网格，按下 X 轴按键，发现线圈 R203.1 没有导通，进一步查看，X 轴按键映射地址 R905.4 没有导通，如图 4.4.17 所示。

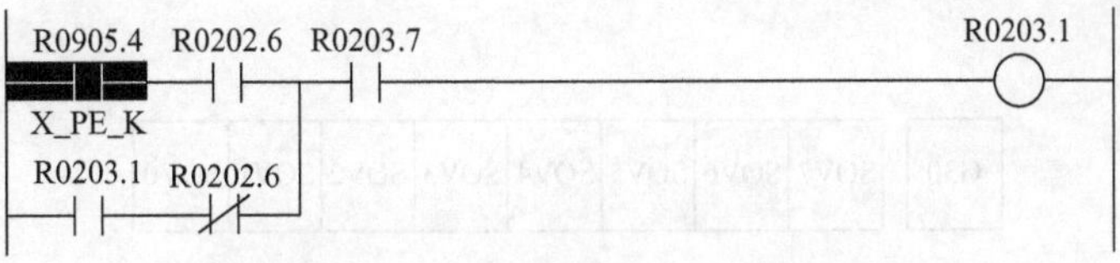

图 4.4.17　X 轴选按键信号 R905.4 没有导通

3）经检查发现是按键硬件故障，更换后 X 轴能够正常运行。

4.5　主轴旋转运动功能测试与故障排查

学习目标

1. 掌握主轴旋转运动关联信号及其应用。
2. 掌握主轴旋转运动关联参数设定。
3. 理解主轴旋转运动 PMC 程序控制逻辑。
4. 掌握主轴旋转运动功能测试项目及其方法。
5. 能够进行主轴旋转运动故障诊断与排查。

重点和难点

主轴旋转运动故障诊断与排查。

04.5 主轴旋转运动功能测试与故障排查

建议学时

4 学时

相关知识

一、主轴旋转运动关联信号控制

数控机床主轴旋转运动实现除了主轴伺服驱动硬件正确、可靠连接外，还必须具备一些必要的控制信号。

1.主轴旋转方向信号

主轴旋转方向信号包括正向旋转信号 G70.5（SFRA）、反向旋转信号 G70.4（SRVA），当这两个信号导通后，主轴会产生相应的运动。

2. 主轴定向信号

主轴定向信号为 G70.6（ORCMA）或 G29.5（SOR），当这两个信号导通后，配合相应参数设定，主轴产生定向准停动作。

3. 主轴速度倍率控制信号

主轴速度倍率控制信号为 G30（SOV0 ～ SOV7），G30 各位对应的符号如图 4.5.1 所示。

G30	SOV7	SOV6	SOV5	SOV4	SOV3	SOV2	SOV1	SOV0

图 4.5.1　主轴速度倍率控制信号 G30 各位对应的符号

4. 主轴急停信号

主轴急停信号包括 G29.6（*SSTP）、G71.1（*ESPA），这两个信号都是低电平有效，主轴正常运行，这两个信号必须置 1。

5. 机床准备就绪信号（串行主轴）

机床准备就绪信号（串行主轴）为 G70.7（MRDYA），当该信号为 1 时，主轴才能正常运行。

二、主轴旋转运动关联参数设定

主轴旋转运动除了进行主轴初始化参数设定外，还需要设定主轴速度相关参数。

1. 主轴电动机最低钳制速度 3735

主轴电动机最低钳制速度用于限制电动机最低转速，设定值为

$$设定值=\frac{主轴电动机最低钳制转速}{主轴电动机最大转速}\times 4095$$

2. 主轴电动机最高钳制速度 3736

主轴电动机最高钳制速度用于限制电动机最高转速，设定值为

$$设定值=\frac{主轴电动机最高钳制转速}{主轴电动机最大转速}\times 4095$$

3. 主轴最大转速 3741～3744

主轴最大转速指对应于电动机最大转速时主轴各档位最大速度，各档位主轴最高转速和电动机最高转速之间关系如图 4.5.2 所示，电动机最高转速通过机械传动比换算成主轴最高转速。

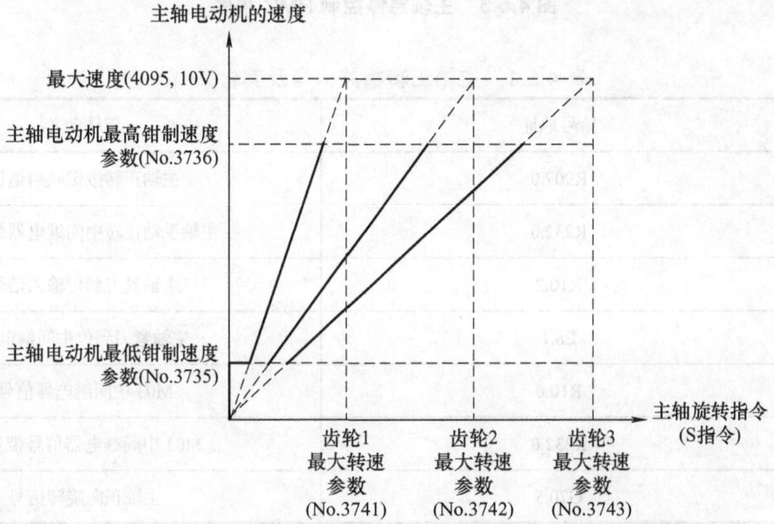

图 4.5.2 各档位主轴最高转速和电动机最高转速之间关系

4. 主轴上限转速 3772

设定了主轴上限转速，在指定了超过主轴上限转速情况下，以及在通过应用主轴速度倍率主轴转速超过上限转速的情况下，实际主轴转速被钳制在不超过参数中所设定的上限转速上。

三、主轴旋转运动 PMC 程序控制

1. 主轴急停控制 PMC 程序

主轴急停控制 PMC 程序如图 4.5.3 所示，在数控系统没有急停报警、机床安全门关闭、没有 PMC 外部报警情况下，机床准备就绪，主轴急停信号解除，主轴具备正常运转条件。

2. 主轴旋转运动控制 PMC 程序

下面以加工中心主轴正转为例，说明主轴旋转运动控制流程。

（1）主轴正转相关信号　主轴正转相关信号及其含义见表 4.5.1。

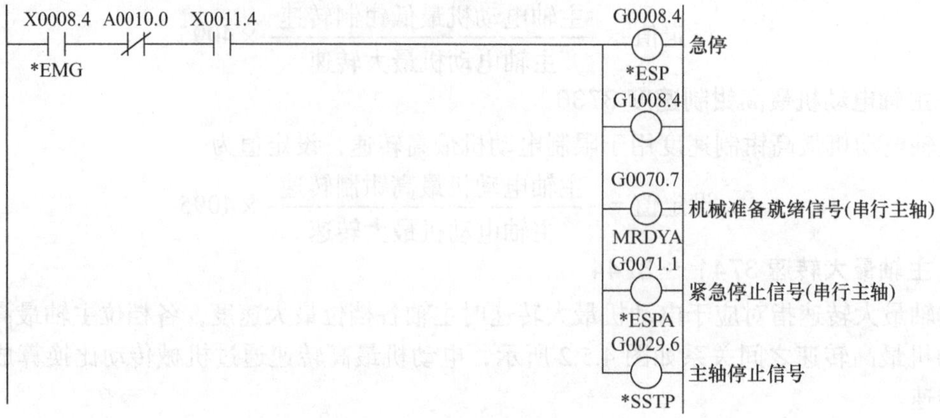

图 4.5.3 主轴急停控制 PMC 程序

表 4.5.1 主轴正转相关信号及其含义

序号	信号地址	信号含义
1	R907.0	主轴正转按键映射地址
2	R232.0	主轴手动正转中间继电器带互锁
3	X10.2	主轴紧刀到位输入信号
4	E8.1	主轴紧刀到位中间继电器
5	R10.0	M03 中间继电器信号
6	R232.0	M03 中间继电器信号带互锁
7	G70.5	主轴正向旋转信号

（2）主轴手动正转中继 PMC 程序　主轴手动正转中继 PMC 程序如图 4.5.4 所示，按下主轴正转按键，在主轴紧刀到位的情况下，R232.0 导通并自锁；如果按下主轴反转按键、停止按键、复位按键，R232.0 均失电。

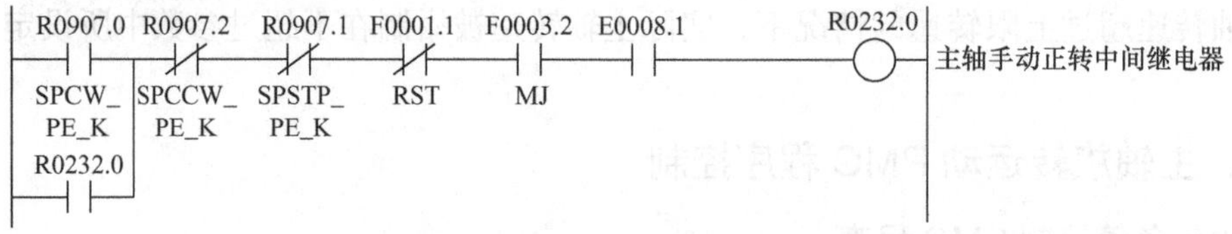

图 4.5.4 主轴手动正转中继 PMC 程序

（3）主轴自动正转中间继电器 PMC 程序　主轴自动正转中间继电器 PMC 程序如图 4.5.5 所示，自动方式下输入 M03 主轴正转程序，在主轴紧刀到位的情况下，R232.2 导通并自锁；如果运行 M04、M05、M19 或按下复位按键，R232.2 均失电。

（4）主轴正转 PMC 程序　主轴正转 PMC 程序如图 4.5.6 所示，手动及自动方式下，只要出发 G70.5 信号，主轴即具备正转条件。

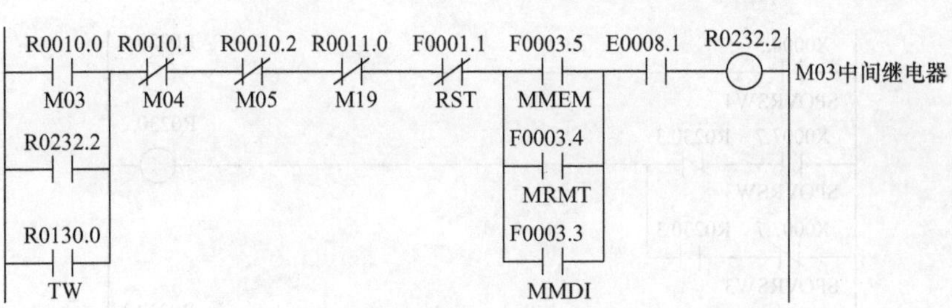

图 4.5.5　主轴自动正转中间继电器 PMC 程序

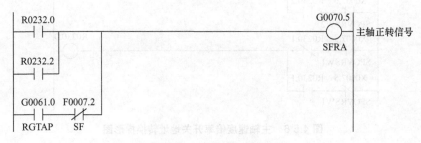

图 4.5.6　主轴正转 PMC 程序

3. 主轴速度控制 PMC 程序

（1）主轴倍率相关信号　主轴倍率开关如图 4.5.7 所示，共 8 个档位。主轴速度控制相关信号见表 4.5.2。

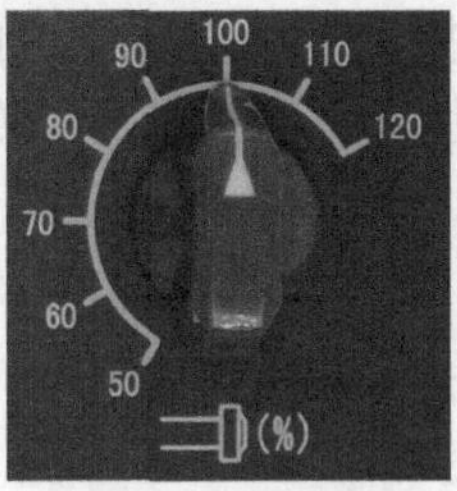

图 4.5.7　主轴倍率开关

表 4.5.2　主轴速度控制相关信号

序号	信号地址	信号含义
1	X7.5、X7.6、X7.7、X8.5	主轴倍率开关输入信号地址
2	R230	主轴倍率开关中间继电器
3	G30	主轴速度控制信号

（2）主轴速度倍率 PMC 程序　主轴速度控制 PMC 控制流程如下：

1）地址转换 PMC 程序。将主轴速度倍率开关档位输入信号 X7.5、X7.6、X7.7、X8.5 转换为中间继电器地址 R230，采用格雷码地址转换方式，梯形图如图 4.5.8 所示。

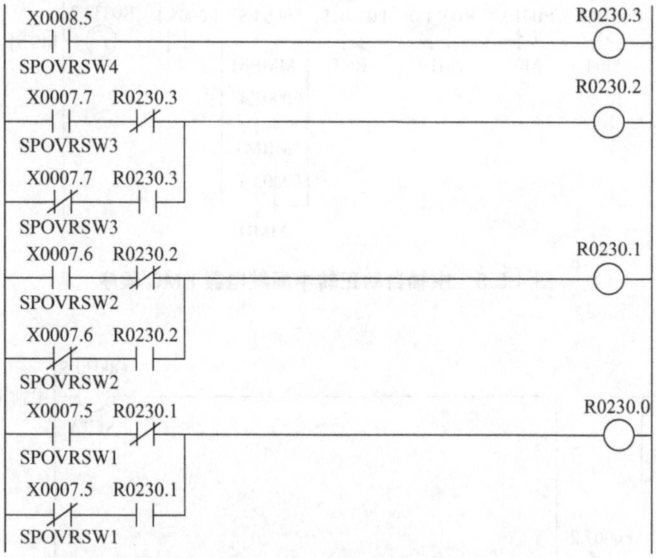

图 4.5.8　主轴速度倍率开关地址转换梯形图

2）主轴速度倍率 PMC 程序。主轴速度倍率 PMC 程序如图 4.5.9 所示。通过二进制代码转换指令 SUB27 将主轴速度倍率开关中间继电器信号 R230 转换为主轴速度倍率控制信号 G30，倍率开关档位值通过 SUB27 下方转换数据表值体现，通过旋转主轴速度倍率开关实现对主轴速度控制。

主轴速度倍率档位值和 SUB27 转换数据表值之间关系按照下面表达式进行换算：

转换数据表值 = 档位值

例如主轴速度倍率开关档位值为 50（%）档，则转换数据表值为 50，如图 4.5.9 标记处所示。

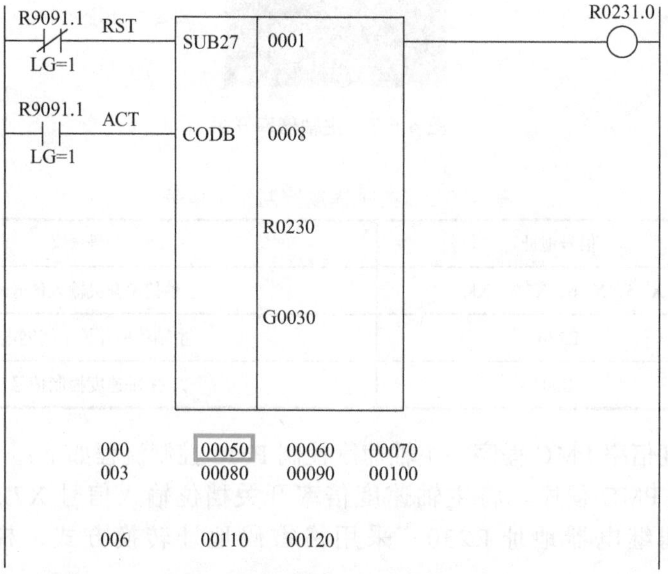

图 4.5.9　主轴速度倍率 PMC 程序

四、主轴旋转运动功能测试

1. 自动方式下主轴旋转运动功能测试

自动方式下编写主轴正转、反转程序，如 MDI 方式下编写并运行以下程序：

M03 S1000;

并进行以下功能测试：

1）观察主轴是否按照正确方向旋转。

2）旋转主轴速度倍率开关，所显示主轴运行速度是否与档位值一致。

3）输入 MO5 指令或按下复位按键，主轴是否停转。

2. 手动方式下主轴旋转运动功能测试

在进行主轴自动运行测试后，切换至 JOG 方式，按下主轴正转、反转按键，看看主轴是否旋转，旋转主轴速度倍率开关，观察所显示转速是否与档位值一致。

五、主轴旋转运动故障诊断与排查

1. 主轴旋转运动故障排查思路

主轴旋转运动故障排查按照以下思路进行：

1）按照报警提示进行故障排查。按照报警号及其显示相关内容，查阅数控系统维修说明书，按照维修说明书提示的可能故障原因进行排查。

2）通过功能测试进行故障排查。主轴运动有些故障并不会出现报警，但会影响功能的实现，因此需要通过功能测试去发现故障。当主轴旋转运动不能实现时，通过现象分析从硬件、参数、信号、PMC 程序等方面查找原因。

2. 主轴旋转运动典型故障排查

（1）故障现象　加工中心 MDI 方式下运行“M03 S1000;”程序，主轴不旋转。

（2）故障排查　故障排查过程如下：

MDI 方式下运行“M03 S1000;”程序：

1）查看参数 3736 设定值，为 4095，主轴电动机最高钳制速度设定值正确。

2）查看参数 3741 设定值，为 8000r/min，主轴最大转速设定值正确。

3）进入梯形图界面，查看主轴正转信号 G70.5，线圈导通，说明主轴正转梯形图逻辑正确。

4）进入梯形图界面，查看主轴速度控制信号 G30 设定值，G30 表值和主轴倍率开关档位值一致，说明表值设定正确。

5）进入梯形图界面，分别搜索 G70.7、G71.1、G29.6 信号，在梯形图中没有查找到串行主轴紧急停止信号 G71.1 梯形图网格，如图 4.5.10 所示，没有经过梯形图逻辑处理的信号 G71.1 处于低电平状态，是导致主轴不能旋转的原因。增加 G71.1 控制逻辑，如图 4.5.3 所示，则主轴旋转，故障排除。

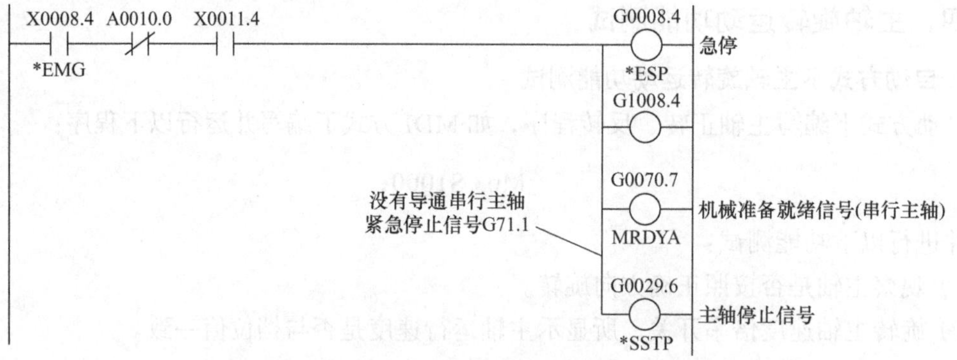

图 4.5.10 没有导通串行主轴紧急停止信号 G71.1

4.6 主轴定向功能测试与故障排查

学习目标

1. 掌握主轴位置检测装置连接与参数设定方法。
2. 能够编写及监控主轴定向 PMC 程序。
3. 能够进行主轴定向位置设定与功能测试。
4. 能够进行主轴定向故障排查。

重点和难点

主轴定向设定与操作。

04.6 主轴定向功能测试与故障排查

建议学时

4 学时

相关知识

数控机床主轴除了进行速度控制外，在执行加工中心刀库换刀、攻螺纹、镗孔等工作时还需要对主轴进行位置控制，让主轴准确定位并保持到一个特定位置，这就是主轴的定向功能。

一、主轴位置传感器连接与参数设定

主轴位置传感器，按照安装位置的不同，分为电动机传感器和主轴传感器。

1. 电动机传感器连接与参数设定

（1）使用电动机端传感器定向　电动机端通常使用的传感器包括 Mzi、Bzi、Czi，传感器均接至主轴放大器 JYA2 接口，各电动机端使用的传感器与主轴放大器硬件连接分别如图 4.6.1、图 4.6.2 所示。

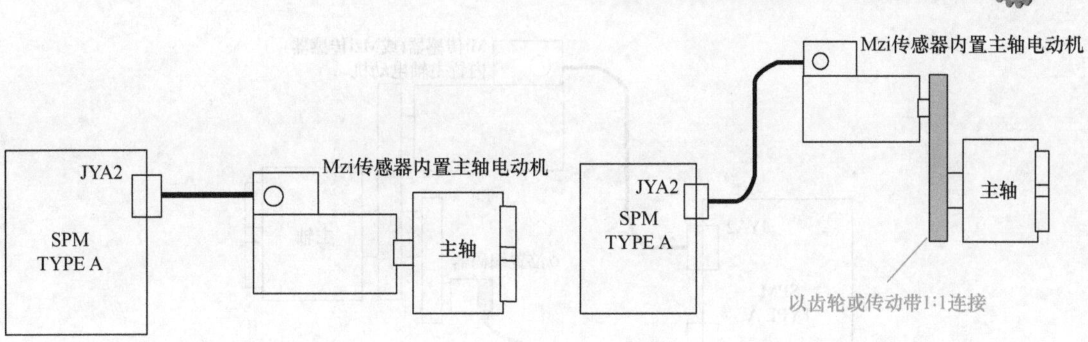

a) 电动机主轴直连　　b) 电动机主轴传动带连接

图 4.6.1　电动机端使用 Mzi 传感器硬件连接

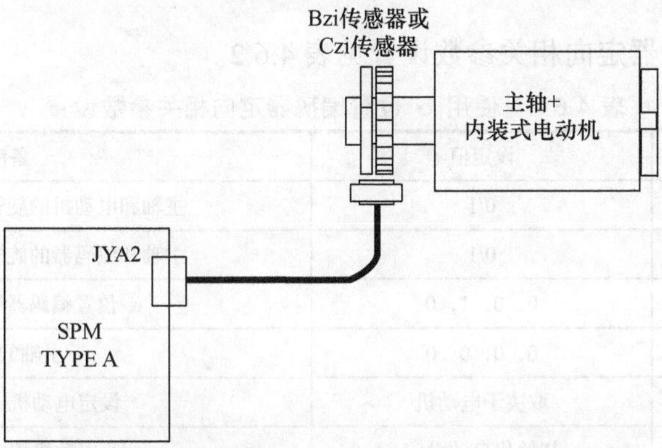

图 4.6.2　电动机端使用 Bzi、Czi 传感器硬件连接

（2）电动机端传感器定向参数设置　使用电动机端传感器定向相关参数设置见表 4.6.1。

表 4.6.1　使用电动机端传感器定向参数设置

参数号	设定值	备注
4000#0	0	主轴和电动机的旋转方向相同
4002#3，2，1，0	0，0，0，1	主轴传感器用于位置反馈
4003#7，6，5，4	0，0，0，0	主轴的齿数
4010#2，1，0	0，0，1	设定 Mzi、Bzi、Czi 电动机传感器
4011#2，1，0	初始化自动设定	电动机传感器齿数设定
4015#0	1	定向有效
4056 ～ 4059	100 或 1000	电动机和主轴的齿轮比为 1∶1

2. 主轴传感器连接与参数设定

（1）使用 α 位置编码器定向　使用 α 位置编码器硬件连接如图 4.6.3 所示，主轴电动机传感器 Mzi 连接至主轴放大器 JYA2 接口，α 位置编码器连接至 JYA3 接口。

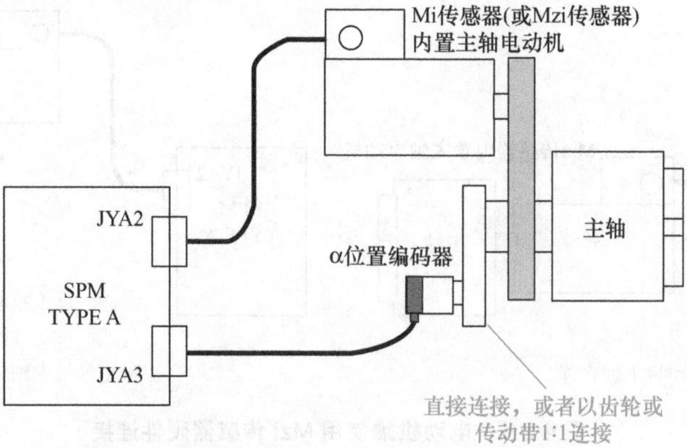

图 4.6.3　主轴 α 位置编码器硬件连接

使用 α 位置编码器定向相关参数设置见表 4.6.2。

表 4.6.2　使用 α 位置编码器定向相关参数设置

参数号	设定值	备注
4000#0	0/1	主轴和电动机的旋转方向相同 / 相反
4001#4	0/1	主轴和编码器的旋转方向相同 / 相反
4002#3，2，1，0	0，0，1，0	α 位置编码器用于位置反馈
4003#7，6，5，4	0，0，0，0	主轴的齿数
4010#2，1，0	取决于电动机	设定电动机传感器类型
4011#2，1，0	初始化自动设定	电动机传感器齿数
4015#0	1	主轴定向有效
4056 ～ 4059	根据具体配置	电动机和主轴的齿轮比

（2）使用 ais 位置编码器定向　使用 ais 位置编码器硬件连接如图 4.6.4 所示，主轴电动机传感器连接至主轴放大器 JYA2 接口，ais 位置编码器连接至 JYA4 接口。

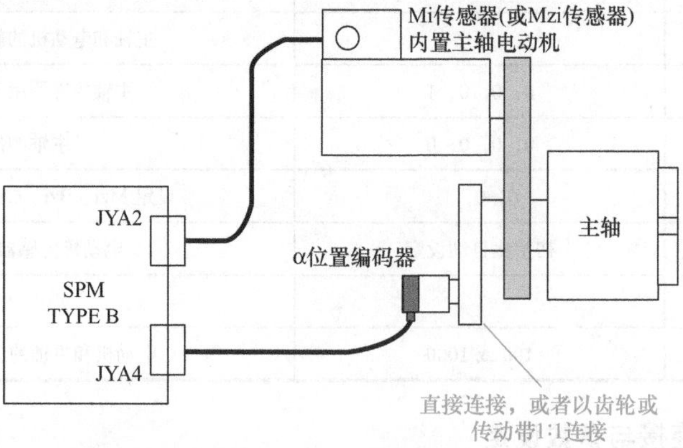

图 4.6.4　主轴 ais 位置编码器硬件连接

使用 ais 位置编码器定向相关参数设置见表 4.6.3。

表 4.6.3 使用 ais 位置编码器定向参数设置

参数号	设定值	备注
4000#0	0/1	主轴和电动机的旋转方向相同 / 相反
4001#4	0/1	主轴和编码器的旋转方向相同 / 相反
4002#3，2，1，0	0，1，0，0	ais 位置编码器用于位置反馈
4003#7，6，5，4	0，0，0，0	主轴的齿数
4010#2，1，0	取决于电动机	设定电动机传感器类型
4011#2，1，0	初始化自动设定	电动机传感器齿数
4015#0	1	主轴定向有效
4056 ～ 4059	根据具体配置	电动机和主轴的齿轮比

（3）使用外部一次旋转信号（接近开关）定向 使用外部一次旋转信号（接近开关）硬件连接如图 4.6.5 所示，主轴电动机传感器连接至主轴放大器 JYA2 接口，外部一次旋转信号连接至 JYA3 接口。

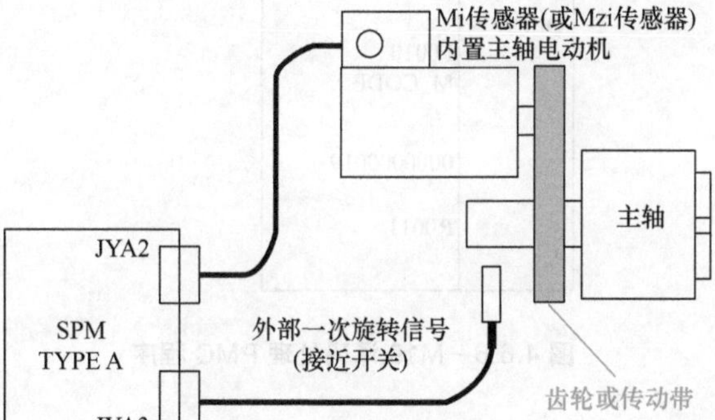

图 4.6.5 使用外部一次旋转信号（接近开关）硬件连接

使用外部一次旋转信号（接近开关）定向相关参数设置见表 4.6.4。

表 4.6.4 使用外部一次旋转信号（接近开关）定向相关参数设置

参数号	设定值	备注
4000#0	0/1	主轴和电动机的旋转方向相同 / 相反
4002#3，2，1，0	0，0，0，1	将电动机传感器用于位置反馈
4004#2	1	使用外部一次旋转信号
4010#2，1，0	取决于电动机	设定电动机传感器类型
4011#2，1，0	初始化自动设定	电动机传感器齿数
4015#0	1	主轴定向有效
4056 ～ 4059	根据具体配置	电动机和主轴的齿轮比
4071 ～ 4074	根据具体配置	电动机传感器和主轴的齿轮比

二、主轴定向 PMC 程序控制

1. 主轴定向关联信号控制

主轴定向关联信号地址、符号及其含义见表 4.6.5。

表 4.6.5 主轴定向关联信号地址、符号及其含义

序号	定向信号地址	定向信号符号	定向信号含义
1	G70.6	ORCMA	串行主轴定向指令信号
2	F45.1	SSTA	串行主轴零速度信号

2. 主轴定向 PMC 程序控制

（1）主轴定向指令 M19 代码转换　主轴定向通常在 MDI 或自动模式下，执行 M19 指令实施。M19 指令通过功能指令 SUB25 进行二进制译码处理，转换为中间继电器信号 R11.0，M19 译码处理 PMC 程序如图 4.6.6 所示。

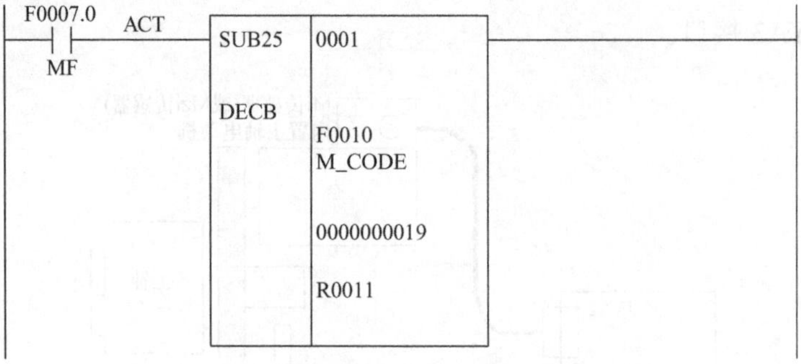

图 4.6.6 M19 译码处理 PMC 程序

（2）主轴定向 PMC 程序　主轴定向 PMC 程序如图 4.6.7 所示，当主轴旋转速度为零时执行 M19 指令，导通 G70.6 信号，实现主轴定向程序控制；执行主轴正转、反转、停止运行指令或按下复位键任何一种方式，均可解除主轴定向功能。

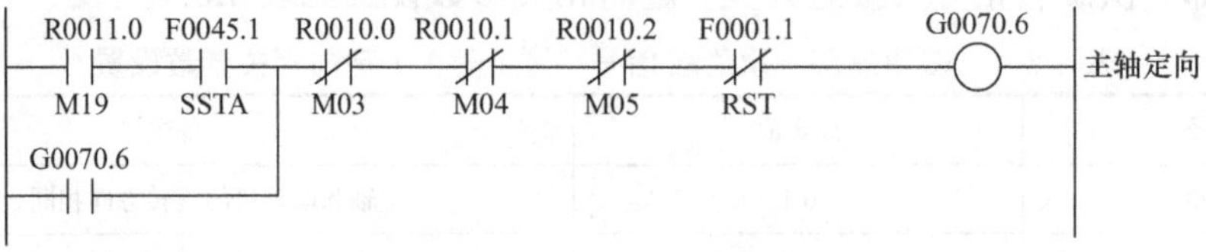

图 4.6.7 主轴定向 PMC 程序

三、主轴定向位置设定与功能测试

1. 主轴定向设定

（1）参数设置　首先针对主轴定向传感器类型完成相关参数设置，同时设置参数 No.3117#1=1，表明在诊断数据（No.445）中显示从一转信号开始的位置编码器信号脉冲数据，参数设置如图 4.6.8 所示。

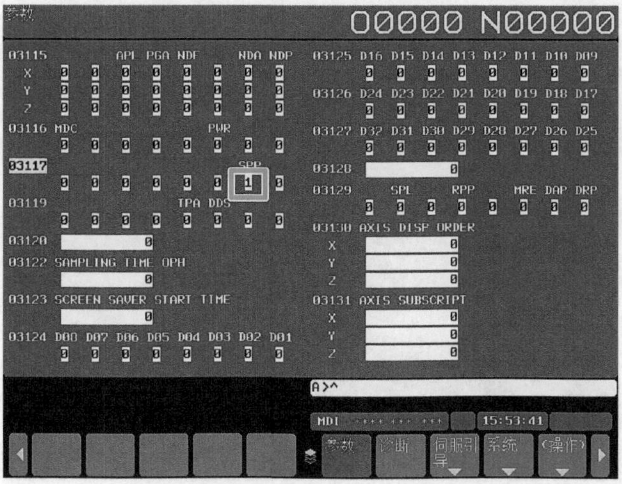

图 4.6.8 参数 No.3117#1 设置为 1

（2）执行主轴定向指令　MDI 方式下执行 M19 主轴定向指令，指令执行完成后手动盘动主轴确定主轴处于定向状态，此时主轴虽然处于定向状态，但可能不是所要求的定向位置。

（3）主轴定向复位　主轴定向完成后，按下复位按键，使主轴处于自由状态。

（4）主轴定向位置设定　手动盘动主轴使主轴旋转到指定位置，此时进入诊断界面，查看并记录诊断参数 445 的值，如图 4.6.9 所示。然后将诊断参数 445 的值输入到参数 No.4077 中，如图 4.6.10 所示。

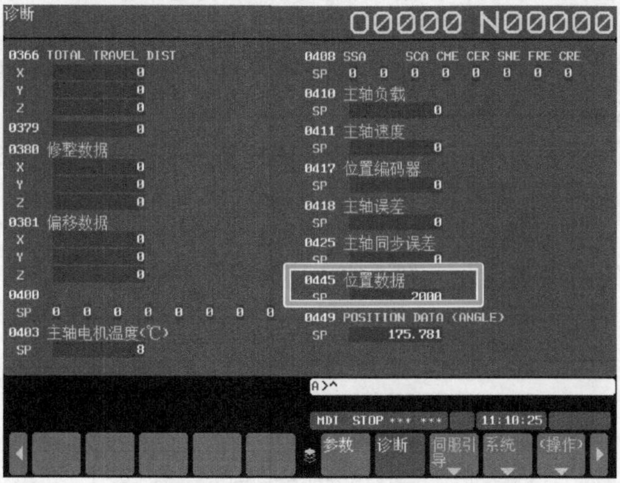

图 4.6.9 查看诊断参数 445 的值

2. 主轴定向功能测试

主轴定向参数设置、位置设定完成后，再次执行 M19 指令，观察、测试主轴定向是否可靠且是否位置正确。

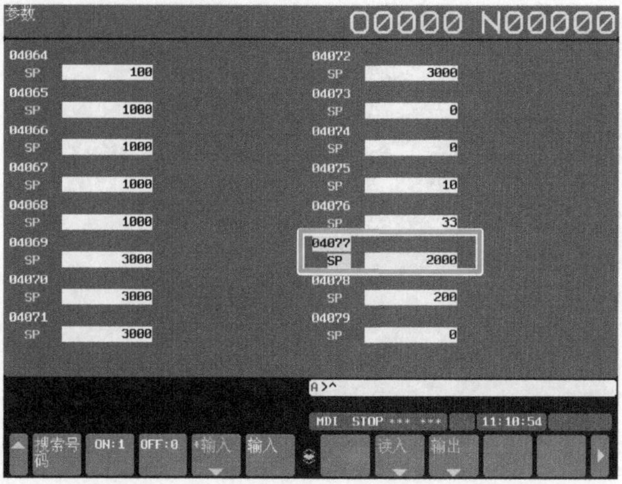

图 4.6.10　4077 参数中设定诊断参数 445 的值

四、主轴定向故障排查

1. 主轴定向故障排查思路

当发出主轴定向指令 M19，如果不能实现主轴定向（如主轴一直旋转不停）或定向位置不准确，可按照以下思路进行故障排查：

1）检查主轴位置反馈信号硬件连接情况。根据主轴位置反馈传感器类型，检查与主轴放大器连接接口是否正确，是否连接可靠。

2）检查参数设置是否正确。根据主轴位置反馈传感器类型，检查主轴定向参数是否设置正确及完整（如 4000 以上参数设置）。

3）检查主轴定向信号 G70.6。执行 M19 指令后，查看梯形图中主轴定向信号 G70.6 状态，如果该信号没有导通，应检查原因。

4）进行主轴定向设定。严格按照流程进行主轴定向相关设定，主轴定向设定流程如图 4.6.11 所示。

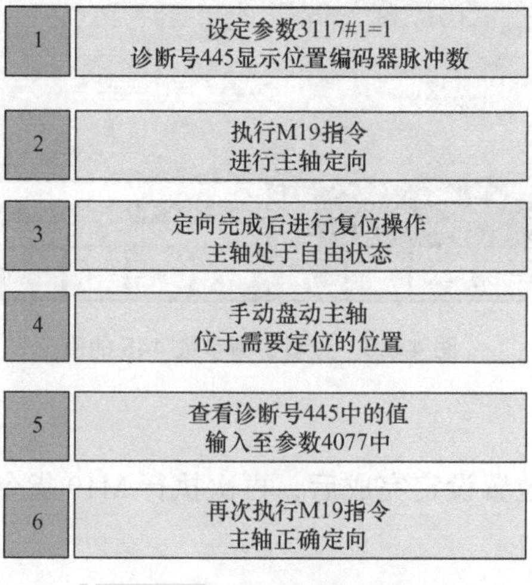

图 4.6.11　主轴定向设定流程

2. 主轴旋转运动典型故障排查

（1）故障现象　带斗笠式刀库加工中心，偶发性出现加工中心执行 M19 指令主轴不能准停、无法换刀现象。

（2）故障排查　故障排查过程如下：

1）硬件连接检查。加工中心主轴采用的是外部一次旋转信号（接近开关）定向，连接在主轴放大器 JYA3 接口，连接正确。

2）参数设定检查。根据主轴位置传感器配置，检查相关参数设定正确。

3）程序检查。检查主轴准停 PMC 程序，信号 G70.6 是否导通，PMC 程序是否正确。

4）硬件连接可靠性检查。故障是偶然发生，多数情况下能正常换刀，初步判断是连接不可靠造成。拆开机床上的电缆拖链，找出主轴编码器电缆线，发现当 Z 轴运转到机床下部时，电缆被拉得很紧，用手拉扯电缆，会出现主轴不能定向现象。此时电缆线存在断路现象，使主轴定向信号中断。

5）故障处理。更换主轴编码器的电缆线，并采取措施防止其拉扯、折断，故障排除。

4.7 手轮功能测试与故障排查

学习目标

1. 掌握手轮硬件连接及参数设定。
2. 掌握手轮控制 PMC 程序。
3. 掌握手轮功能测试与故障排查方法。

重点和难点

手轮故障排查。

04.7 手轮功能测试与故障排查

建议学时

4 学时

相关知识

一、手轮硬件连接及参数设定

1. 手轮硬件连接

（1）手轮结构　手轮结构如图 4.7.1 所示，包括三个部分：轴选择部分，用于选择手轮控制的坐标轴；倍率选择部分，用于选择控制坐标轴移动的精度；脉冲发生器，用于发送脉冲信号。

（2）手轮硬件连接　手轮信号分为两部分：一部分是与手轮脉冲相关的信号，包括 5V、0V 电源及 A/B 脉冲信号，与 I/O 模块 JA3 接口相连；另外一部分是手轮轴选和倍率信号，接到机床操作面板 CB2 接口上，然后通过排线连接在 I/O 模块 CB104 上，手

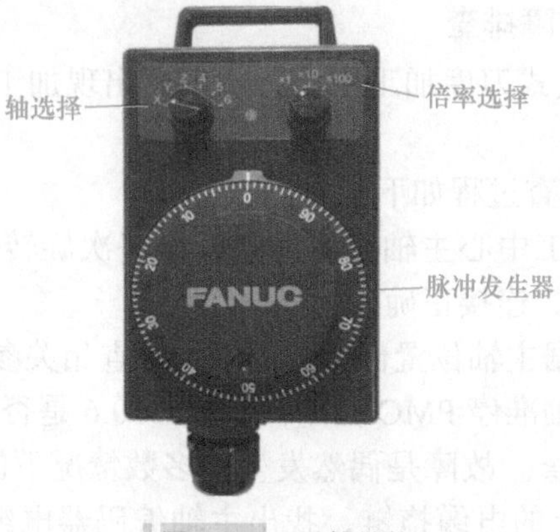

图 4.7.1　手轮结构

轮接线原理图如图 4.7.2 所示，手轮硬件连接示意图如图 4.7.3 所示。

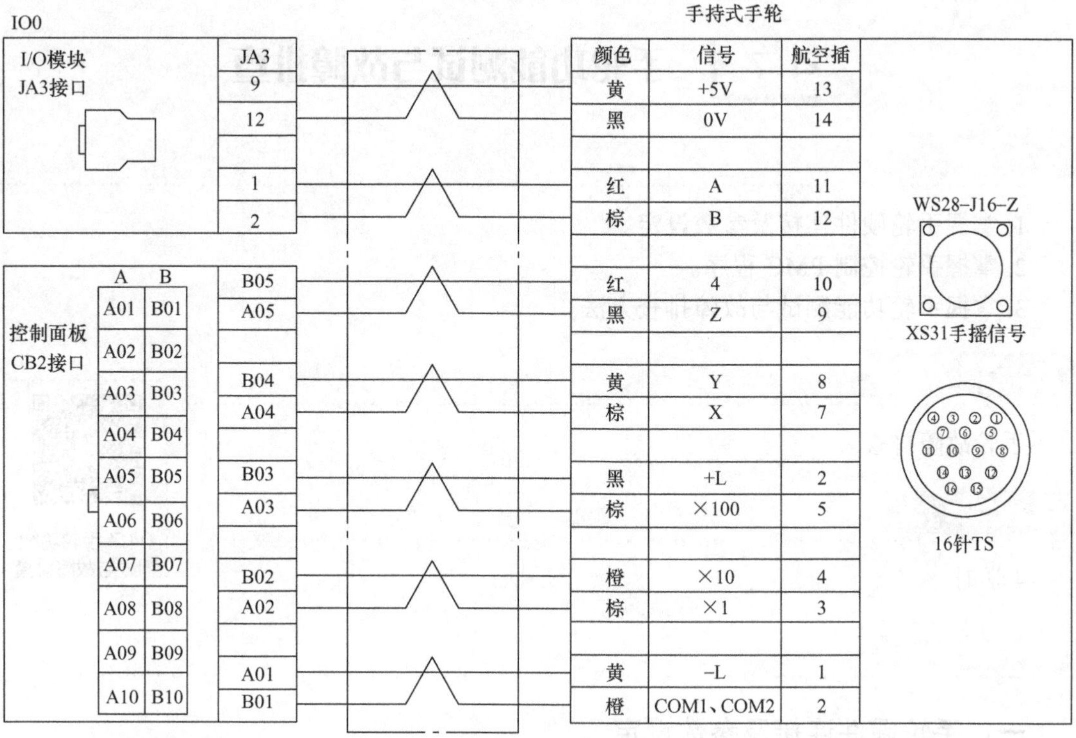

图 4.7.2　手轮接线原理图

2. 手轮参数设定

（1）手轮进给模式参数设定　通常情况下，选择机床操作面板手轮模式，可以通过手轮对机床坐标轴进行手动手轮进给；当参数 No.7100#0 设定为 1，在 JOG 进给模式中也可以进行手动手轮进给；当参数 No.7100#0 设定为 1，还可以在手动手轮进给模式下进行增量进给。7100#0 参数设定与手轮工作方式关系见表 4.7.1。

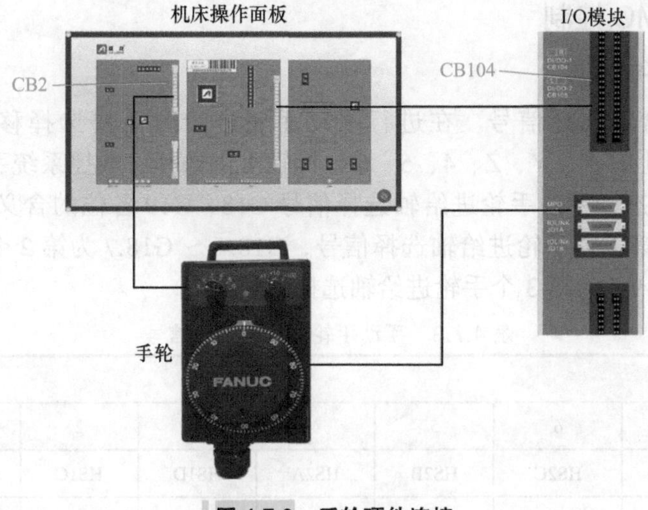

图 4.7.3 手轮硬件连接

表 4.7.1 7100#0 参数设定与手轮工作方式关系

参数设定	手轮模式
7100#0=0	在 JOG 进给模式下使手动手轮进给无效 在手动手轮进给模式下使增量进给无效
7100#0=1	在 JOG 进给模式下使手动手轮进给有效 在手动手轮进给模式下使增量进给有效

（2）手轮有效参数设定　参数 8131#0 设定为 1，手动手轮进给有效；参数 8131#0 设定为 0，手动手轮进给无效。

（3）手轮倍率参数设定　在进行手动手轮进给时，需要选择手轮进给倍率，通常有 ×1、×10、×100、×1000 四档。倍率档位选择与坐标轴每脉冲移动距离关系如下：

1）当选择 ×1 倍率档位时，旋转手轮脉冲发生器，每发出一个脉冲，坐标轴移动 0.001mm。

2）当选择 ×10 倍率档位时，旋转手轮脉冲发生器，每发出一个脉冲，坐标轴移动 0.01mm。

3）当选择 ×100 倍率档位时，且参数 7113 设定为 100，旋转手轮脉冲发生器，每发出一个脉冲，坐标轴移动 0.1mm。如果参数 7113 没有设定，那么 ×100 倍率无效。

4）当选择 ×1000 倍率档位时，且参数 7114 设定为 1000，旋转手轮脉冲发生器，每发出一个脉冲，坐标轴移动 1mm。如果参数 7114 没有设定，那么 ×1000 倍率无效。

手轮基本参数设定见表 4.7.2。

表 4.7.2 手轮基本参数设定

参数号	设置值	参数含义
8131#0	1	手轮进给有效
7113	100	手动手轮进给的倍率为 m，此处设为 100
7114	1000	手动手轮进给的倍率为 n，此处设为 1000

二、手轮 PMC 控制

1. 手轮控制信号

（1）手轮进给轴选择信号　在进行手动手轮进给时需要选择移动的坐标轴，如 FANUC 标准手轮上有 X、Y、Z、4、5、6 坐标轴可供选择。数控系统手轮进给轴选择信号是 G18、G19 组态，手动手轮进给轴选择信号 G18、G19 各位的含义见表 4.7.3，其中 G18.0 ~ G18.3 为第 1 个手轮进给轴选择信号，G18.4 ~ G18.7 为第 2 个手轮进给轴选择信号，G19.0 ~ G19.3 为第 3 个手轮进给轴选择信号。

表 4.7.3　手动手轮进给轴选择信号

信号	位							
	7	6	5	4	3	2	1	0
G18	HS2D	HS2C	HS2B	HS2A	HS1D	HS1C	HS1B	HS1A
G19			MP2	MP1	HS3D	HS3C	HS3B	HS3A

以第一手轮轴选择为例，G18.0 ~ G18.3 信号各位组态与坐标轴之间关系见表 4.7.4。

表 4.7.4　手轮坐标轴选信号组态

G18.3	G18.2	G18.1	G18.0	选择轴
0	0	0	0	无选择
0	0	0	1	第 1 轴
0	0	1	0	第 2 轴
0	0	1	1	第 3 轴
0	1	0	0	第 4 轴
0	1	0	1	第 5 轴
0	1	1	0	第 6 轴
0	1	1	1	第 7 轴
1	0	0	0	第 8 轴

（2）手轮进给倍率信号　手轮进给倍率通常有 ×1、×10、×100、×1000 四档，分别对应每个脉冲 0.001、0.01、0.1、1mm 进给精度，手轮进给倍率选择对应信号为 G19.5（MP2）、G19.4（MP1），通过组态实现手轮进给精度控制。信号 G19.5、G19.4 组态与手轮倍率之间关系见表 4.7.5。

表 4.7.5　手轮倍率选择信号组态

G19.5	G19.4	倍率
0	0	×1
0	1	×10
1	0	×m
1	1	×n

2. 手轮信号地址

手轮轴选择、倍率选择旋钮映射地址如图 4.7.4 所示，轴选择地址为 R907.4 ~ R907.7，倍率选择地址为 R905.3、R905.7、R906.3。

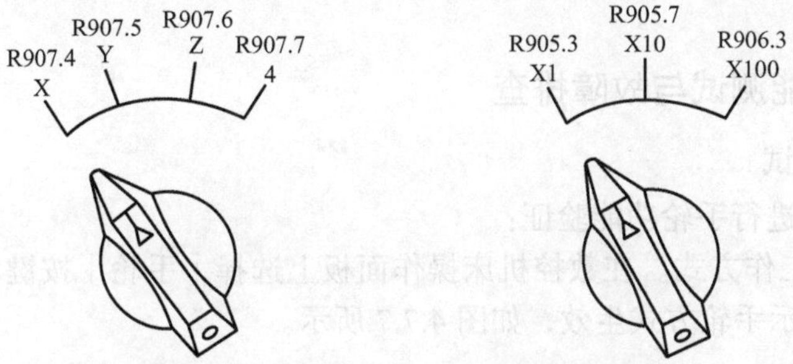

图 4.7.4 手轮轴选择、倍率选择旋钮映射地址

3. 手轮控制 PMC 程序

（1）手轮轴选择控制 PMC 程序　手轮轴选择控制 PMC 程序如图 4.7.5 所示，按照表 4.7.4 轴选择组态逻辑，选择某个坐标轴时触发相应的 G18 信号位，实现对坐标轴的选择。

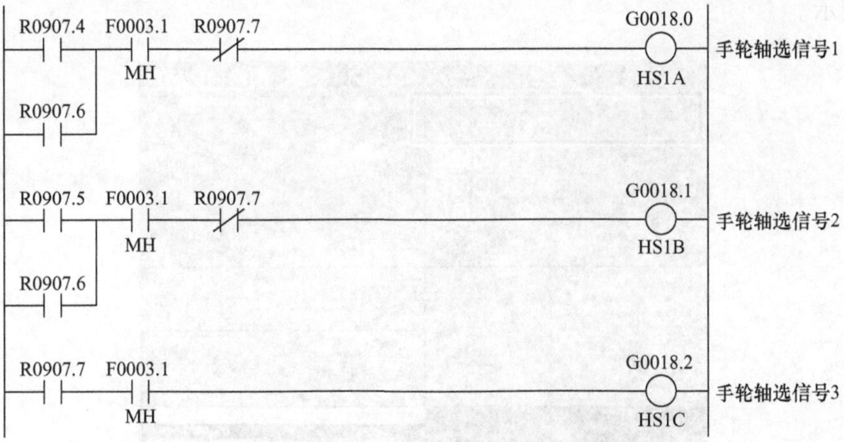

图 4.7.5 手轮轴选择控制 PMC 程序

（2）手轮倍率选择控制 PMC 程序　手轮倍率选择控制 PMC 程序如图 4.7.6 所示，按照表 4.7.5 倍率选择组态逻辑，选择某种倍率时触发相应的 G19.5、G19.4 信号，实现对手轮倍率的选择。

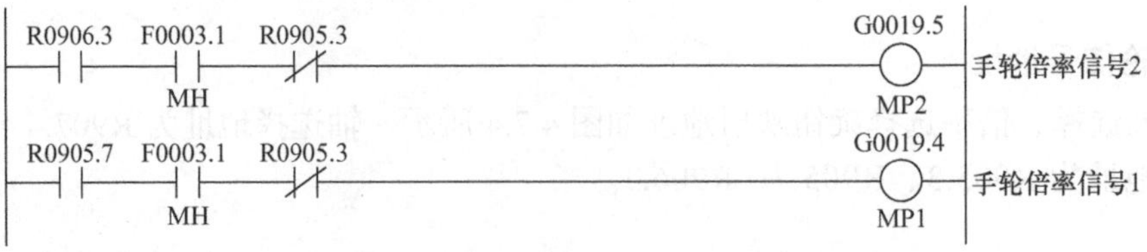

图 4.7.6　手轮倍率选择控制 PMC 程序

三、手轮功能测试与故障排查

1. 手轮功能测试

按照以下步骤进行手轮功能验证：

1）选择手轮工作方式。在数控机床操作面板上选择［手轮］按键，显示器下方显示“HND”字符，表示手轮方式生效，如图 4.7.7 所示。

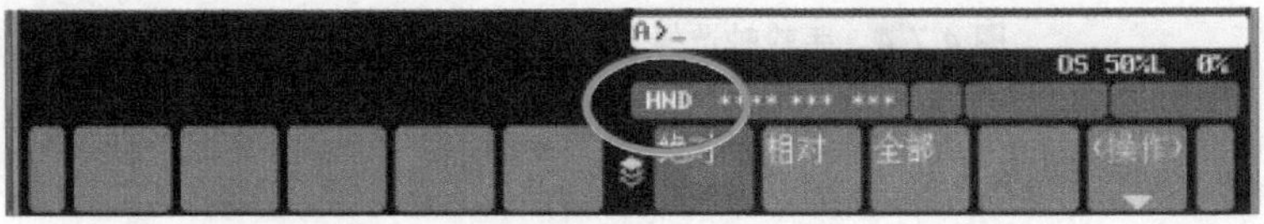

图 4.7.7　选择手轮工作方式

2）选择坐标轴及倍率。通过手轮上旋钮开关选择坐标轴如选择 X 轴；选择旋钮开关选择手轮倍率如 ×1，旋转脉冲发生器，此时观察显示器屏幕 X 轴坐标小数点后第三位数字的变化。顺时针旋转脉冲编码器，数字增加；逆时针旋转脉冲编码器，数字减小，如图 4.7.8 所示。

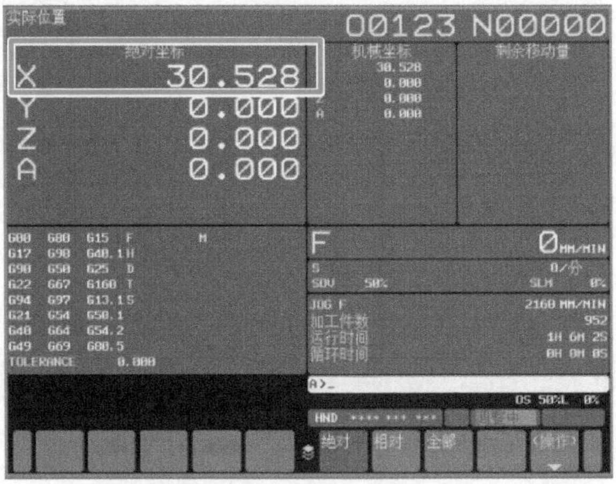

图 4.7.8　手轮方式下 X 轴坐标变化

3）手轮功能测试。按照上面的方法，对每个坐标轴在各种倍率下进行测试，观察各轴坐标的变化。

2. 手轮故障排查

当手轮功能异常时，按照以下思路进行故障排查：

1）检查手轮硬件连接情况。检查机床操作面板后面插槽 CB2、I/O 模块接口 JA3 连接是否正确、可靠。

2）检查手轮接口开通及地址分配情况。按照［ PMC 配置 ］→［ I/O Link i ］操作进入地址分配界面，检查手轮接口是否开通及地址分配是否正确，如图 4.7.9 所示。

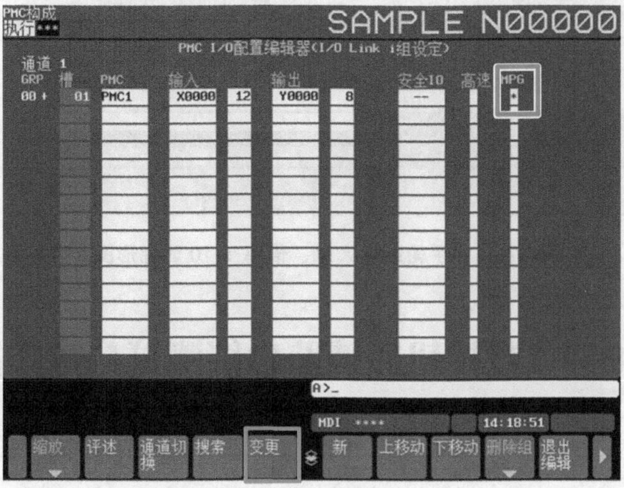

图 4.7.9　手轮接口开通及地址分配检查界面

3）确认手轮参数设定情况。检查参数 No.8131#0、No.7113、No.7114 设定是否正确。

4）查看手轮相关信号状态。在手轮上选择坐标轴及相关倍率，旋转手轮脉冲发生器，查看手轮轴选信号 G18 相关位状态，查看手轮倍率信号 G19.5、G19.4 状态。如选择手轮上 X 轴、×10 倍率，按照［ PMC 维护 ］→［ 信号状态 ］操作进入信号状态显示界面查看信号状态，如图 4.7.10 所示；按照［ PMC 梯图 ］→［ 梯形图 ］操作进入梯形图界面查看信号状态，如图 4.7.11 所示。

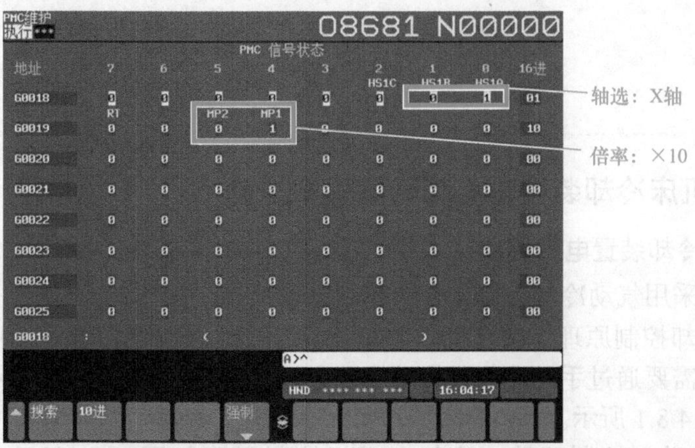

图 4.7.10　手轮选择 X 轴、倍率 ×10 时信号状态

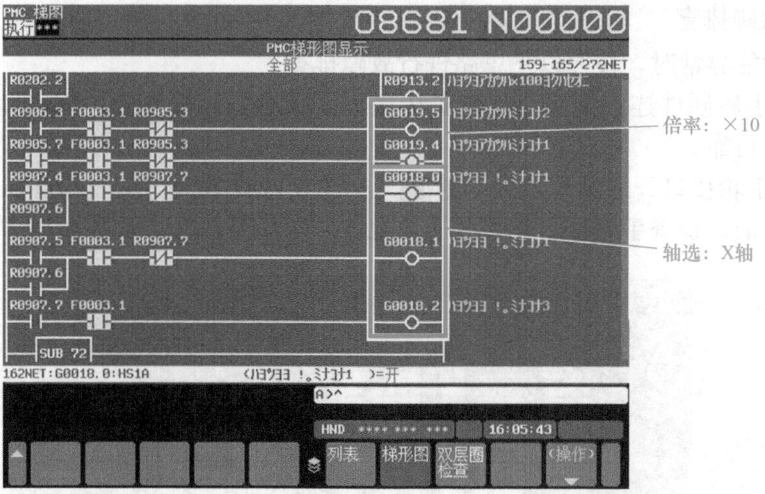

图 4.7.11　手轮选择 X 轴、倍率 ×10 时梯形图状态

4.8　数控机床辅助功能测试与故障排查

学习目标

1. 掌握数控机床冷却、润滑装置电气控制原理。
2. 能够识读、监控数控机床冷却、润滑 PMC 程序。
3. 能够进行数控机床冷却、润滑装置功能测试与故障排查。

重点和难点

数控机床辅助功能故障排查。

04.8 数控机床辅助功能测试与故障排查

建议学时

4 学时

相关知识

一、数控机床冷却装置功能测试与故障排查

1.数控机床冷却装置电气控制

以数控机床采用气动冷却为例，介绍控制原理。

（1）气动冷却控制原理　数控机床冷却气源通过数控系统 PMC 控制一个二位五通电磁阀，根据加工需要通过手动冷却或自动冷却方式对加工区域进行吹气冷却，所用电磁阀类型及实物如图 4.8.1 所示。

（2）冷却电磁阀控制回路　冷却电磁阀控制回路如图 4.8.2 所示，当中间继电器 KA15 常开触点闭合时，电磁铁线圈 YV4 通电，输出冷却空气对加工部位进行冷却。

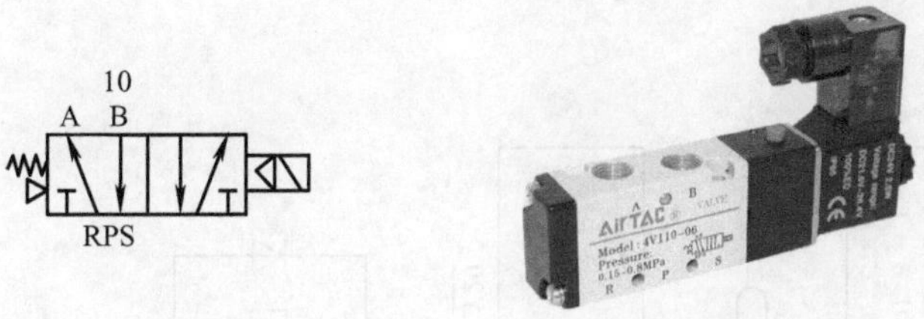

a) 二位五通阀图形符号　　b) 电磁阀实物

图 4.8.1　气动冷却回路二位五通电磁阀

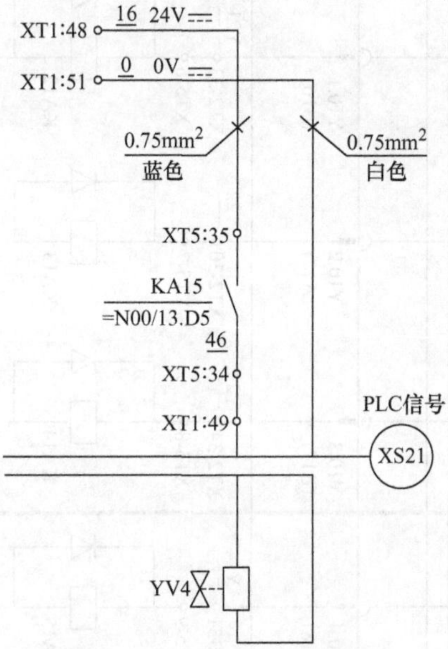

图 4.8.2　冷却电磁阀控制回路

（3）冷却电磁阀中间继电器控制回路　冷却电磁阀中间继电器 KA15 控制回路如图 4.8.3 所示，零件加工在手动或自动方式下发出冷却请求时，PMC 程序控制输出信号 Y10.4 导通，输出信号 Y10.4 为 1，中间继电器 KA15 线圈得电。

（4）冷却装置电气控制硬件连接　冷却装置电气控制硬件连接示意图如图 4.8.4 所示，机床操作面板上【冷却】按键连接在 I/O 模块 CB104 插槽引脚上，数控系统主板接口 JD51A 与 I/O 模块 JD1B 相连建立通信。JOG 方式下按下【冷却】按键或自动方式下运行“M08；”指令，数控系统 PMC 输出 Y10.4 信号，通过 I/O 模块 CB106 接口排线传送到继电器板 XT5 相应插槽上，控制冷却中间继电器 KA15 线圈，KA15 常开触点通过 XT1 端子排与电磁阀 YV4 线圈相连。

2. 数控机床冷却控制 PMC 程序

（1）冷却控制相关信号　机床操作面板冷却按键映射地址为 R903.4，PMC 输出信号为 Y10.4。

（2）冷却控制 PMC 程序　冷却控制 PMC 程序如图 4.8.5 所示，机床操作面板【冷却】按键按一次手动冷却，再按一次按键取消冷却功能。按下【冷却】按键或运行“M08;”指令，触发中间继电器信号 R110.2，输出冷却信号 Y10.4，实现手动、自动方式下冷却功能。

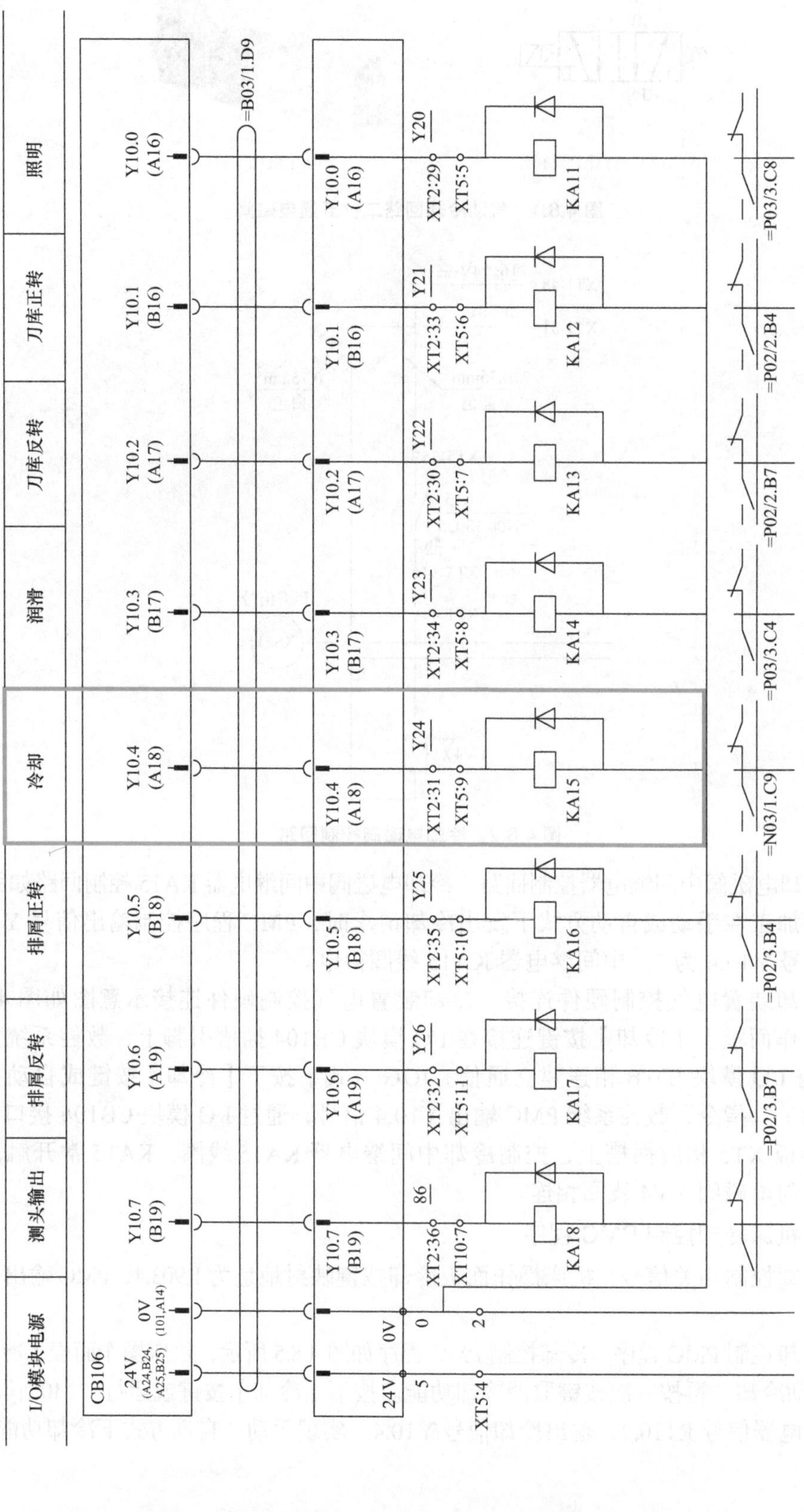

图 4.8.3 冷却电磁阀中间继电器控制回路

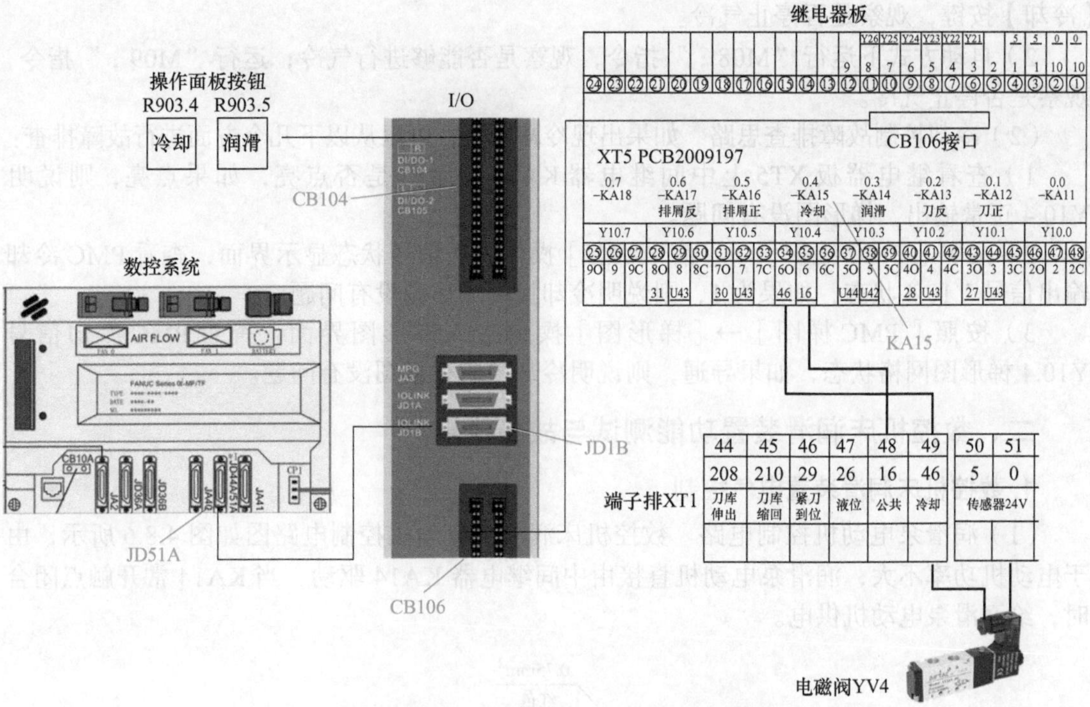

图 4.8.4　冷却装置电气控制硬件连接示意图

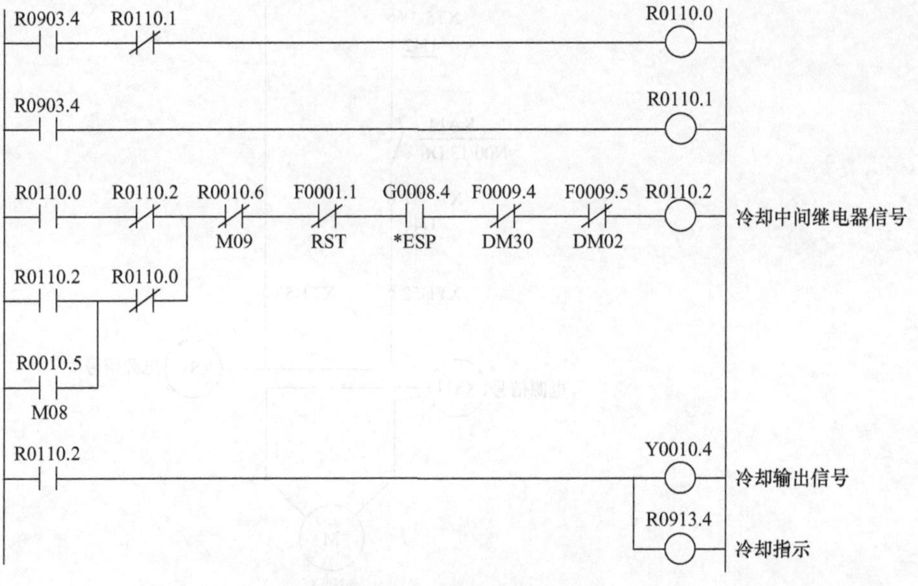

图 4.8.5　冷却控制 PMC 程序

3.数控机床冷却控制功能测试与故障排查

（1）冷却控制功能测试　启动冷却方式后，可以从以下几方面进行功能测试：

1）手动方式下按下机床操作面板【冷却】按键，观察是否能够进行气冷；再按一次

【冷却】按键，观察是否停止气冷。

2）自动方式下运行“M08；”指令，观察是否能够进行气冷；运行“M09；”指令，观察是否停止气冷。

（2）冷却控制故障排查思路　如果出现冷却故障，可以从以下几个方面进行故障排查：

1）查看继电器板 XT5 上中间继电器 KA15 指示灯是否点亮，如果点亮，则说明 Y10.4 正常输出，梯形图没有问题。

2）按照［PMC 维护］→［信号状态］操作进入信号状态显示界面，查看 PMC 冷却输出信号 Y10.4 状态，如果为 1，则说明冷却控制梯形图没有问题。

3）按照［PMC 梯图］→［梯形图］操作进入梯形图界面，查看 PMC 冷却信号 Y10.4 梯形图网格状态，如果导通，则说明冷却控制梯形图没有问题。

二、数控机床润滑装置功能测试与故障排查

1. 数控机床润滑装置电气控制

（1）润滑泵电动机控制电路　数控机床润滑泵电动机控制电路图如图 4.8.6 所示，由于电动机功率不大，润滑泵电动机直接由中间继电器 KA14 驱动，当 KA14 常开触点闭合时，给润滑泵电动机供电。

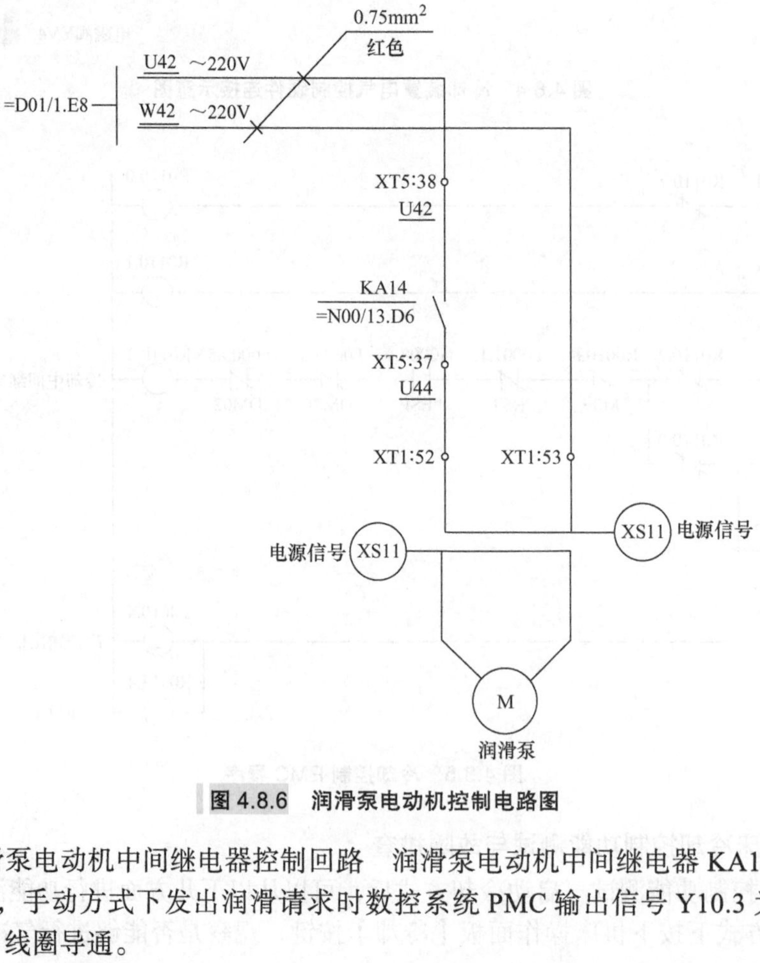

图 4.8.6　润滑泵电动机控制电路图

（2）润滑泵电动机中间继电器控制回路　润滑泵电动机中间继电器 KA14 控制回路如图 4.8.7 所示，手动方式下发出润滑请求时数控系统 PMC 输出信号 Y10.3 为 1 时，中间继电器 KA14 线圈导通。

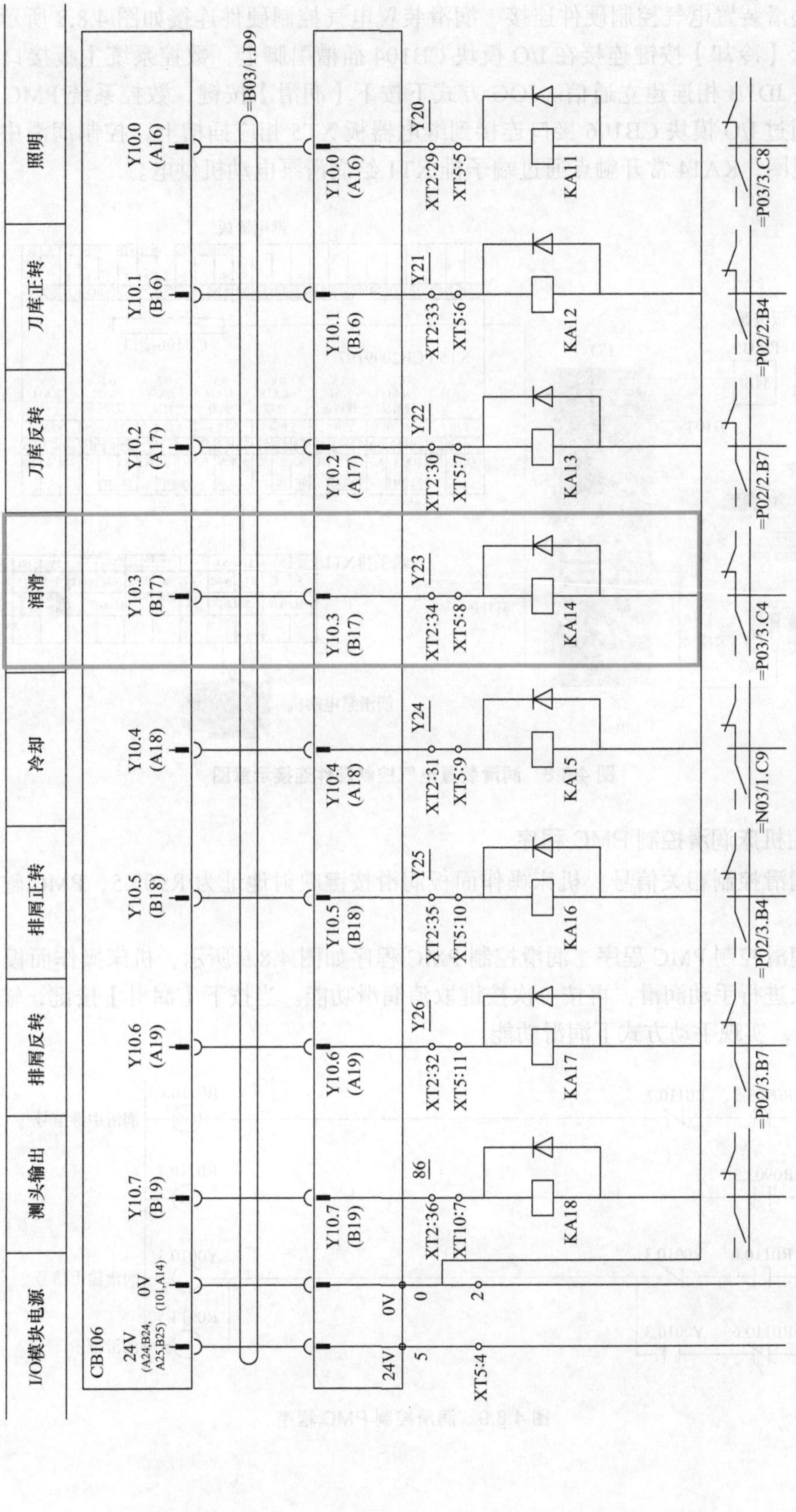

图 4.8.7 润滑泵电动机中间继电器控制回路

（3）润滑装置电气控制硬件连接　润滑装置电气控制硬件连接如图 4.8.8 所示，机床操作面板上【冷却】按键连接在 I/O 模块 CB104 插槽引脚上，数控系统主板接口 JD51A 与 I/O 模块 JD1B 相连建立通信。JOG 方式下按下【润滑】按键，数控系统 PMC 输出信号 Y10.3 通过 I/O 模块 CB106 接口连接到继电器板 XT5 相应插槽上，控制润滑中间继电器 KA14 线圈，KA14 常开触点通过端子排 XT1 给润滑泵电动机供电。

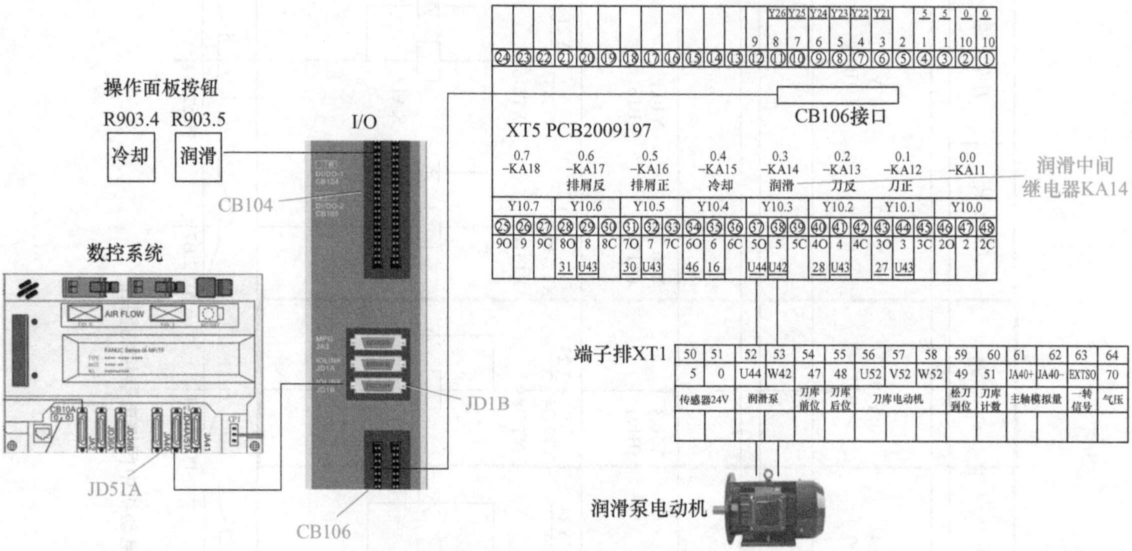

图 4.8.8　润滑装置电气控制硬件连接示意图

2. 数控机床润滑控制 PMC 程序

（1）润滑控制相关信号　机床操作面板润滑按键映射地址为 R903.5，PMC 输出信号为 Y10.3。

（2）润滑控制 PMC 程序　润滑控制 PMC 程序如图 4.8.9 所示，机床操作面板【润滑】按键按一次进行手动润滑，再按一次按键取消润滑功能。当按下【润滑】按键，输出润滑信号 Y10.3，实现手动方式下润滑功能。

图 4.8.9　润滑控制 PMC 程序

3. 润滑控制功能测试与故障排查

（1）功能测试　润滑功能测试比较简单，只需要操作【润滑】按键，确认机床导轨等部位是否有润滑液输出。

（2）典型故障排查　润滑装置典型故障排查如下：

1）故障现象。数控系统开机后显示润滑系统液位低报警，如图 4.8.10 所示。

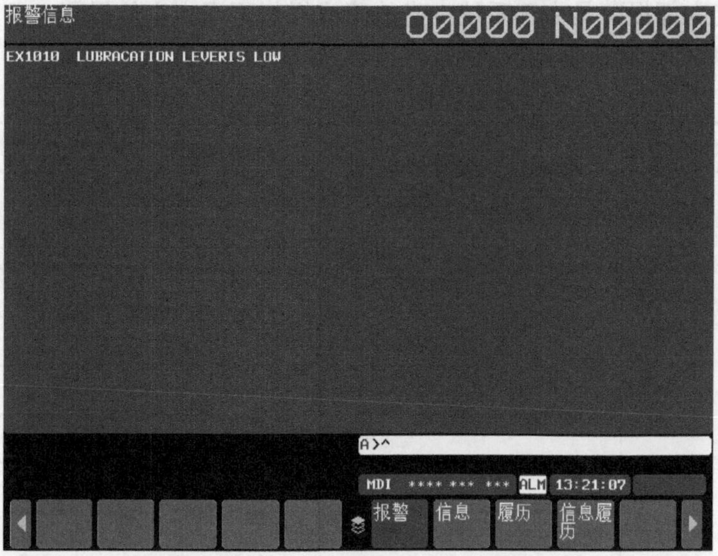

图 4.8.10　润滑系统液位低报警

2）故障排查。检查润滑装置，液位正常，出现液位低报警，可以判断是液位开关本身故障，更换液位开关报警消除。

4.9 数控机床外部报警故障排查

学习目标

1. 掌握数控系统报警类型、信号及报警信息编辑方法。
2. 能够识读、编写数控系统外部报警 PMC 程序。
3. 掌握数控系统外部报警故障排查的思路和方法。

重点和难点

数控系统外部报警故障排查。

04.9 数控机床外部报警故障排查

建议学时

4 学时

相关知识

一、数控系统报警

1. 数控系统报警分类

（1）数控系统内部报警　FANUC 数控系统报警分成数控系统内部报警和外部报警两大类。数控系统内部报警是由于系统本身故障或操作不当产生的报警，又分为 CNC 报警和 PMC 报警，数控系统内部报警类型及标识符号见表 4.9.1。

表 4.9.1　数控系统内部报警类型及标识符号

序号	内部报警大类	内部报警小类	报警标识符号
1	CNC 报警	与程序操作相关报警	PS 报警
2		与后台编辑相关报警	BG 报警
3		与通信相关报警	SR 报警
4		参数写入状态下报警	SW 报警
5		伺服报警	SV 报警
6		与超程相关报警	OT 报警
7		与存储器文件相关报警	IO 报警
8		请求切断电源报警	PW 报警
9		与主轴相关报警	SP 报警
10		与过热相关报警	OH 报警
11		其他报警	DS 报警
12		与误动作防止功能相关报警	IE 报警
13	PMC 报警	PMC 报警 ER 类	ER 类报警
14		PMC 报警 WN 类	WN 类报警
15		PMC 系统报警	SYS_ALM 类报警

（2）数控系统外部报警　是机床外围设备因外部设备或传感元器件故障而产生的报警。外部报警由机床制造厂家技术人员编写，通常将能够预测的机床外部设备传感元器件故障编写成外部报警。外部报警号以“EX”开头，如 EX1010，这些报警信息显示在数控系统显示界面，帮助维修人员查找外部故障原因。

2. 数控系统外部报警号分段

数控系统外部报警号范围分为 EX1000 ～ EX1999、EX2000 ～ EX2099、EX2100 ～ EX2999 三个区段，分别代表报警信息和操作信息。

（1）机床外部报警信息　机床外部报警信息报警号范围是 EX1000 ～ EX1999，报警信息显示在报警界面下，此时 CNC 进入报警状态，机床停机，无法正常工作。机床外部报警信息界面如图 4.9.1 所示。

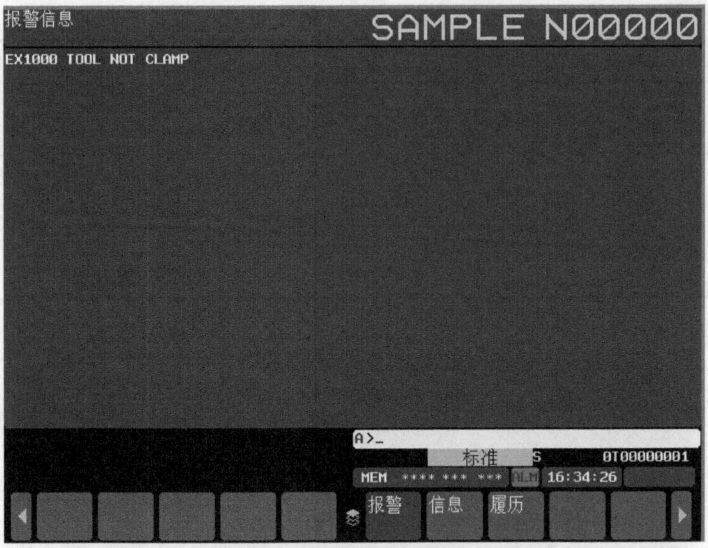

图 4.9.1 机床外部报警信息界面

（2）机床操作信息　机床操作信息报警号范围是 EX2000 ~ EX2999，操作提示信息显示在信息界面下，按【MESSAGE】功能键→［信息］软键可以查看操作信息内容。当出现操作信息报警时，机床仍然可以正常工作。机床操作报警信息界面如图 4.9.2 所示。

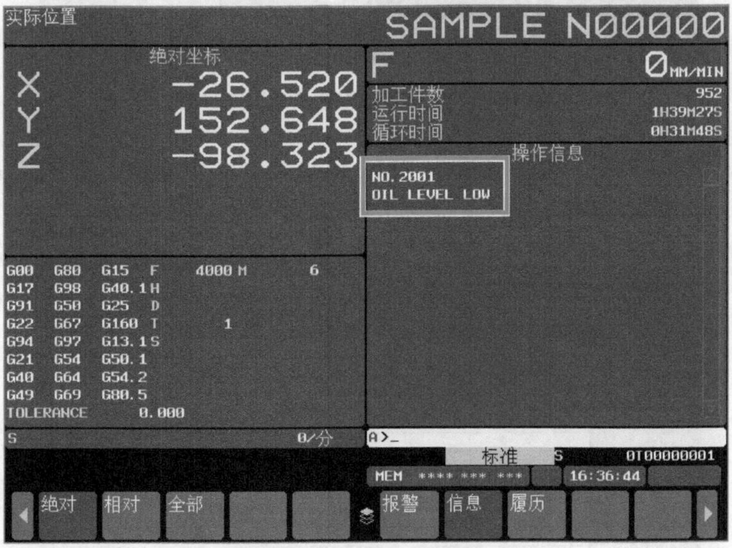

图 4.9.2 机床操作报警信息界面

（3）外部报警号各区段特点　外部报警号各区段特点与显示见表 4.9.2。

3. 外部报警信息编辑

按照以下步骤可以设定 CNC 显示界面所显示的报警信息和操作信息。

1）按照【SYSTEM】→［>］→［PMC 配置］→［>］→［信息］操作步骤，进入 PMC 报警信息数据一览界面，如图 4.9.3 所示。

表 4.9.2　外部报警号各区段特点与显示

报警号	CNC 屏幕显示界面	显示内容及机床状态
1000 ～ 1999	报警信息界面	报警信息 数控机床转入报警状态
2000 ～ 2099	操作信息界面	操作信息，显示信息号和信息数据 数控机床能正常工作
2100 ～ 2999		操作信息，只显示信息数据，不显示信息号 数控机床能正常工作

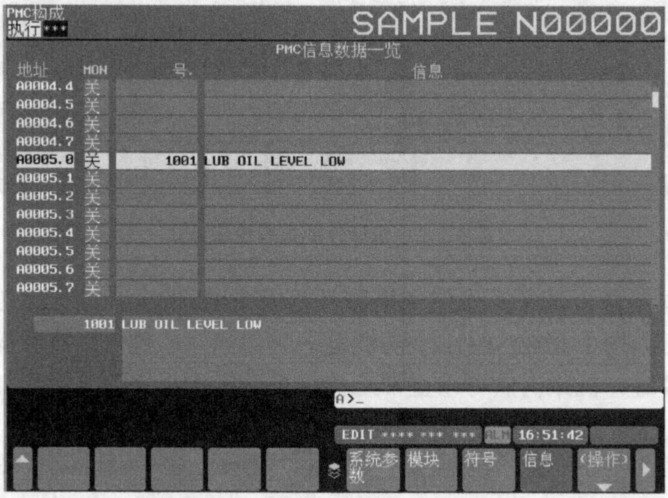

图 4.9.3　机床外部报警信息设定界面

2）按软键［操作］→［编辑］进入 PMC 信息数据编辑界面，如图 4.9.4 所示。如果 PMC 在运行中，则进入编辑状态时系统会出现“程序停止”的提示。

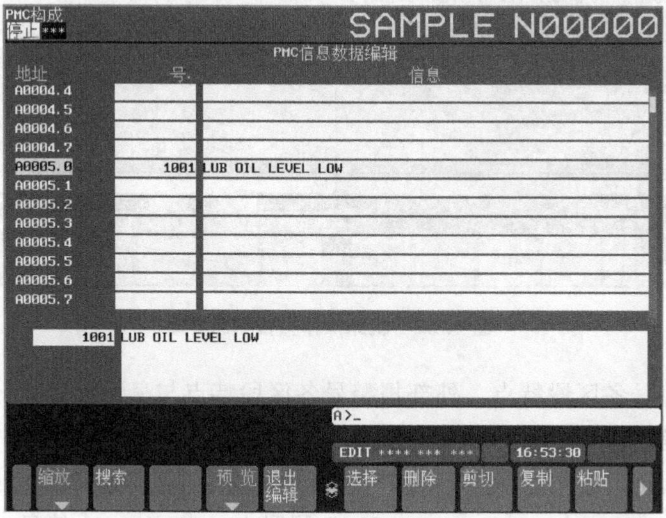

图 4.9.4　外部信息数据编辑界面

3）将光标移动到要输入信息的地址上，如图 4.9.4 所示，如将光标移动到 A5.0 位置。

4）按软键［缩放］，进入信息输入方式，输入信息地址、报警号以及相应的报警信息文本。按软键［〈＝〉］可以切换报警号和文本信息的输入区域，输入完成后按软键［缩放结束］。

5）继续按软键［退出编辑］，结束信息窗口编辑。

6）根据提示将报警设定信息保存在 FROM 中。

二、数控系统外部报警 PMC 程序

1. 外部报警显示功能指令

外部报警能够显示，必须激活信息显示功能指令 SUB41。SUB41 指令格式如图 4.9.5 所示，各符号含义如下：

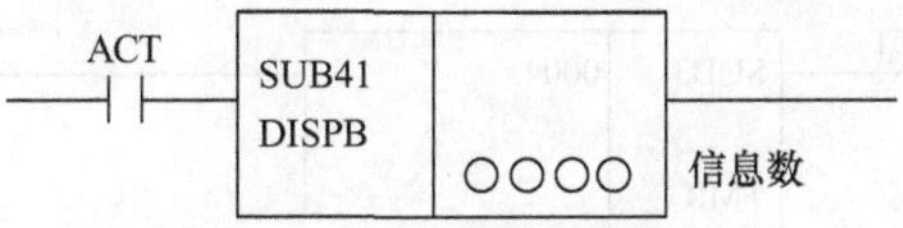

图 4.9.5　信息显示功能指令 SUB41

1）信息显示条件 ACT。当 ACT=0 时，系统不显示任何信息；当 ACT=1 时，显示一定数量的外部报警信息。

2）信息数。用于设置能够显示的外部报警数量，如设置为 10，就能显示 10 条报警信息。

2. 外部报警 PMC 程序

以加工中心刀库伸出报警为例，说明外部报警 PMC 程序控制逻辑。

（1）刀库伸出相关信号　加工中心刀库伸出相关信号见表 4.9.3。

表 4.9.3　加工中心刀库伸出相关信号

序号	信号地址	信号含义
1	X10.4	刀库前位
2	E9.0	刀库前位中间继电器
3	R11.4	刀库伸出指令 M23 中间继电器
4	R502.3	刀库伸出指令 M23 中间继电器
5	R610.0	刀库伸出延时中间继电器
6	A0.4	刀库伸出延时报警信号

（2）刀库前位信号 PMC 程序　刀库前位信号 PMC 程序如图 4.9.6 所示，在刀库伸出到位后，X10.4 常开触点闭合，E9.0 线圈导通；在刀库伸出过程中 E9.0 线圈不导通。

（3）刀库伸出故障报警 PMC 程序　刀库伸出故障报警 PMC 程序如图 4.9.7 所示，自动方式下运行刀库伸出指令 M23 时，中间继电器 R502.3 线圈导通。如果刀库伸出过程中因机械原因受阻卡住或刀库前位传感器故障，中间继电器 R502.3 线圈因不被传感器信号

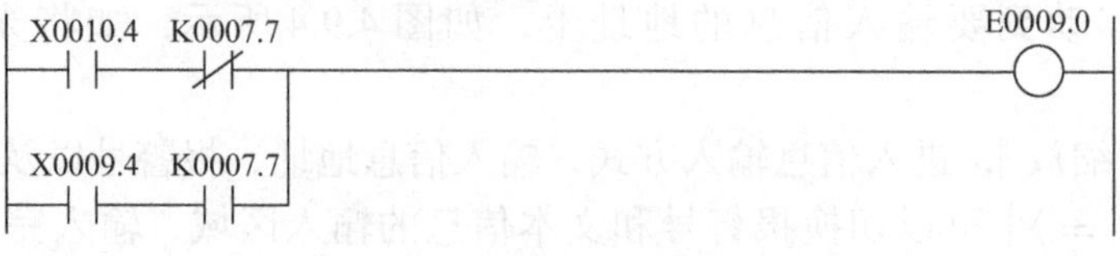

图 4.9.6　刀库前位信号 PMC 程序

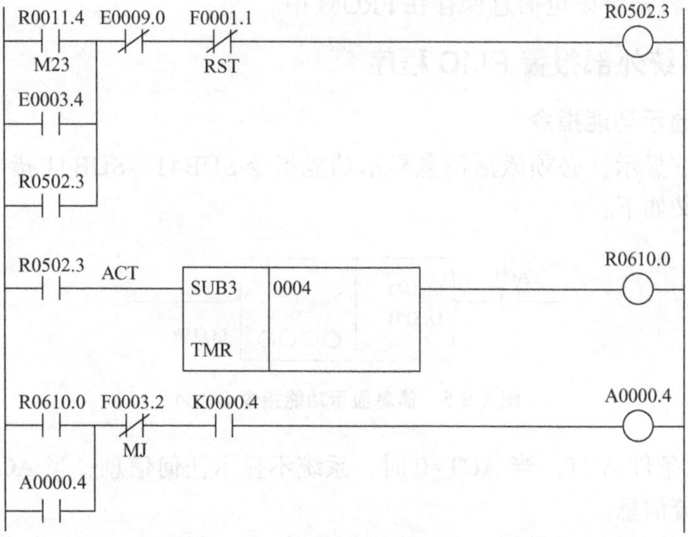

图 4.9.7　刀库伸出故障报警 PMC 程序

E9.0 打断而持续导通，从而导通刀库伸出延时中间继电器 R610.0 线圈及刀库伸出延时报警信号 A0.4，此时就会出现刀库伸出故障报警，报警界面如图 4.9.8 所示，此时数控系统显示 EX1004 刀库伸出未到位报警。

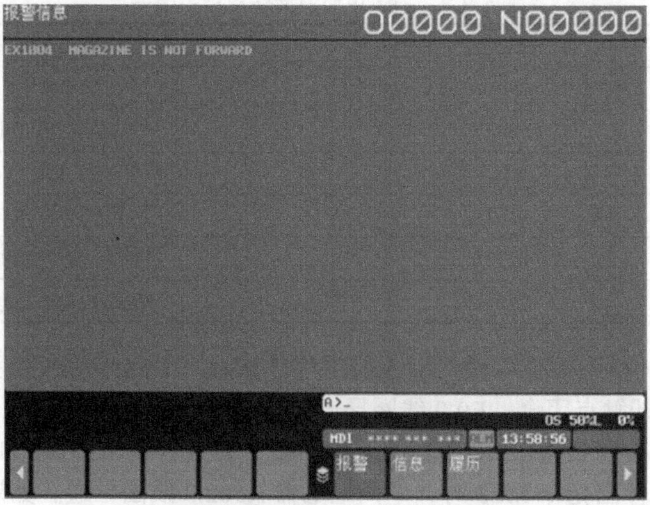

图 4.9.8　刀库伸出未到位报警

三、数控系统外部报警故障排查

1. 外部报警故障排查思路

当数控系统出现 EX 开头的外部报警时，按照以下思路进行故障排查：

1）在报警界面查看报警号，如报警号为 EX1004。

2）按照【SYSTEM】→［>］→［PMC 配置］→［>］→［信息］操作步骤进入“PMC 信息数据一览”界面，找到报警号对应的报警信号，如 EX1001 对应的报警信号为 A0.4。

3）进入梯形图界面，搜索报警信号，如 A0.4 梯形图网格，通过分析触发 A 信号的梯形图网格，顺着逻辑关系找到触发 A 信号的传感器 X 信号，该信号就是故障产生的原因。

2. 典型外部报警故障排查

（1）故障现象　数控机床开机，数控系统出现“EX1012 AIR PRESS IS LOW”气压低报警，报警界面如图 4.9.9 所示，数控机床不能正常工作。

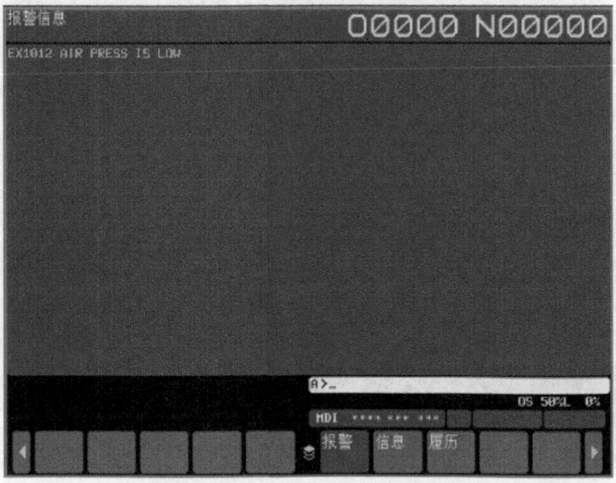

图 4.9.9　数控系统气压低报警界面

（2）故障排查　故障排查过程如下：

1）进入信息数据一览界面。按照【SYSTEM】→［>］→［PMC 配置］→［>］→［信息］步骤进入 PMC 信息数据一览界面。

2）查找对应报警地址。按翻页键或者输入报警界面中的报警号 EX1012 按［搜索］软键进行查找，找到报警号 EX1012 对应的信号地址为 A1.4，如图 4.9.10 所示。

3）分析报警产生原因。进入 PMC 梯形图界面，输入 A1.4 进行［W 搜索］，找到输出报警的 PMC 梯形图，然后查看报警产生的条件，从而进行故障的确认，如图 4.9.11 所示。图中 X7.7 是气动压力继电器输入信号，使用常闭触点，当气压不足时，常闭触点导通，从而产生报警。

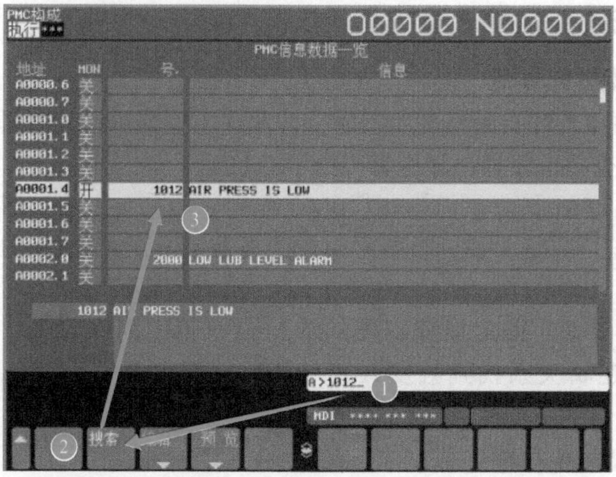

图 4.9.10　在 PMC 信息数据一览界面查找信号地址

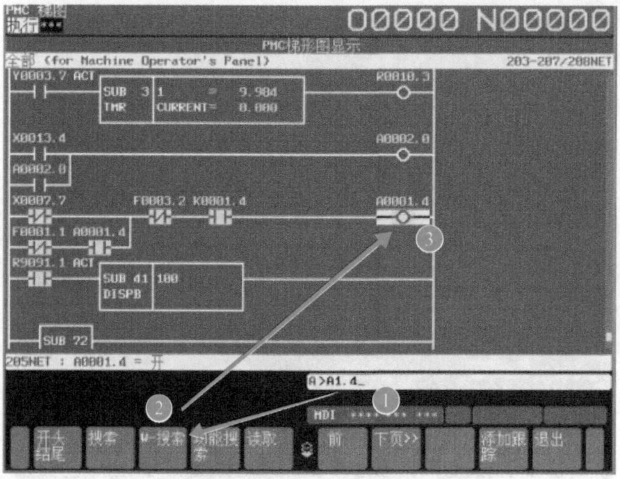

图 4.9.11　气压低故障原因分析

4）故障排除。检查气源回路，发现空气压缩机送过来的空气压力正常，是机床气动回路压力继电器故障所致，更换后故障排除。

项目5

模拟主轴调试

项目引入

本项目给出了数控机床采用模拟主轴控制时，电气控制原理及电气连接方式、数控系统和变频器参数设置、PMC 程序编制、模拟主轴调试、PMC 控制主轴增减速等内容。

项目目标

1. 模拟主轴电气控制与电气连接。
2. 数控系统模拟主轴功能开通。
3. PMC 控制主轴增减速。

5.1 模拟主轴电气控制与电气连接

学习目标

1. 掌握模拟主轴电气控制原理。
2. 掌握模拟主轴电气线路连接。

重点和难点

模拟主轴控制接线及线路检查。

建议学时

4 学时

05.1 模拟主轴电气控制与电气连接

相关知识

一、模拟主轴电气控制

1. 数控机床主轴控制方式

数控机床主轴有两种控制方式，分别是串行主轴控制和模拟主轴控制。串行主轴控制是通过数控系统串行信号控制主轴放大器来控制主轴运动；模拟主轴控制是通过数控系统CNC输出模拟电压信号，经过变频器来控制主轴运动。

2. 模拟主轴运动控制

（1）模拟主轴运动控制零件程序“M03 S1000；”的含义，代表主轴以1000r/min速度正向旋转，零件程序“M04 S1000；”代表主轴以1000r/min速度反向旋转。在这里M03、M04是主轴方向指令，S1000是主轴速度指令，模拟主轴速度控制是根据零件程序中“S”指令速度大小，通过CNC接口JA40输出DC0～10V模拟电压，输送至变频器A1、AC接线端子；模拟主轴方向控制是根据零件程序“M03”“M04”方向指令由数控系统PLC输出Y信号，输送至变频器S1/S2/SC接线端子；除此以外通过变频器给主轴电动机提供三相380V动力电源。

（2）模拟主轴控制连接示意　数控系统CNC、I/O模块、变频器之间的连接示意图如图5.1.1所示，CNC模拟主轴接口JA40与变频器A1、AC接线端子相连，输入速度控制模拟电压，数控系统PLC根据指令输出主轴方向信号，导通I/O模块控制继电器板上中间继电器KA30（主轴正转）、KA31（主轴反转）线圈，KA30、KA31常开触点与变频器S1、S2、SC接线端子相连；变频器通过R、S、T接线端子输入三相380V交流电压，通过U、V、W接线端子给模拟主轴电动机供电。

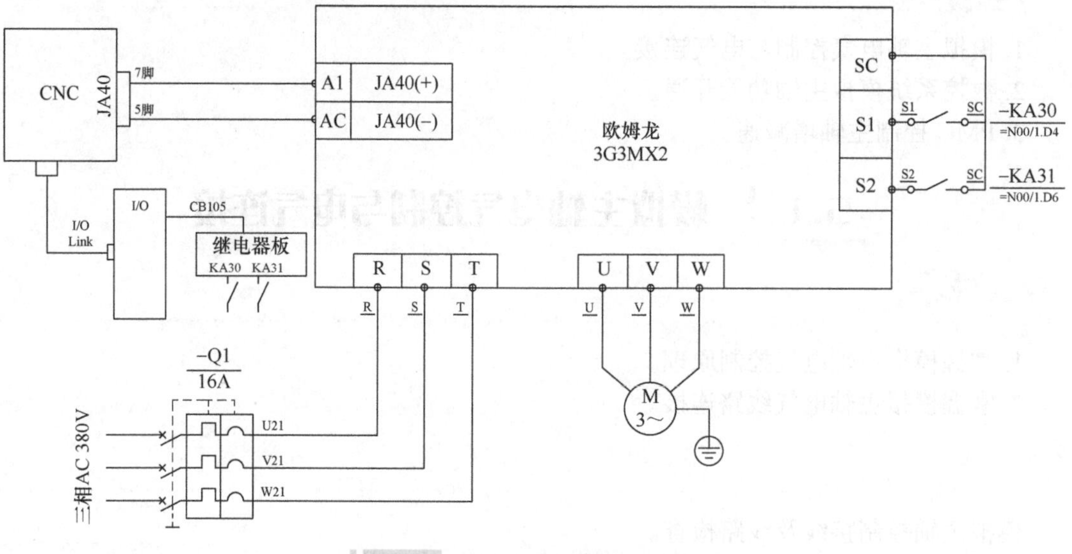

图5.1.1　模拟主轴控制连接示意图

3. 模拟主轴变频器

（1）变频器主回路端子　模拟主轴通过变频器进行控制，以欧姆龙变频器为例，变频器输入电源与输出主回路电源接线端子如图5.1.2所示，上端接线端子R、S、T输入三相380V交流电压，下端接线端子U、V、W根据速度指令给模拟主轴电动机供电。

（2）变频器控制信号端子　变频器速度控制、方向控制信号接线端子位置及端子标识符号如图5.1.3所示，控制回路端子定义见表5.1.1。

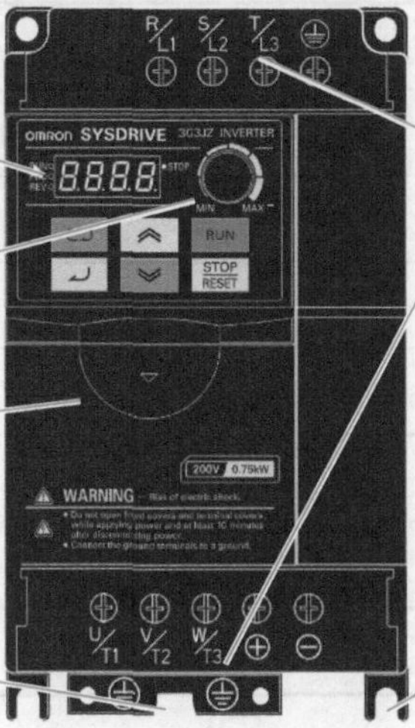

图 5.1.2 变频器电源输入、输出接线端子

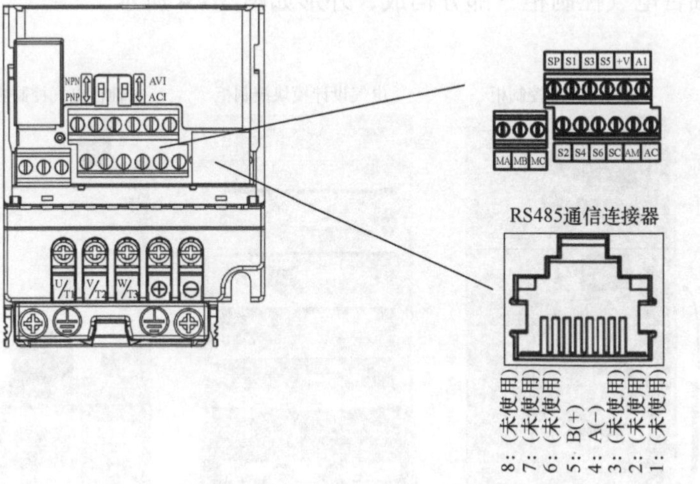

图 5.1.3 变频器控制信号端子

表 5.1.1 变频器控制回路端子定义

序号	标识符号	端子信号定义
1	S1	多功能输入 1（正转 / 停止）
2	S2	多功能输入 2（反转 / 停止）
3	S3	多功能输入 3（外部异常）
4	S4	多功能输入 4（异常复位）

（续）

序号	标识符号	端子信号定义
5	S5	多功能输入 5（多段速指令 1）
6	S6	多功能输入 6（多段速指令 2）
7	SC	时序输入公共端
8	SP	时序电源 +24V
9	AC	模拟公共端
10	A1	频率指令输入
11	+V	频率指令电源

二、模拟主轴电气连接

以全国职业院校技能大赛（高职组）“数控机床装调与技术改造”赛项设备为例，说明模拟主轴电气原理与电气连接。大赛设备电气控制部分由数控系统主控制柜、电气设计模块控制柜、主轴台电气控制柜三部分构成，外形如图 5.1.4 所示。

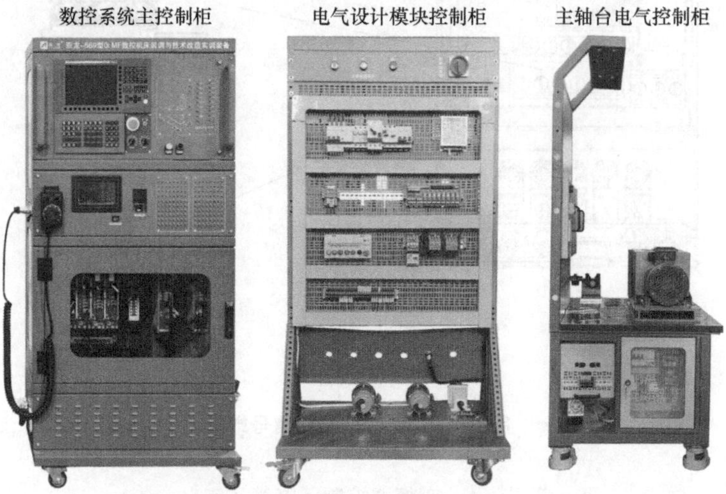

图 5.1.4 “数控机床装调与技术改造”国赛设备电气部分

1. 模拟主轴电气控制原理图

（1）主轴电源回路　模拟主轴电源回路如图 5.1.5 所示，通过 16A 低压断路器 Q1 为变频器输入端 R、S、T 提供三相 380V 交流电源。

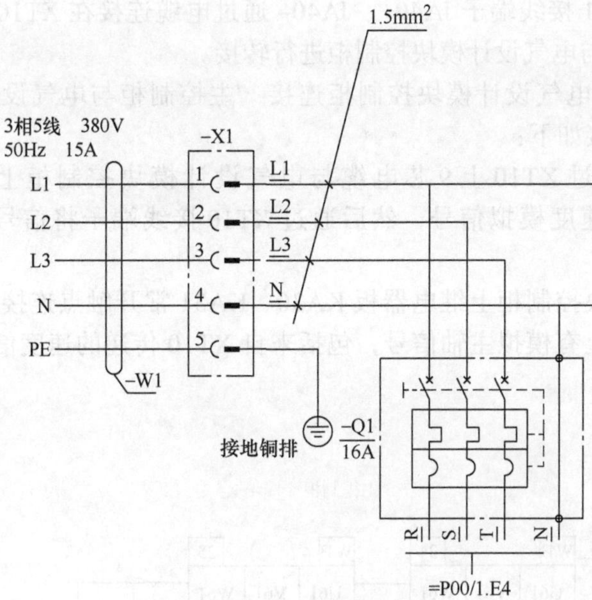

图 5.1.5 模拟主轴电源回路

（2）主轴正反转控制电路　主轴正反转控制电路如图 5.1.6 所示，来自 PLC 的主轴正转、反转控制信号控制中间继电器 KA30、KA31 线圈，KA30、KA31 常开触点与变频器正反转接线端子连接。

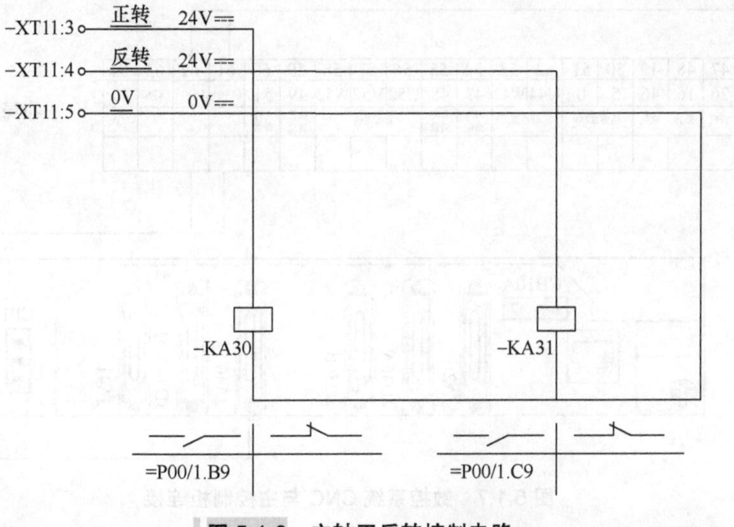

图 5.1.6 主轴正反转控制电路

2. 模拟主轴电气连接

（1）数控系统与主控制柜连接　数控系统 CNC 与主控制柜连接如图 5.1.7 所示，连接如下：

1）CNC 模拟输出接口 JA40 与主控制柜 XT1 接线端子 JA40+、JA40- 连接。

2）主控制柜 XT1 接线端子 JA40+、JA40- 通过电缆连接在 XT10 端子 1 和 2 上，通过 XT10 的 9 芯插座与电气设计模块控制柜进行转接。

（2）主控制柜与电气设计模块控制柜连接　主控制柜与电气设计模块控制柜连接如图 5.1.8 所示，连接如下：

1）主控制柜通过 XT10 上 9 芯电缆与电气设计模块控制柜上 XT10 连接，传递 JA40+、JA40-、0V 速度模拟信号，然后通过 XT10 接线端子将信号传递至 XT21 端子排上。

2）电气设计模块控制柜上继电器板 KA30、KA31 常开触点连接至 XT21 端子排上，因此，XT21 端子排上有模拟主轴信号，包括来自 XT10 传递的速度信号，继电器板上传递的方向信号。

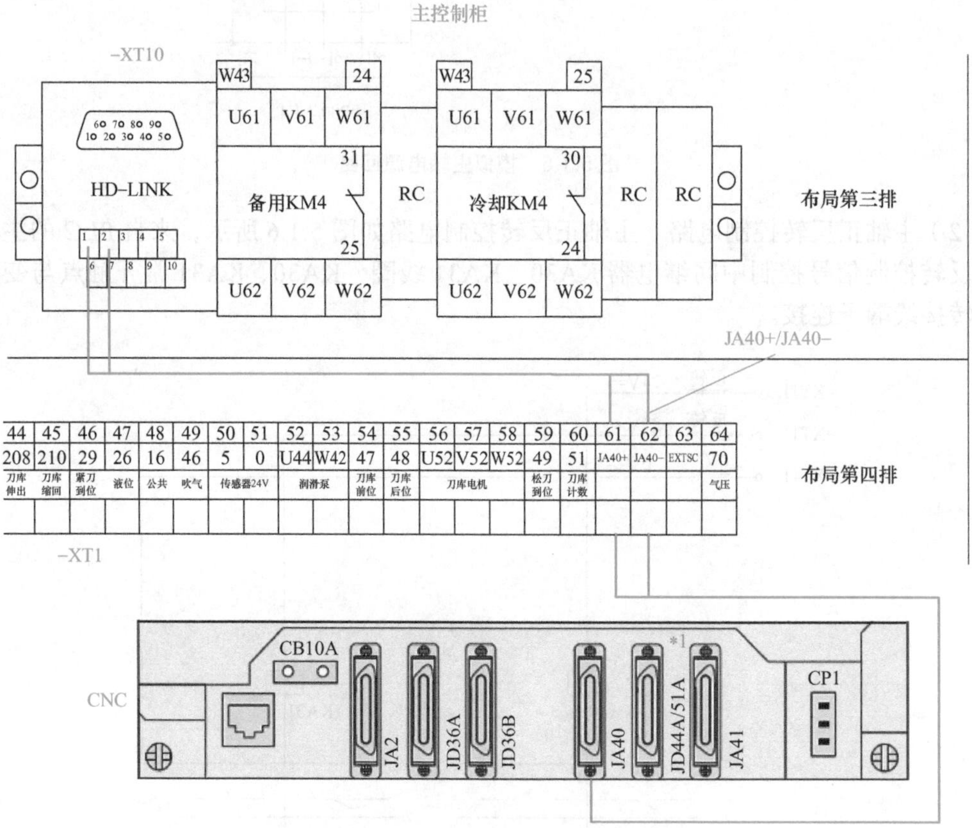

图 5.1.7　数控系统 CNC 与主控制柜连接

（3）电气设计模块控制柜与主轴台电气控制柜连接　电气设计模块控制柜与主轴台电气控制柜之间主要是通过五芯电缆连接，传递主轴方向信号和速度信号，最后连接到变频器相应的端子上，如图 5.1.9 所示。

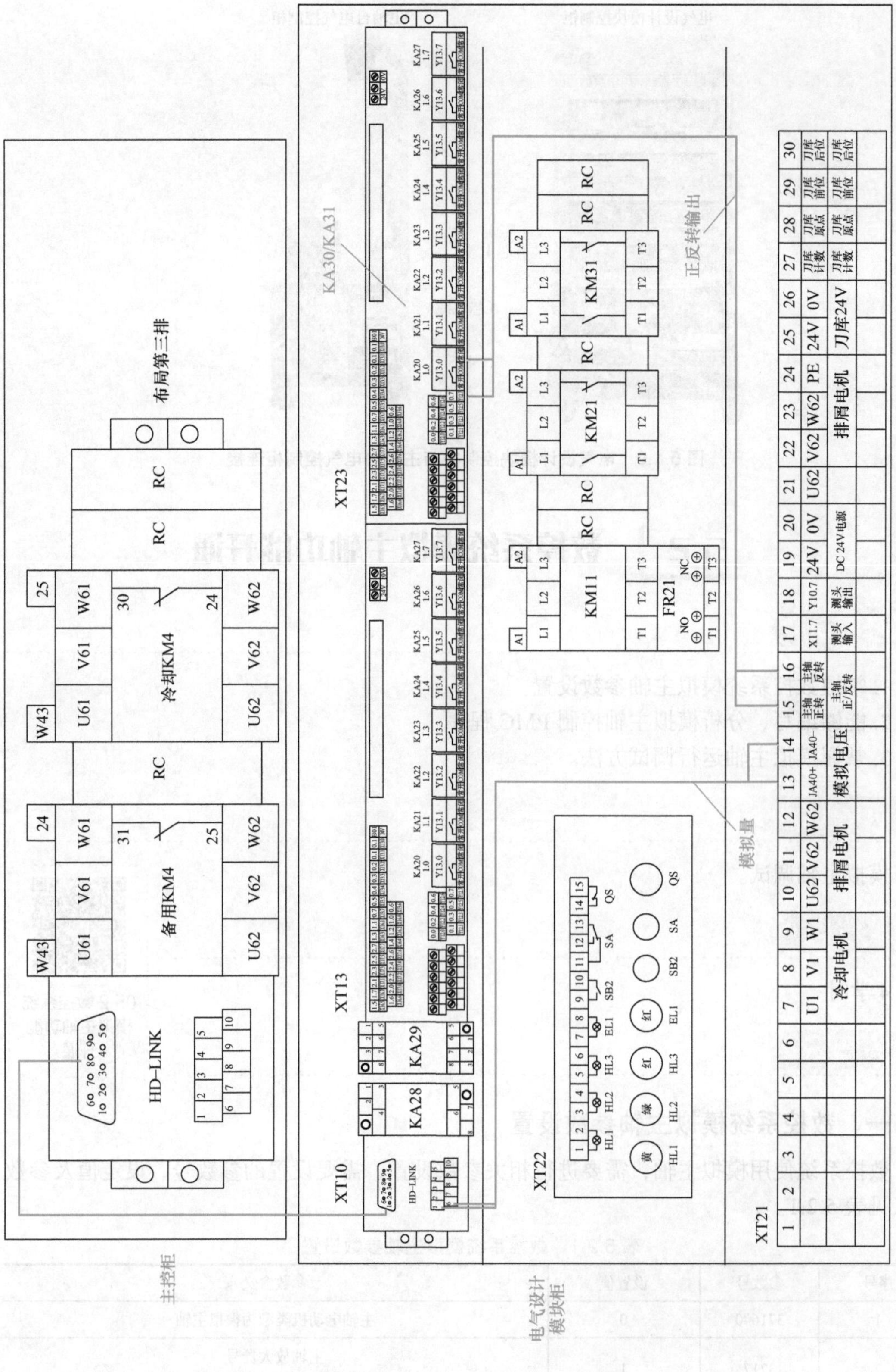

图 5.1.8 主控制柜与电气设计模块控制柜连接

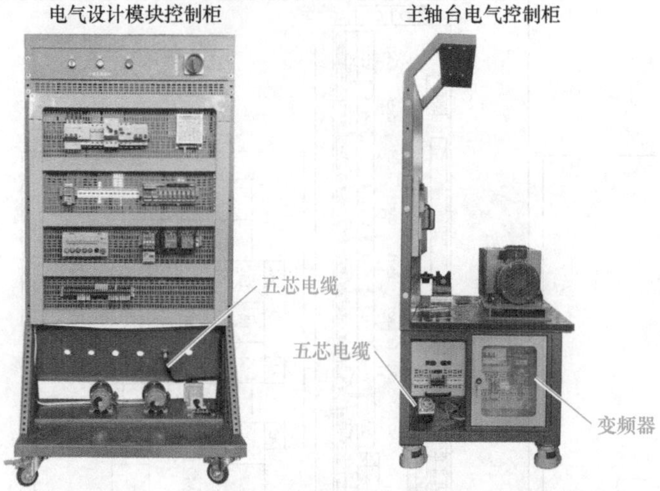

图 5.1.9　电气设计模块控制柜与主轴台电气控制柜连接

5.2　数控系统模拟主轴功能开通

学习目标

1. 掌握数控系统模拟主轴参数设置。
2. 能够编写、分析模拟主轴控制 PMC 程序。
3. 掌握模拟主轴运行调试方法。

重点和难点

模拟主轴调试。

05.2 数控系统模拟主轴功能开通

建议学时

4 学时

相关知识

一、数控系统模拟主轴参数设置

数控系统使用模拟主轴，需要进行相关参数设置，需要设置的参数号、设定值及参数含义见表 5.2.1。

表 5.2.1　数控系统模拟主轴参数设置

序号	参数号	设置值	参数含义
1	3716#0	0	主轴电动机类型为模拟主轴
2	3717	1	主轴放大器号 设定完成后提示外置编码器断线

（续）

序号	参数号	设置值	参数含义
3	3720	4096	位置编码器脉冲数
4	3730	700 ～ 1250	主轴速度模拟输出增益调整数据
5	3736	1400	主轴电动机最高钳制速度
6	3741	1400	主轴最大转速，根据电动机额定转速设置
7	3799#1	1	不进行模拟主轴时位置编码器断线检查
8	8133#5	1	不使用串行主轴

二、模拟主轴 PMC 程序控制

1. 模拟主轴运行方式

模拟主轴同样也有手动和自动两种运行方式。

（1）手动方式运行　手动方式（JOG）下，按下机床操作面板“主轴正转”“主轴反转”“主轴停止”按键，可以实现对主轴起停控制；旋转主轴倍率旋钮，可以实现对主轴速度控制，机床操作面板主轴控制按键如图 5.2.1 所示。

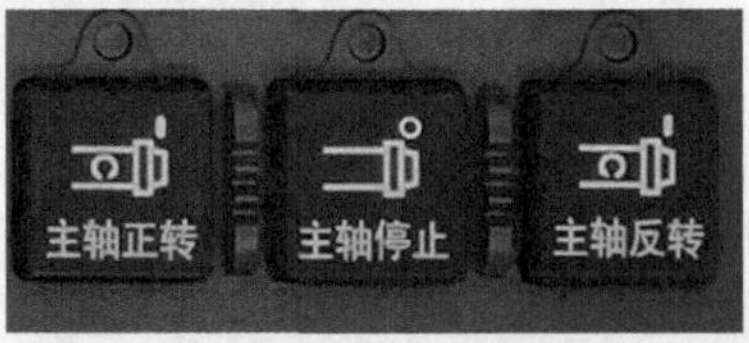

图 5.2.1　机床操作面板主轴控制按键

（2）自动方式运行　MDI 方式或自动方式下运行“M03 S_；”或“M04 S_；”指令，可以实现主轴正向、反向旋转运动，“M05”停止主轴运动。

2. 模拟主轴 PMC 程序

（1）模拟主轴相关信号　前面讲到了串行主轴控制 PMC 程序，在串行主轴方式下，G70.5、G70.4 是主轴手动、自动方式下正反转信号；在模拟主轴方式下，Y8.0 是 PMC 输出的模拟主轴正转信号，Y8.2 是 PMC 输出的模拟主轴反转信号。

（2）模拟主轴正转 PMC 程序　模拟主轴正转 PMC 程序可以使用与串行主轴控制相同逻辑，只需要把串行主轴正转 PMC 程序 G70.5 信号改为模拟主轴正转输出信号 Y8.0 就可以了。模拟主轴正转 PMC 程序如图 5.2.2 所示。

（3）模拟主轴反转 PMC 程序　同理，只需要把串行主轴反转 PMC 程序 G70.4 信号改为模拟主轴反转输出信号 Y8.2 就可以了。模拟主轴反转 PMC 程序如图 5.2.3 所示。

三、模拟主轴运行调试

1. 变频器参数设置

以欧姆龙变频器 3G3JZ–A4022 为例，说明变频器参数设置。变频器基本参数设置见表 5.2.2。

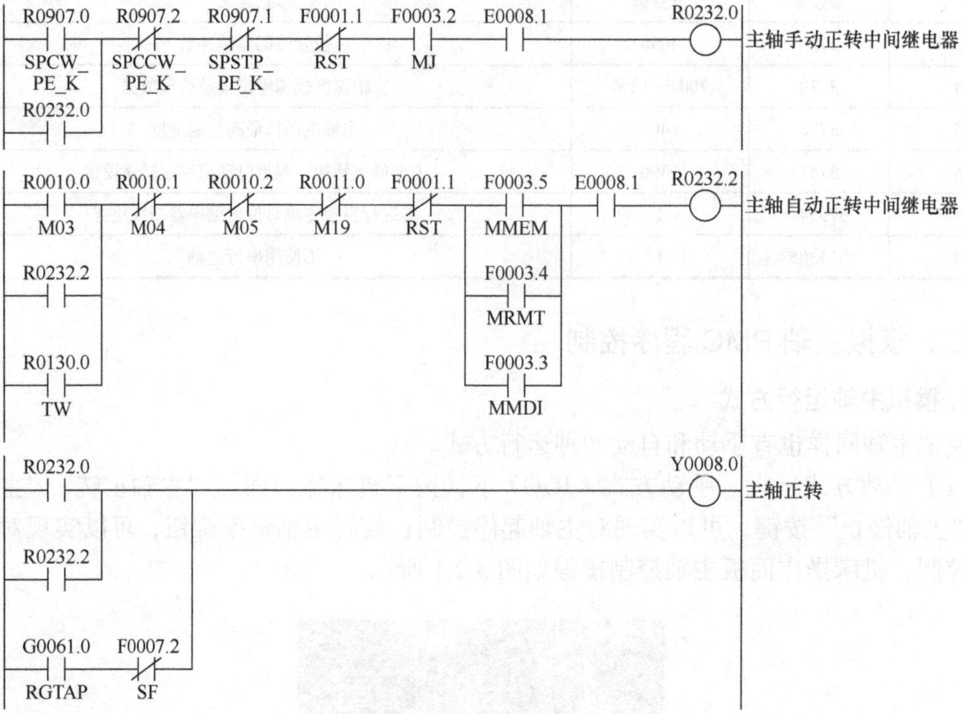

图 5.2.2 模拟主轴正转 PMC 程序

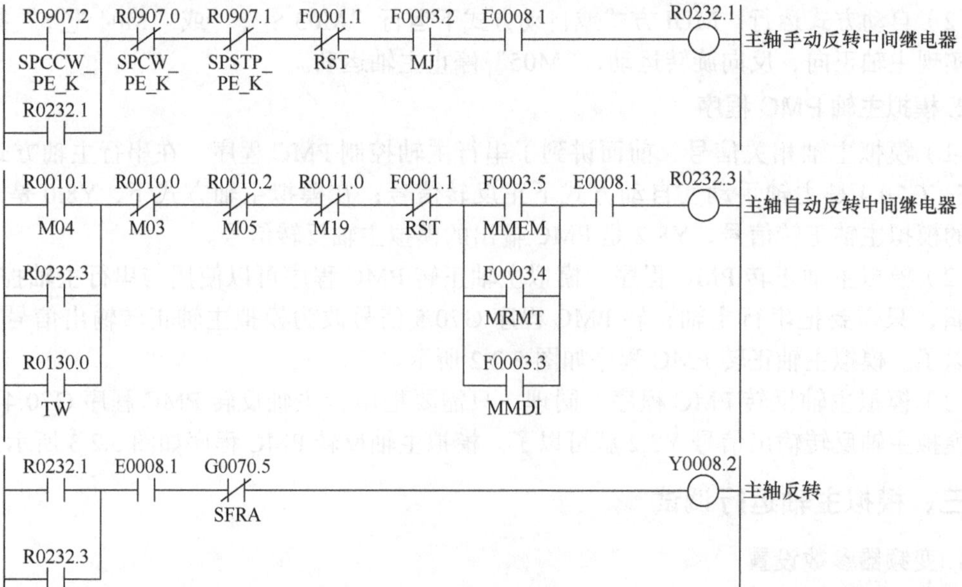

图 5.2.3 模拟主轴反转 PMC 程序

表 5.2.2　变频器基本参数设置

序号	参数号	设置值	参数含义
1	n0.02	9	参数写入禁止选择 / 参数初始化，设置为 9 时表示最高频率 50Hz 时的初始化
2	n2.00	2	频率指令输入 A1 端子（电压输入 0 ～ 10V）有效
3	n2.01	2	控制回路端子（2 线式或 3 线式）

参数设定操作步骤见变频器操作手册。

2. 变频器手动运行主轴调试

变频器操作器如图 5.2.4 所示，通过以下步骤进行变频器手动运行主轴调试：

1）将变频器参数 n2.01 设定为 0，使变频器操作器中的 RUN/STOP 键有效。

2）按下变频器操作器中的 RUN/STOP 键。

3）旋转频率指令旋钮输出频率，观察电动机运行状态。

4）按下模式键显示正转 / 反转选择，对电动机进行正反转测试。

图 5.2.4　变频器操作器

3. 数控系统控制模拟主轴运行调试

按照以下步骤进行模拟主轴调试：

1）将变频器参数 n2.01 设定为 2，表示控制回路端子（2 线序及 3 线序）有效，操作器中 STOP 键为无效，使用数控系统控制模拟主轴运行。

2）运行“M03 S_;”“M04 S_;”指令，观察主轴运行情况。

5.3　PMC 控制主轴增减速

学习内容

1. 主轴速度控制方式。

2.主轴增减速控制 PMC 编程。

重点和难点

主轴增减速控制 PMC 编程。

建议学时

4 学时

05.3 PMC控制主轴增减速

相关知识

一、主轴速度控制方式

1. 倍率开关控制主轴转速

主轴速度可以通过机床操作面板主轴倍率开关进行控制，通过选择主轴倍率开关不同档位，控制主轴转速大小。主轴倍率开关通常有 8 个档位，调速范围在 50% ～ 120% 之间。主轴调速倍率开关如图 5.3.1 所示。

2.加减速按键控制主轴转速

主轴速度控制的另一种方式就是通过机床操作面板主轴增减速按键进行调速，如图 5.3.2 所示，每按一次“ –10%”按键，速度下降 10%，直至最低速倍率 50%；每按一次“+10%”按键，速度上升 10%，直至最高速倍率 120%。

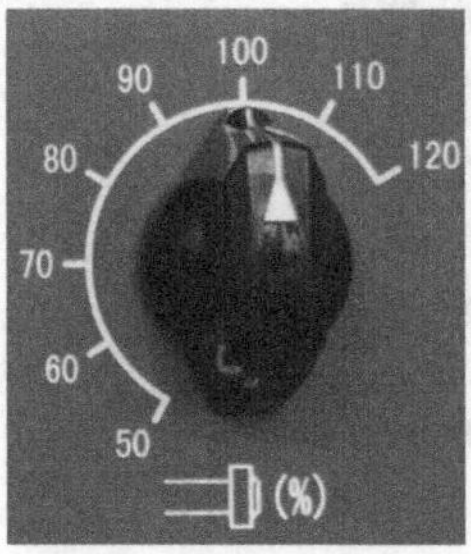

图 5.3.1　主轴调速倍率开关

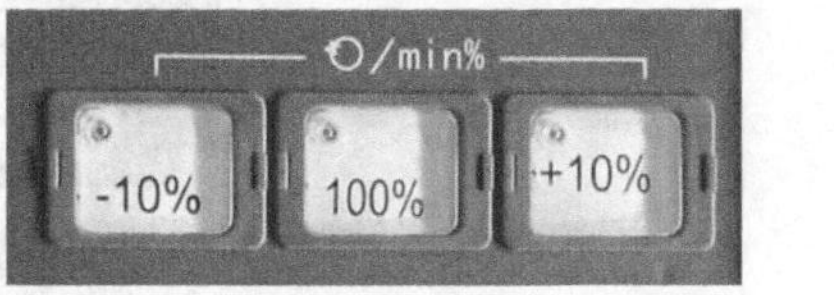

图 5.3.2　加减速按键控制主轴转速

二、主轴增减速控制 PMC 编程

1. 相关信号地址

数控机床主轴增减速按键地址见表 5.3.1。

表 5.3.1　数控机床主轴增减速按键地址

信号地址	信号含义
R0901.4	主轴增速按键映射地址
R0901.5	主轴减速按键映射地址

2. 相关功能指令

（1）前沿检测功能指令　前沿检测功能指令格式如图 5.3.3 所示，用于读取输入信号的前沿，W1 为输出的一个前沿信号。

（2）二进制数据相等比较功能指令　二进制数据相等比较功能指令格式如图 5.3.4 所示，其中 SUB200 用于 1 个字节长度的数据比较，SUB201 用于 2 个字节长度的数据比较，SUB202 用于 4 个字节长度的数据比较。当数据 1 等于数据 2 时，W1 输出 1。

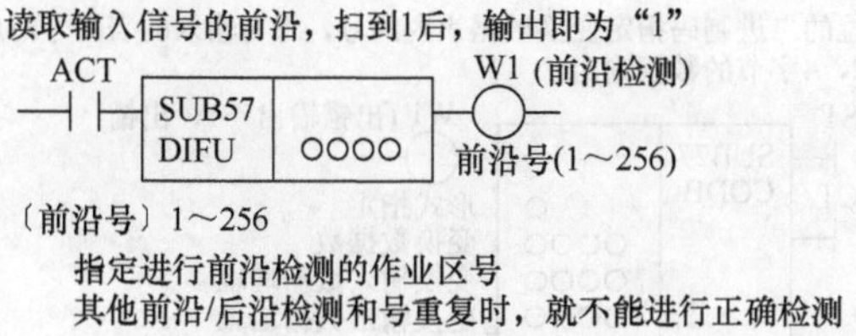
读取输入信号的前沿，扫到1后，输出即为“1”
ACT
SUB57
DIFU
OOOO
W1 (前沿检测)
前沿号(1～256)
〔前沿号〕1～256
指定进行前沿检测的作业区号
其他前沿/后沿检测和号重复时，就不能进行正确检测

图 5.3.3 前沿检测功能指令

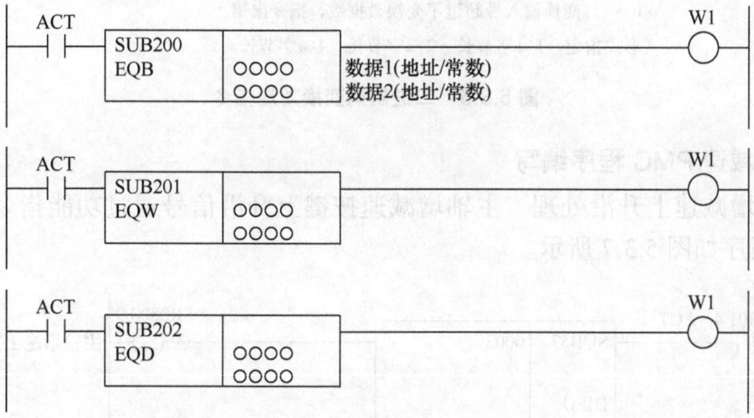

图 5.3.4 二进制数据相等比较功能指令

（3）计数器功能指令 计数器功能指令如图 5.3.5 所示，注意对计数器初始值、加计数、减计数按照工作要求进行相关设定。

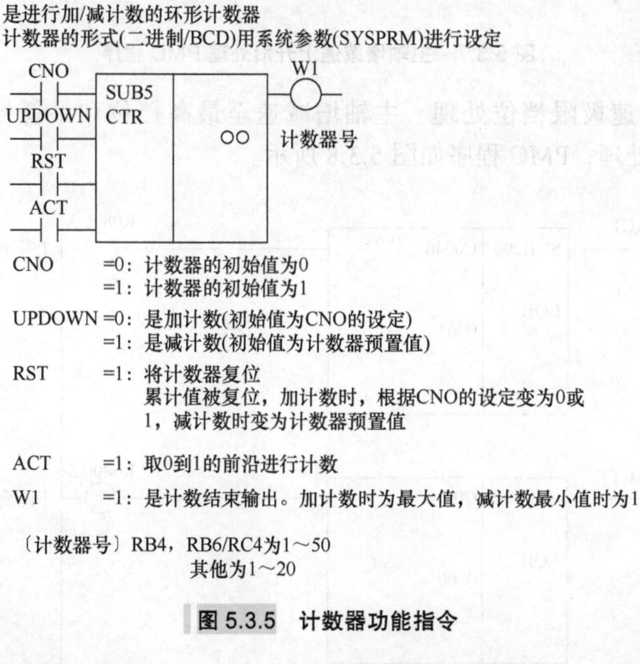
是进行加/减计数的环形计数器
计数器的形式(二进制/BCD)用系统参数(SYSPRM)进行设定
CNO
UPDOWN
RST
ACT
SUB5
CTR
OO
W1
计数器号
CNO =0：计数器的初始值为0
=1：计数器的初始值为1
UPDOWN =0：是加计数(初始值为CNO的设定)
=1：是减计数(初始值为计数器预置值)
RST =1：将计数器复位
累计值被复位，加计数时，根据CNO的设定变为0或1，减计数时变为计数器预置值
ACT =1：取0到1的前沿进行计数
W1 =1：是计数结束输出。加计数时为最大值，减计数最小值时为1
〔计数器号〕RB4，RB6/RC4为1～50
其他为1～20

图 5.3.5 计数器功能指令

（4）二进制码变换功能指令 二进制码变换功能指令如图 5.3.6 所示，按照格式进行相关设定。

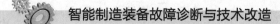

用2位的二进制码指定变换数据表内的号，将与输入的表内号对应的1、2、4字节的数值输出

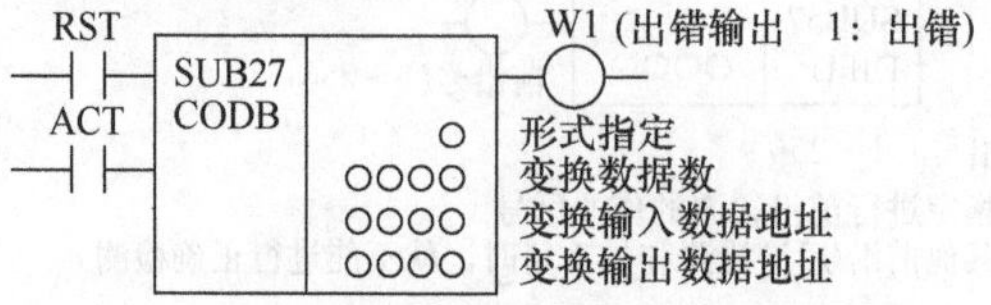

RST =1：把错误输出W1复位

ACT=1：执行COD命令

W1 =1：变换输入号超过了变换数据数，指令出错

〔形式指定〕1:1字节长　2:2字节长　4:4字节长

图 5.3.6　二进制码变换功能指令

3. 主轴增减速 PMC 程序编写

（1）主轴增减速上升沿处理　主轴增减速按键上升沿信号通过功能指令 SUB57 进行处理，PMC 程序如图 5.3.7 所示。

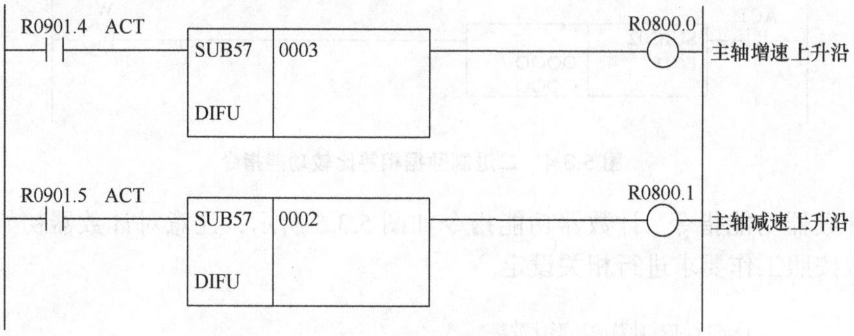

图 5.3.7　主轴增减速上升沿处理 PMC 程序

（2）主轴增减速极限档位处理　主轴增减速至最高档位和最低档位通过功能指令 SUB200 进行比较处理，PMC 程序如图 5.3.8 所示。

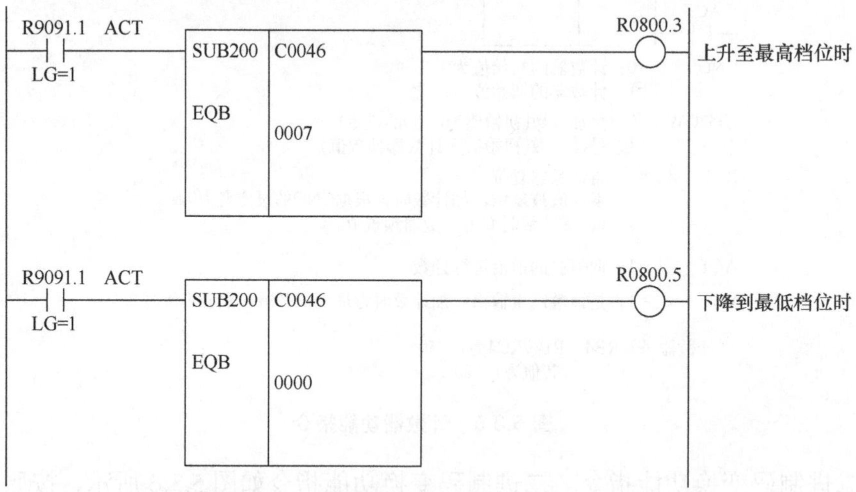

图 5.3.8　主轴增减速最高档位和最低档位 PMC 程序

（3）增减计数信号处理　增减计数信号处理 PMC 程序如图 5.3.9 所示，当 R800.2=1 时为减计数，当 R800.2=0 时为增计数。

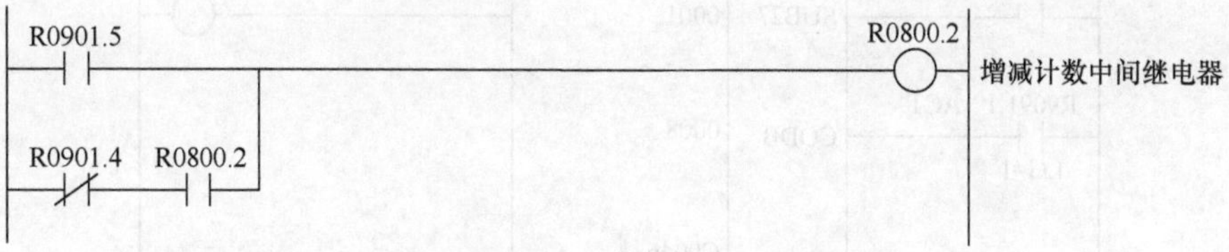

图 5.3.9　增减计数信号处理 PMC 程序

（4）避免增减速按键同时按下保护　避免增减速按键同时按下保护 PMC 程序如图 5.3.10 所示。

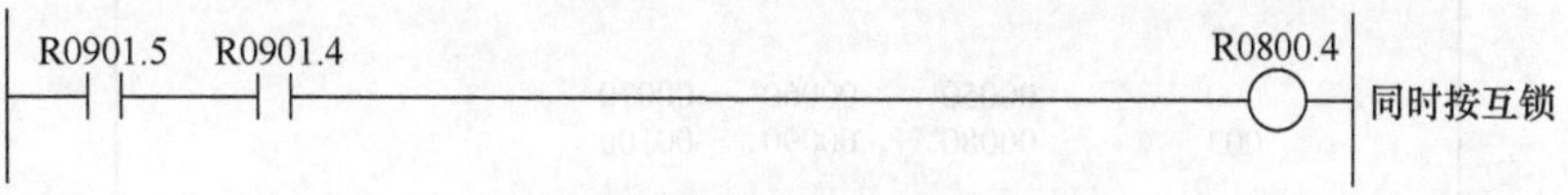

图 5.3.10　避免增减速按键同时按下保护 PMC 程序

（5）增减速计数控制　主轴速度增减速计数控制 PMC 程序如图 5.3.11 所示，每按一次增速按键计数一次，直至最高档位；每按一次减速按键计数一次，直至最低档位。

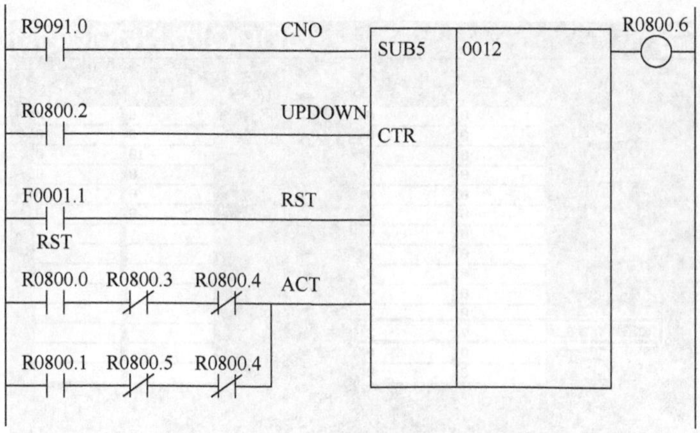

图 5.3.11　增减速计数控制 PMC 程序

（6）主轴速度控制　主轴速度控制 PMC 程序如图 5.3.12 所示，将计数器 12 当前档位值对应的表值赋值给 G30。

4. 主轴增减速功能验证

（1）计数器设定　进入计数器设定界面，将计数器 12 设定值设定为 7，表示主轴倍率最高为 7 档，设定界面如图 5.3.13 所示。

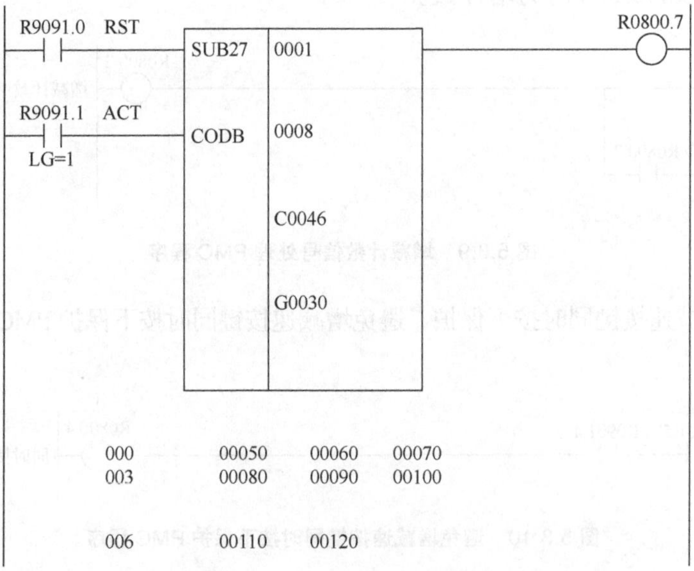

图 5.3.12 主轴速度控制 PMC

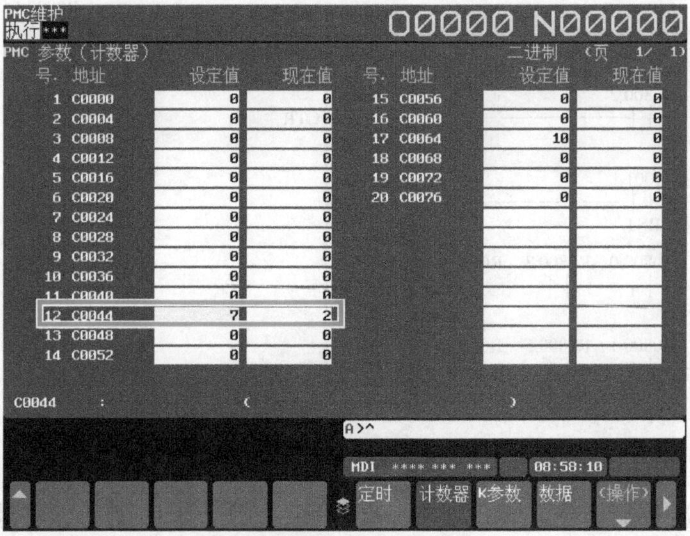

图 5.3.13 计数器设定

（2）主轴增减速功能验证 按机床操作面板上增速、减速按键，观察显示器上主轴倍率的变化，如图 5.3.14 所示。

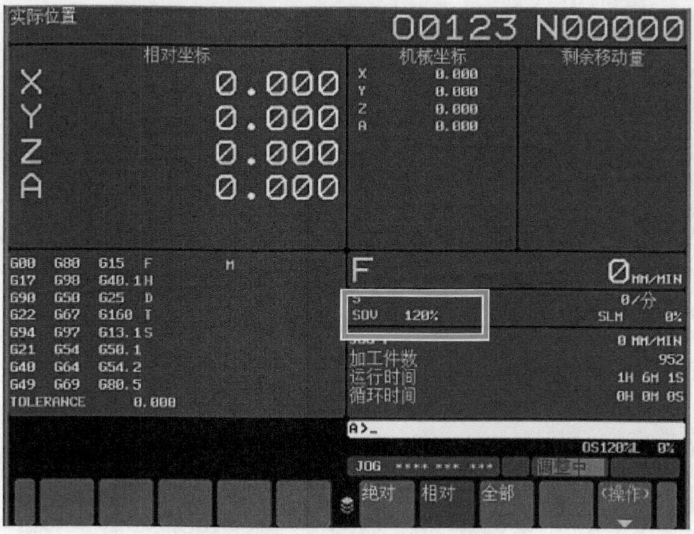

图 5.3.14 主轴增减速功能验证

项目 6

数控系统伺服优化

项目引入

基于 SERVO GUIDE 软件和数控系统界面对进给轴进行伺服优化，提高机床加工精度。

项目目标

1. SERVO GUIDE 软件安装与参数设定。
2. SERVO GUIDE 软件程序及图形设定。
3. SERVO GUIDE 软件圆形测量及精度优化。
4. 基于系统界面伺服优化。

6.1 SERVO GUIDE 软件安装与参数设定

学习内容

1. 伺服优化软件安装。
2. SERVO GUIDE 软件与数控系统连接。
3. SERVO GUIDE 软件参数界面操作。

重点和难点

参数界面操作与设定。

06.1 SERVO GUIDE软件安装与参数设定

建议学时

2 学时

相关知识

一、伺服优化软件安装

FANUC SERVO GUIDE 软件是数控系统伺服调试软件，通过使用 SERVO GUIDE 软件调整数控系统参数，生成调试程序，观察机床在走圆弧、走四方、走方带 1/4 圆弧图形时的形状精度来调整相应参数，抑制机床振动，提高机床加工精度。

1. SERVO GUIDE 软件安装

按照以下步骤进行软件安装。

1）找到软件文件包，单击文件夹打开文件，如图 6.1.1 所示。

2）双击安装文件图标启动安装程序，如图 6.1.2 所示。

3）语言选择。选择中文（简体），单击“下一步”，如图 6.1.3 所示。

4）同意许可证协议。继续单击“下一步”，弹出“许可证协议”，单击“是”进入下一步，如图 6.1.4 所示。

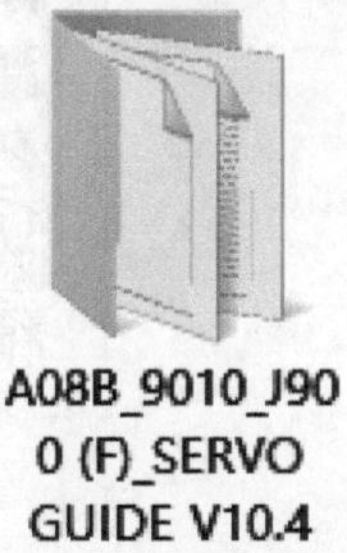

图 6.1.1 SERVO GUIDE 软件安装文件

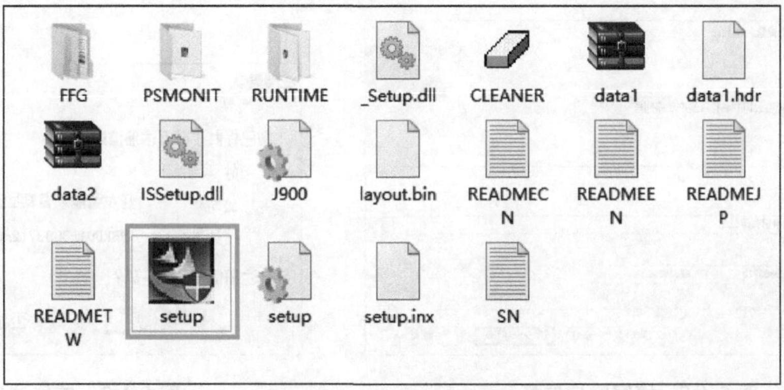

图 6.1.2 双击安装文件图标

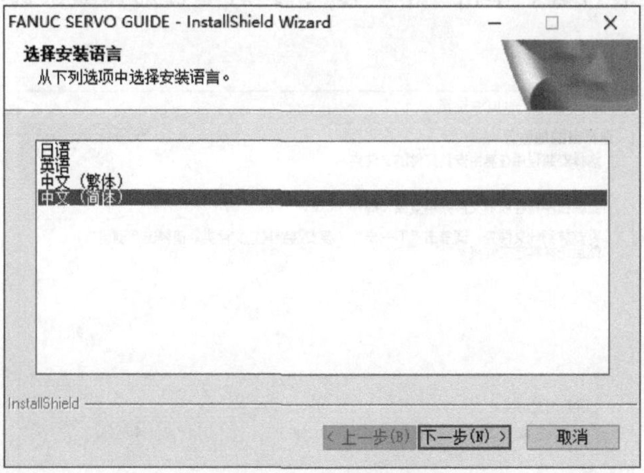

图 6.1.3 选择语言

5）填写客户信息界面。然后单击“下一步”，如图 6.1.5 所示。

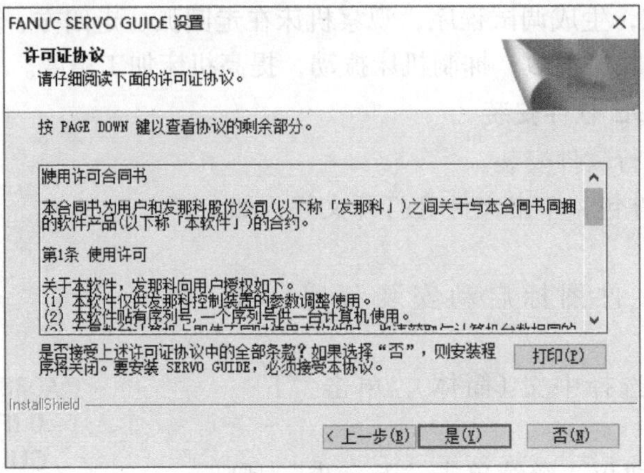

图 6.1.4 同意许可证协议

6）信息注册确认。查看注册信息，单击“是”，如图 6.1.6 所示。

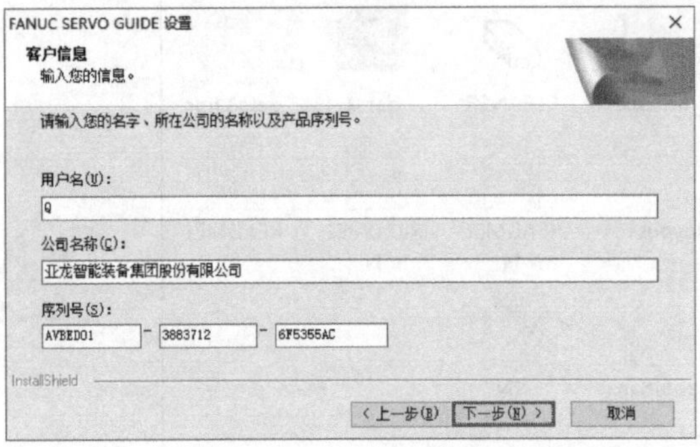

图 6.1.5 填写客户信息

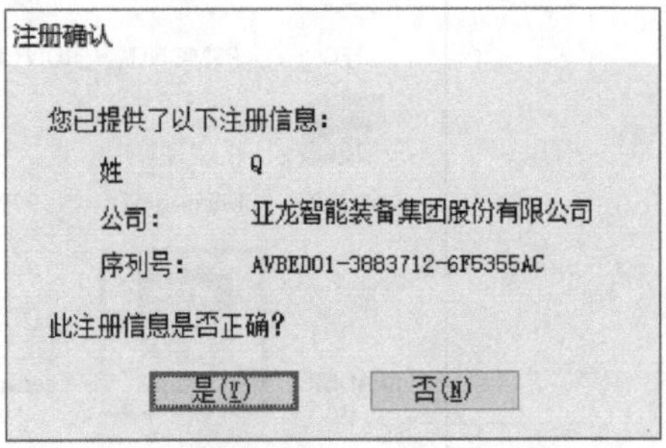

图 6.1.6 信息注册确认

7）选择软件安装位置。单击“下一步”，之后一直选择默认选项即可，如图 6.1.7 所示。

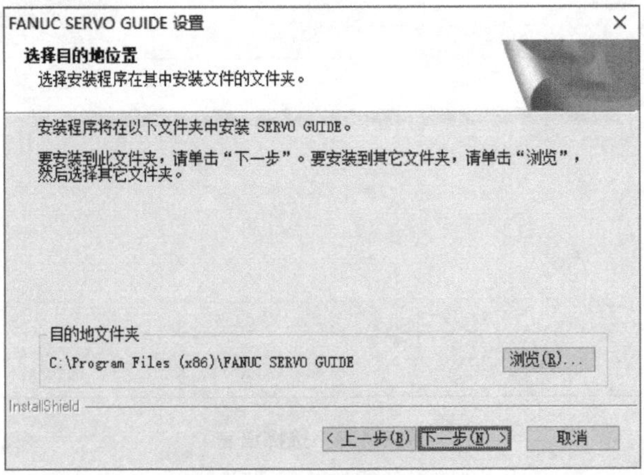

图 6.1.7 选择软件安装位置

2. PS Monitor 软件安装

1）接上述步骤，SERVO　GUIDE 软件安装完成后，软件提示是否需要安装 PS Monitor 软件，如图 6.1.8 所示，单击“是”。

2）如图 6.1.9 所示，单击“下一步”进行 PS Monitor 软件安装。

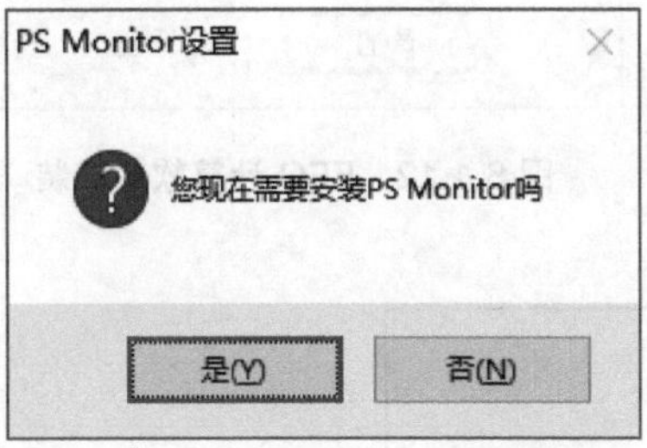

图 6.1.8　提示 PS Monitor 软件安装

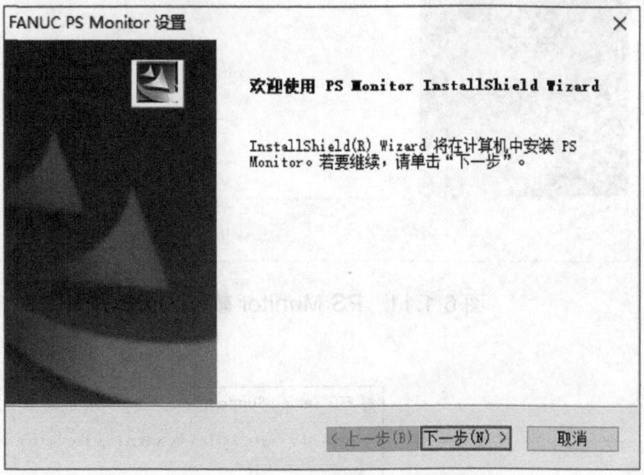

图 6.1.9　PS Monitor 软件安装

3）选择安装路径，如使用默认安装路径，单击“下一步”，如图 6.1.10 所示。

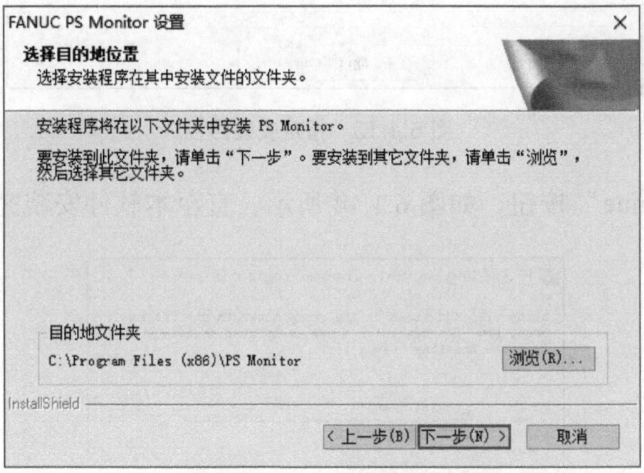

图 6.1.10　选择安装路径

4）继续单击“下一步”，弹出安装完成界面，如图 6.1.11 所示。

3. FFG 计算软件安装

1）接上述安装步骤，PS Monitor 软件安装完成后，等待几秒，系统再次弹出是否需要安装“FFG 计算软件”，如图 6.1.12 所示，单击“是”。

2）指定安装路径，特别注意的是此时需要单击提示界面的计算机图标方可安装，如图 6.1.13 所示。

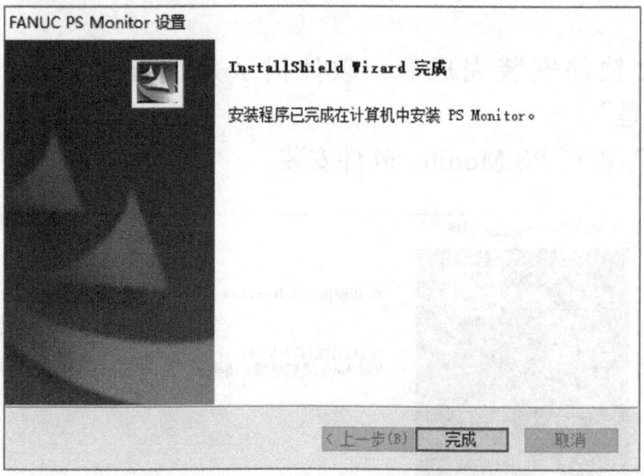

图 6.1.11　PS Monitor 软件安装完成

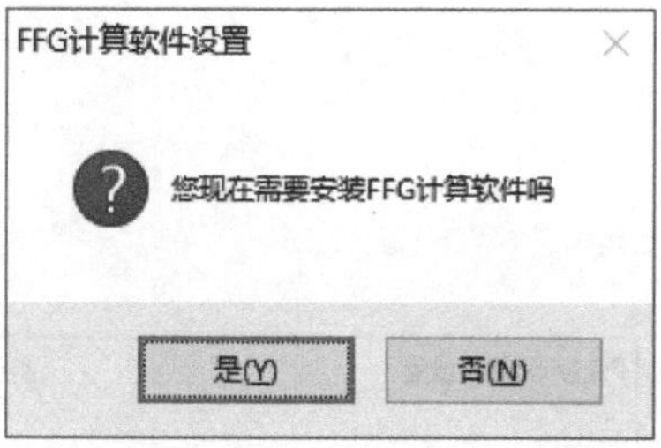

图 6.1.12　FFG 计算软件安装

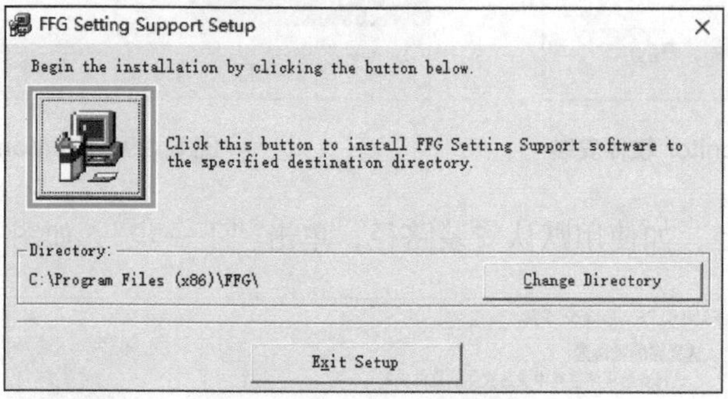

图 6.1.13　指定安装路径

3）单击“Continue”按钮，如图 6.1.14 所示，直至本软件安装完成。

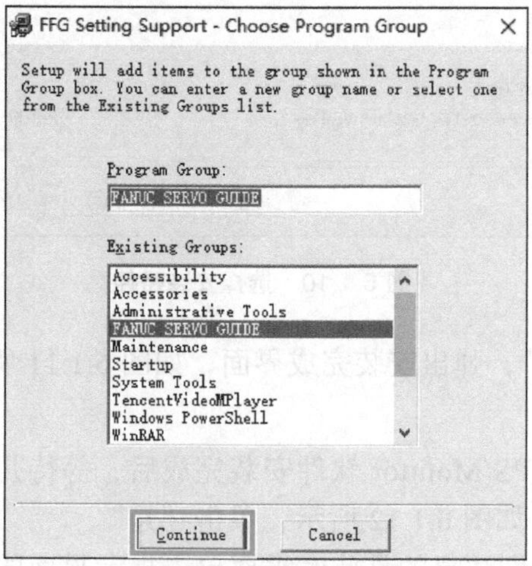

图 6.1.14　继续安装

三个软件安装成功后，此时伺服优化软件安装成功，单击“完成”，如图 6.1.15 所示。

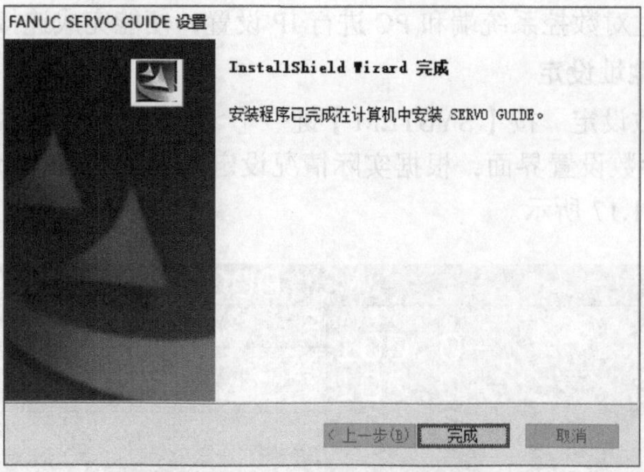

图 6.1.15 伺服优化软件安装完成

软件安装完成后，FANUC SERVO GUIDE 文件夹中会显示 SERVO GUIDE、PS Monitor、FFG 三个软件图标，如图 6.1.16 所示。

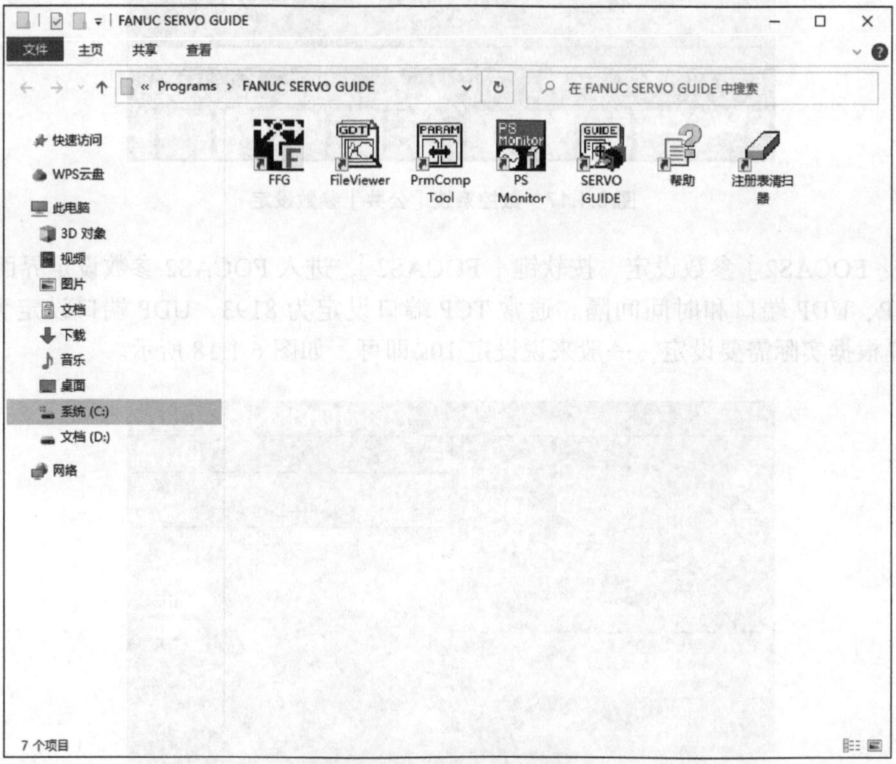

图 6.1.16 显示三个软件图标

二、SERVO GUIDE 软件与数控系统连接

SERVO GUIDE 软件与数控系统连接有 RS232、以太网和 PCMCIA 网卡三种方式，推荐使用以太网或 PCMCIA 网卡连接。如将数控系统和 PC 之间通过网线连接，然后进

行 IP 地址设定，通过对数控系统端和 PC 进行 IP 设置，便能完成连接。

1. 数控系统 IP 地址设定

（1）[公共] 参数设定　按【 SYSTEM 】键→ [>] 软键→ [内藏口] 软键→ [公共] 软键，进入以太网参数设置界面，根据实际情况设定数控系统 IP 地址，通常使用推荐值 192.168.1.1，如图 6.1.17 所示。

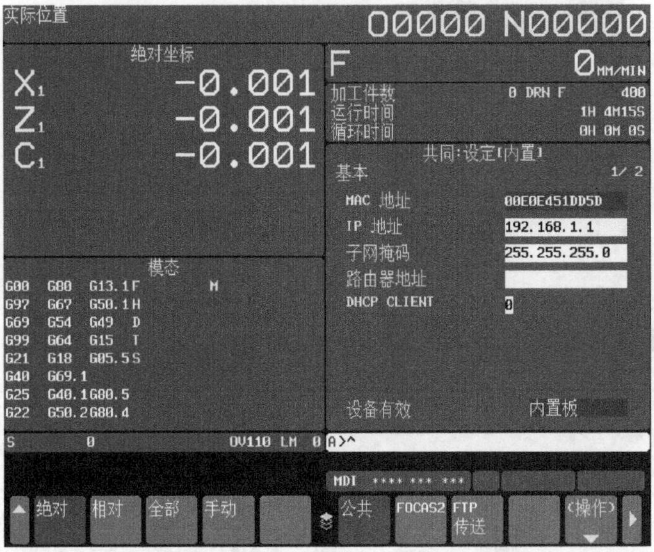

图 6.1.17　数控系统 [公共] 参数设定

（2）[FOCAS2] 参数设定　按软键 [FOCAS2]，进入 FOCAS2 参数设定界面，用于设定 TCP、UDP 端口和时间间隔。通常 TCP 端口设定为 8193，UDP 端口设定为 8192，时间间隔根据实际需要设定，一般来说设定 10s 即可，如图 6.1.18 所示。

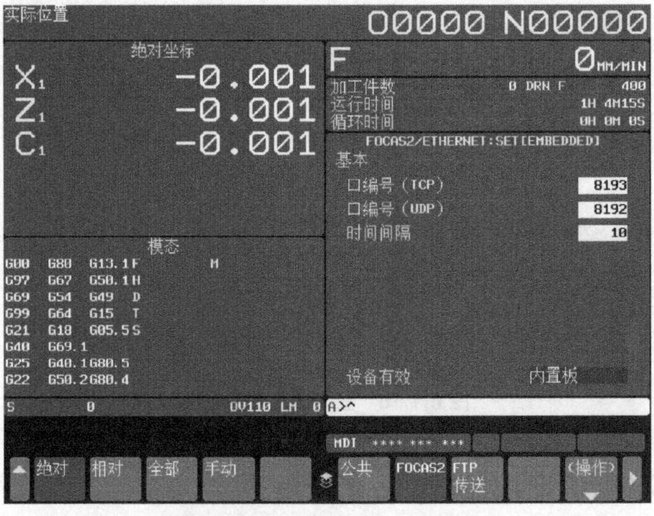

图 6.1.18　[FOCAS2] 参数设定

2. SERVO GUIDE 软件通信设定

打开 SERVO GUIDE 软件，出现软件菜单界面，包括参数、图形、程序、调整向导、通信设定等菜单，如图 6.1.19 所示。

图 6.1.19　SERVO GUIDE 软件菜单

单击 SERVO GUIDE 软件［通信设定］菜单，进入 PC 侧基于 SERVO GUIDE 软件 IP 地址设定界面，此地址为数控系统 IP 地址，设定为 192.168.1.1，如图 6.1.20 所示。

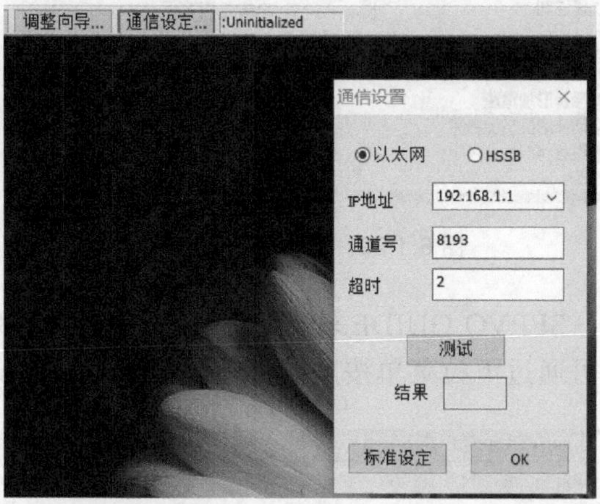

图 6.1.20　SERVO GUIDE 软件［通信设定］

单击“测试”选项进行数控系统和软件之间的通信测试，如果数控系统和软件通信正常，则显示“OK”；如果显示“NG”，则属于不正常，需进行检查。

三、SERVO GUIDE 软件参数界面操作

单击 SERVO GUIDE 软件［参数］菜单，进入“打开 CNC 参数”界面，该界面包括在线、来自文件和参数对比三种操作，如图 6.1.21 所示。

1. 参数在线编辑

（1）参数下载　在通过 SERVO GUIDE 软件进行伺服优化时，数控系统参数设定可在 PC 端完成。单击［在线］软键可获得系统参数，此时数控系统侧需要处于 MDI 方式且显示位置界面，按下［重试］软键，数控系统参数下载到 PC 中，如图 6.1.22 所示。

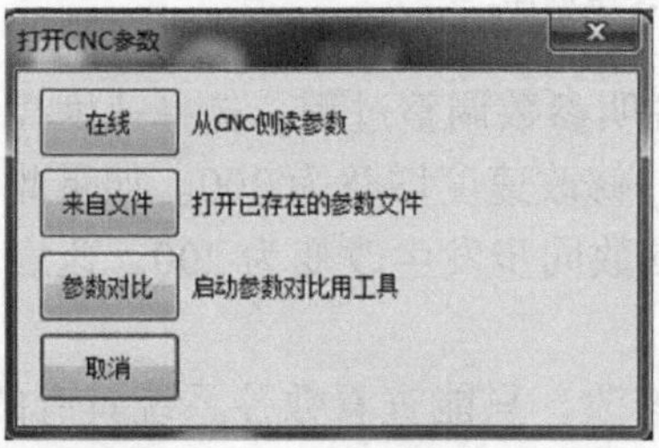

图 6.1.21　“打开 CNC 参数”界面

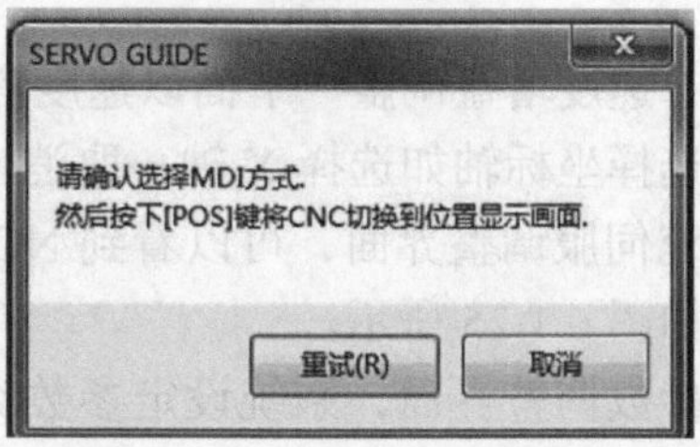

图 6.1.22　数控系统参数下载操作

下载后的参数界面如图 6.1.23 所示。

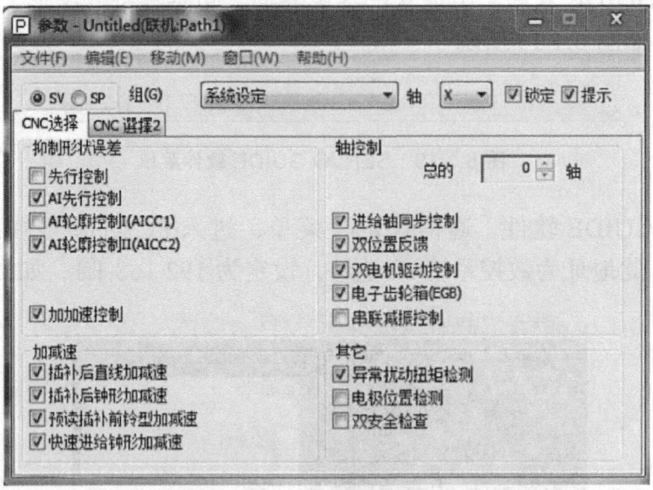

图 6.1.23　下载后的参数界面

（2）参数分类管理　SERVO GUIDE 软件中的参数是分类管理的，如分为“系统设定”“轴设定”等类型，可通过下拉菜单按照需要进行选择，如图 6.1.24 所示。

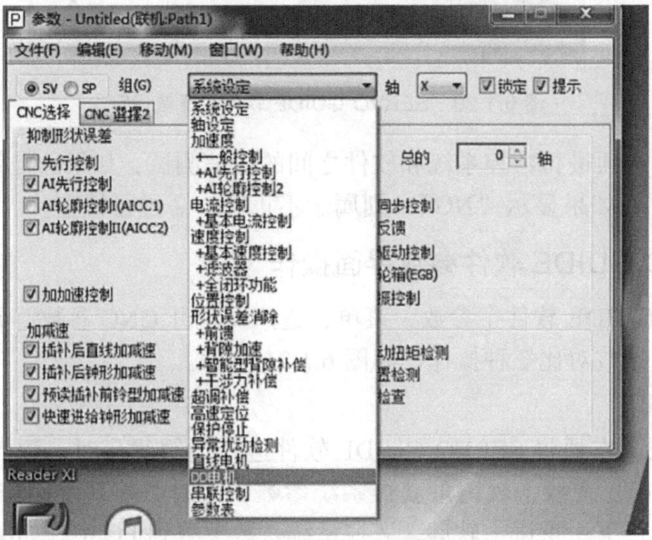

图 6.1.24　伺服优化参数类型选择

（3）速度增益调整　下面以速度增益调整为例说明参数调整过程。选择速度控制参数类型→选择坐标轴如选择 X 轴→取消“锁定”勾选→修改速度增益为 200。如果此时进入数控系统伺服调整界面，可以看到 NC 侧速度增益参数同步发生改变为 200。速度增益调整界面如图 6.1.25 所示。

在参数调整界面，系统设定参数类型不能进行修改，只能查看数控系统具有的功能，如图 6.1.26 所示。

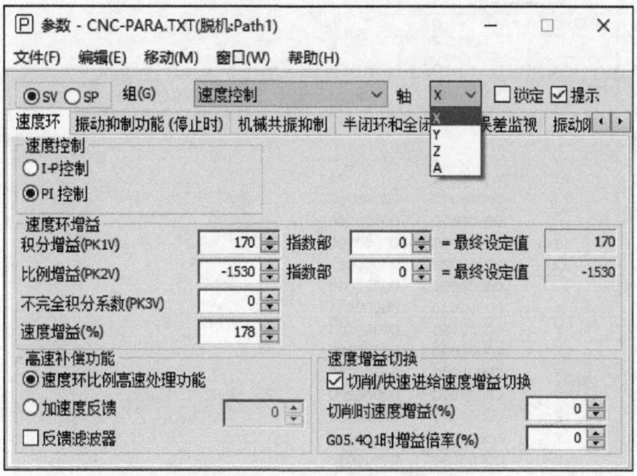

图 6.1.25 速度增益调整界面

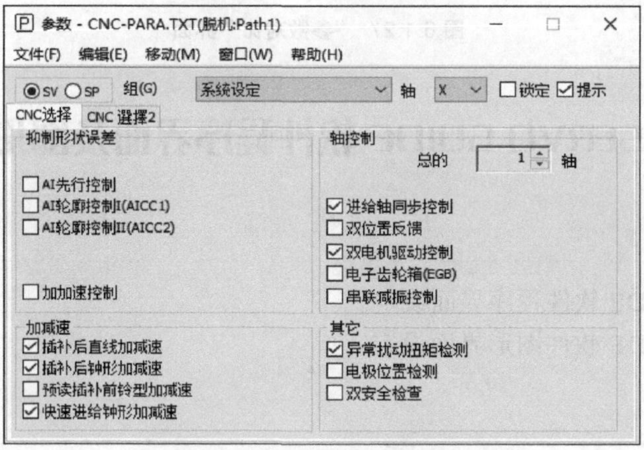

图 6.1.26 系统设定参数类型

（4）参数保存　修改好参数后，可以在参数界面将优化好的系统参数保存在 PC 指定路径。操作方法是在参数界面选择“文件”菜单，单击“保存”即可。可用于参数调整前后进行比较，用来观察所调整参数对加工精度的影响。

2. 来自文件参数编辑

单击［来自文件］软键，打开保存在 PC 中的参数文件，选择该参数相应的数控系统，选择文件即可看到数控系统参数。

3. 参数对比

按照以下步骤操作：单击［参数对比］软键→单击打开文件夹→选择向表中添加文件（如添加 2 个不同文件）→打开，所打开的两个文件参数以表格的形式出现，着色的参数是两个参数文件中不同的部分，如图 6.1.27 所示。

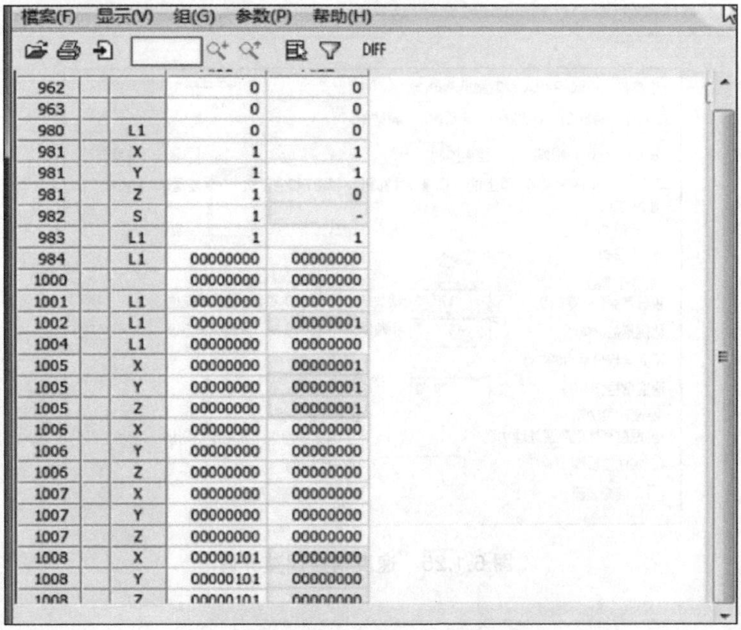

962		0	0
963		0	0
980	L1	0	0
981	X	1	1
981	Y	1	1
981	Z	1	0
982	S	1	-
983	L1	1	1
984	L1	00000000	00000000
1000		00000000	00000000
1001	L1	00000000	00000000
1002	L1	00000000	00000001
1004	L1	00000000	00000000
1005	X	00000000	00000001
1005	Y	00000000	00000001
1005	Z	00000000	00000001
1006	X	00000000	00000000
1006	Y	00000000	00000000
1006	Z	00000000	00000000
1007	X	00000000	00000000
1007	Y	00000000	00000000
1007	Z	00000000	00000000
1008	X	00000101	00000000
1008	Y	00000101	00000000
1008	Z	00000101	00000000

图 6.1.27 “参数对比”界面

6.2 SERVO GUIDE 软件程序界面及图形界面设定

学习内容

1. SERVO GUIDE 软件程序界面设定。
2. SERVO GUIDE 软件图形界面设定。

重点和难点

图形界面设定。

06.2 SERVO GUIDE 软件程序及图形设定

建议学时

2 学时

相关知识

一、SERVO GUIDE 软件程序界面设定

FANUC SERVO GUIDE 软件中自带有标准测试程序，可以通过［程序］软键进入相关界面进行设定，生成的测试程序可下载到数控系统中运行。

1. 测试程序生成

按照以下步骤生成测试程序：

1）单击［程序］，打开程序界面，如图 6.2.1 所示。

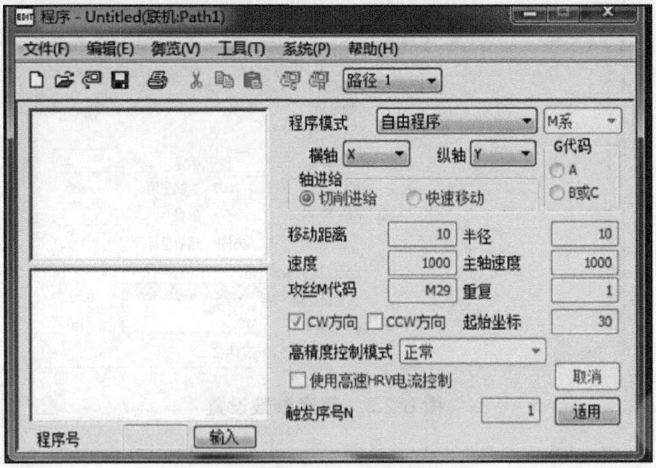

图 6.2.1 程序界面

2）程序模式选择。程序模式有多种类型，如直线移动、圆弧程序、走方程序等，如图 6.2.2 所示，根据需要选择所要测试的程序，如选择圆弧程序。

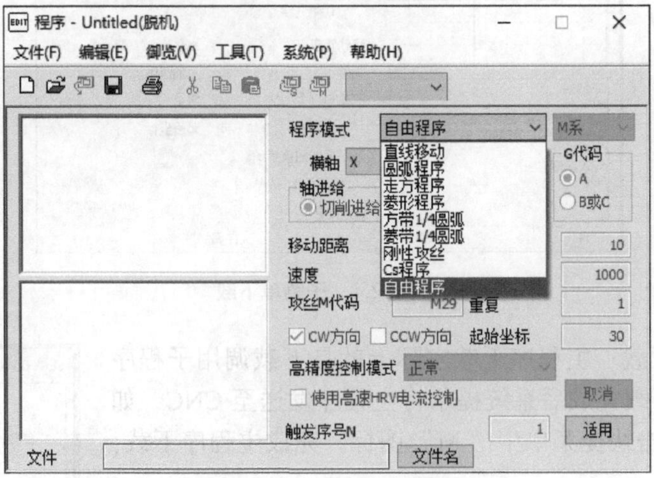

图 6.2.2 程序模式选择

3）修改程序中的参数，如坐标平面选择 X、Y 轴，进给速度设定为 2000mm/min，圆弧半径设定为 10mm 等。特别注意程序控制方式选择，如正常方式、AICC/AI Nano（高速高精）方式等，设置完成后单击“适用”，则会生成测试程序。程序参数设置界面如图 6.2.3 所示。

2. 测试程序下载

（1）子程序下载　单击“输入”，输入程序号（如输入 10），单击“确定”，此时系统提示将子程序发送到 CNC 中，测试程序是作为子程序进行发送的，单击快捷菜单中“S”图标，进行子程序发送，如图 6.2.4 所示。

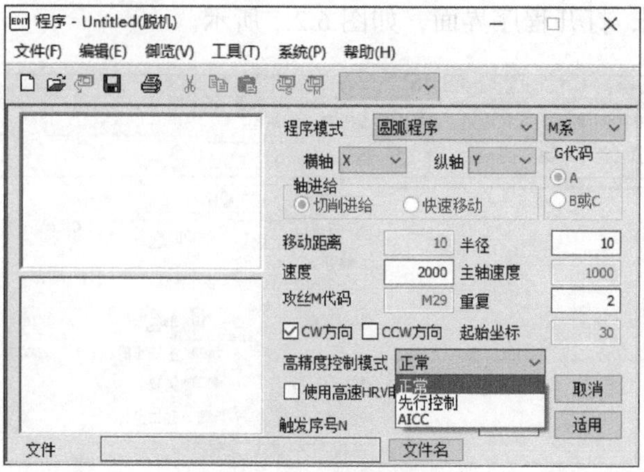

图 6.2.3 程序参数设置

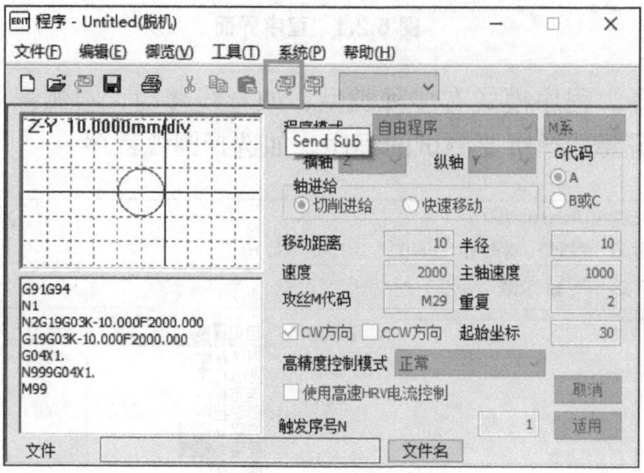

图 6.2.4 子菜单下载

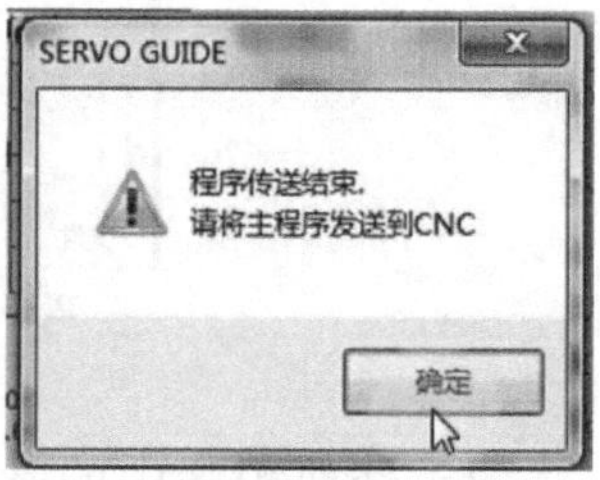

图 6.2.5 提示下载主程序

（2）主程序下载　主程序下载实际上就是下载调用子程序的程序。子程序下载完成后系统提示将主程序发送至 CNC，如图 6.2.5 所示。单击快捷菜单中“M”图标，完成主程序下载，如图 6.2.6 所示。

（3）提示运行加工程序　主程序发送完成后软件提示可以运行程序。进入数控系统显示界面，查看主程序调用的子程序为 P10，P10 就是之前生成的子程序。数控系统程序界面如图 6.2.7 所示。

如果还想运行一次圆弧程序，只需要再发送一次主程序即可。

3. 生成新的测试程序

在程序界面单击新建图标，软件提示上次生成的测试程序是否需要保存，根据需要进行选择，然后生成新的测试程序。程序保存提示框如图 6.2.8 所示。

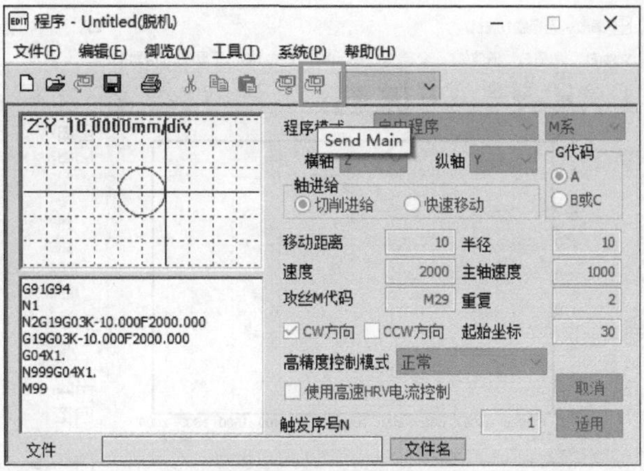

图 6.2.6　主程序下载

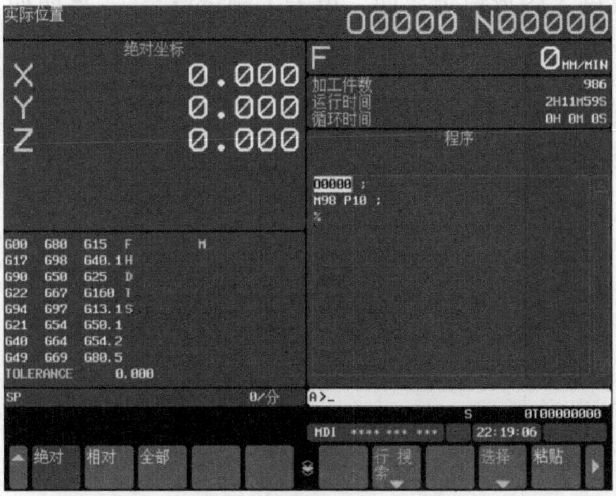

图 6.2.7　数控系统程序界面

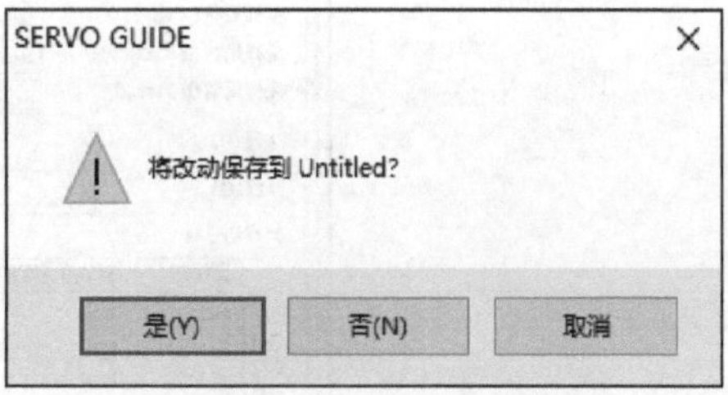

图 6.2.8　程序保存提示框

二、SERVO GUIDE 软件图形界面设定

通过 SERVO GUIDE 软件进行伺服调整时，主要通过图形分析作为数控机床伺服优化的依据，因此需要进行图形相关设定。

1. 通道设定

（1）进入图形窗口界面　在 SERVO GUIDE 软件界面单击［图形］软键，进入打开图形窗口界面，如图 6.2.9 所示。

（2）选择［新图形窗口］，打开一个图形界面，主要包括两个设定：通道设定和操作设定，如图 6.2.10 所示。

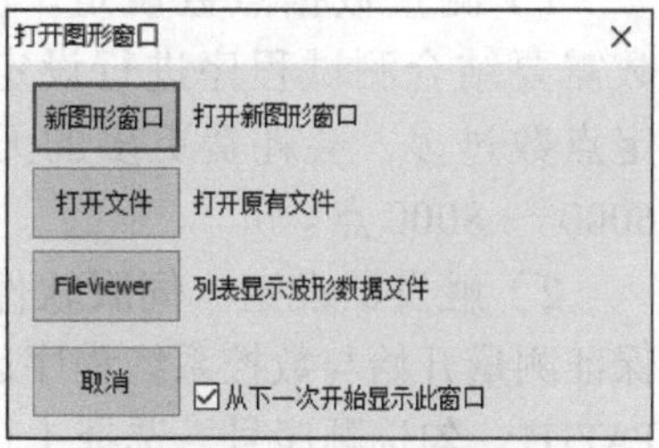

图 6.2.9　图形窗口界面

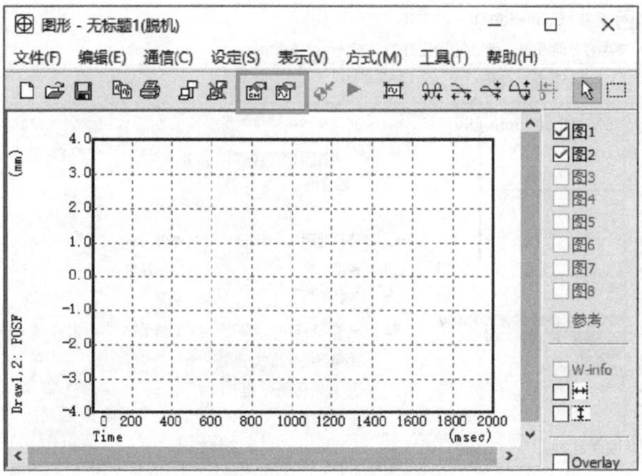

图 6.2.10　通道设定和操作设定

（3）测量设定　单击通道设定图标，进入图形设定界面，单击［测量设定］，界面如图 6.2.11 所示，主要包括以下内容：

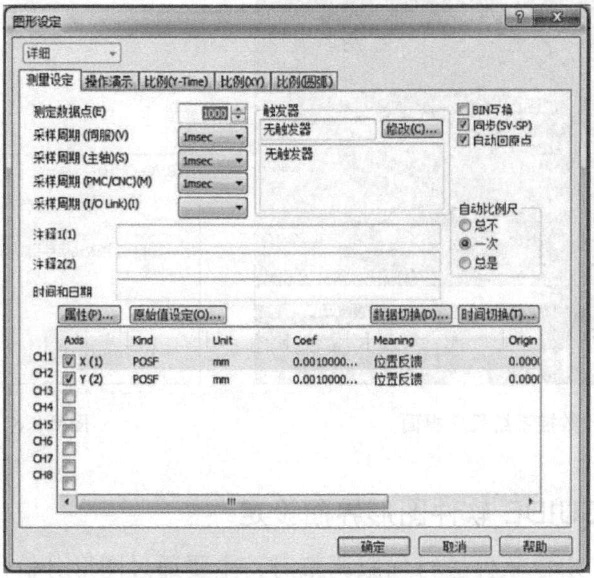

图 6.2.11　图形通道设定界面

1）测量数据点数设定。测量数据点数 × 采样周期 = 采样数据时间，测量数据点数需要结合测试程序进行设定。如果设定点数过少，则不能保证采集数据完整性；设定点数过多，会耗费更多的无效时间。在 1ms 采样周期下，测量数据点数通常设定为 6000 ～ 8000 点。

2）触发器设定。伺服软件生成的测试程序如图 6.2.12 所示，其中 N1 程序段，用于保证测量开始与数控系统程序运行同步。选择触发器选项，单击［修改］软键，选择路径 PATH1，勾选顺序号，选择 1（表示顺序号 N1），单击［确定］，完成触发器设定。

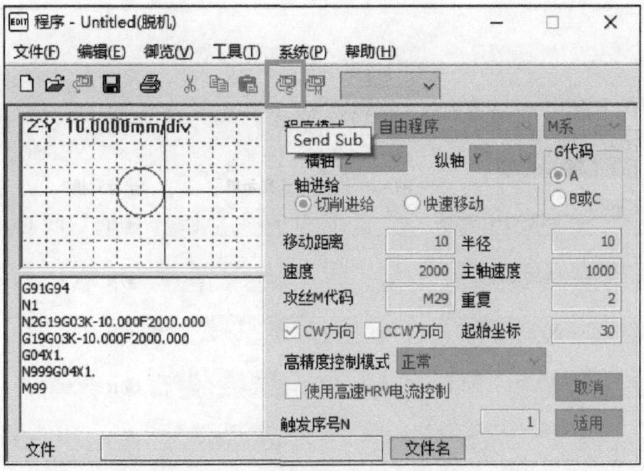

图 6.2.12 伺服软件生成的测试程序

3）采样数据设定。单击［属性］，选择［CH1］，选择测量轴如 X 轴，种类选项通过下拉菜单选择如 POSF（位置反馈），单位、换算系统等选项选择系统默认，单击［确定］，如图 6.2.13 所示。

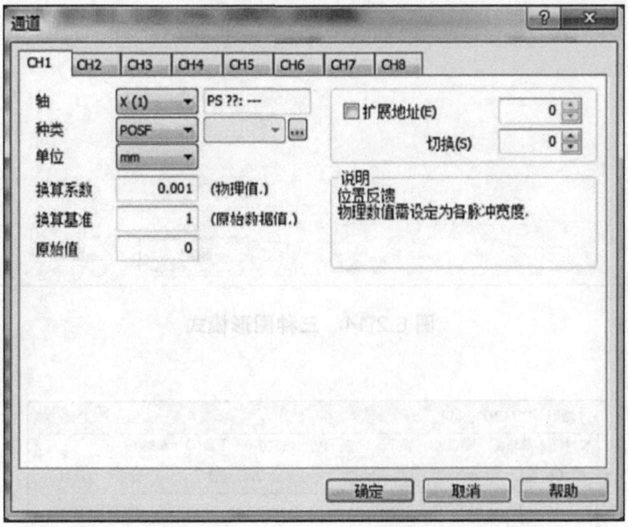

图 6.2.13 采集数据设定之通道设定

2. 操作设定

单击［操作演示］软键可进行图形模式选择，常用图形模式包括 YT 模式、XY 模式、CIRCLE 模式等，如图 6.2.14 所示。

（1）YT 模式 图 6.2.15 所示为 TCMD 电动机电流图形，横坐标是时间 T，纵坐标是采样数据，这种图形方式就是 YT 方式。

（2）XY 模式 图 6.2.16 所示为一个方形图形，横坐标、纵坐标都是采样数据，分别是 X 轴的位置反馈和 Y 轴位置反馈，用来构成一个方的图形，这就是 XY 模式。

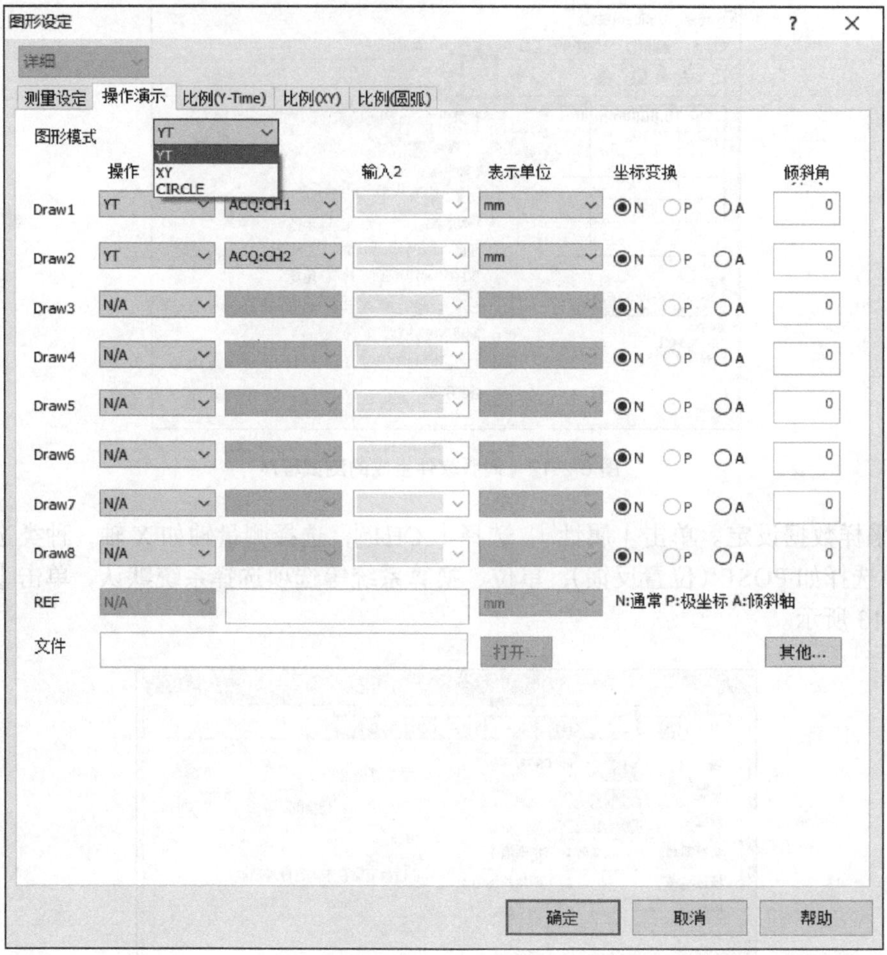

图 6.2.14　三种图形模式

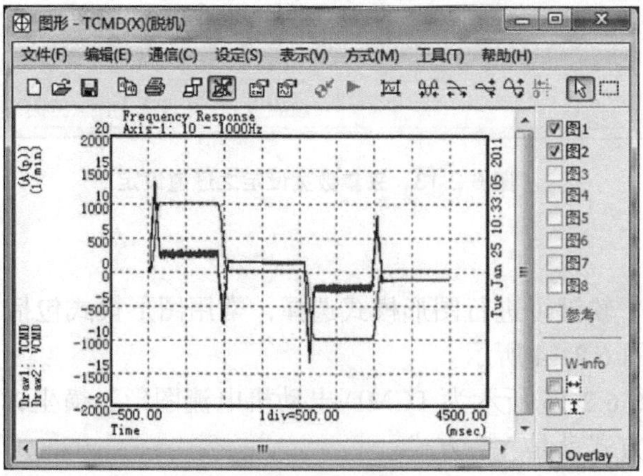

图 6.2.15　YT 模式图例

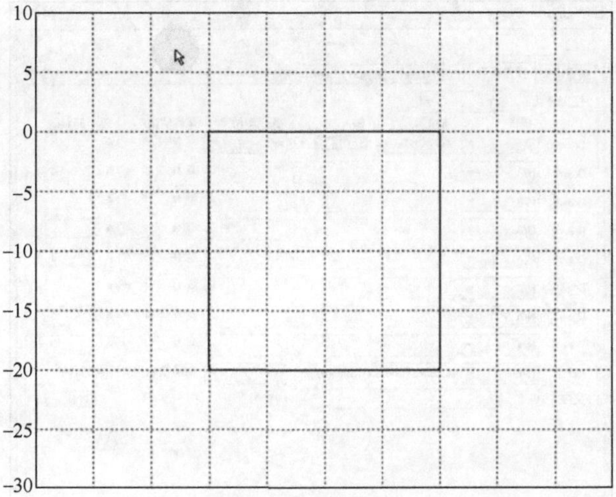

图 6.2.16　XY 模式图例

（3）轮廓模式　图 6.2.17 所示在方形模式中还有一种轮廓模式，图形是方 +1/4 圆弧图形，通过轮廓方式能够显示这个图形精细轨迹进行调整。

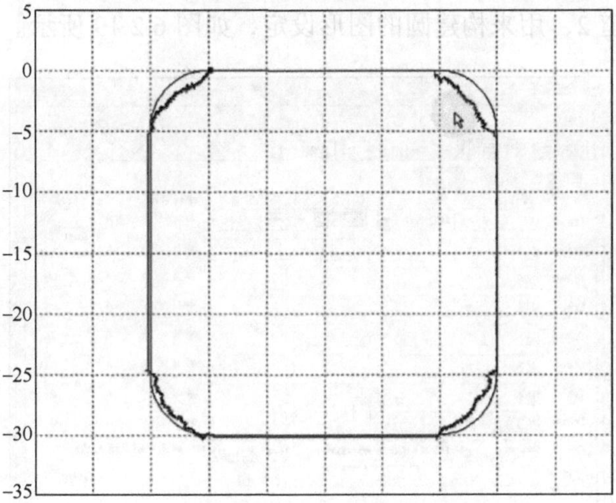

图 6.2.17　轮廓模式

（4）CIRCLE 模式　采用方式就是一个圆弧。

3. 图形设定流程

图形设定流程如下：

1）测量设定。通过属性进行通道设定，选择 CH1、CH2 表示分别采样 X 轴、Y 轴。

2）操作演示设定　如果测量图形为方，则选择 XY 模式，对应的操作项也选择 XY，在输入 1 中选择通道 1，输入 2 中选择通道 2，用来构建方的图形，如图 6.2.18 所示。

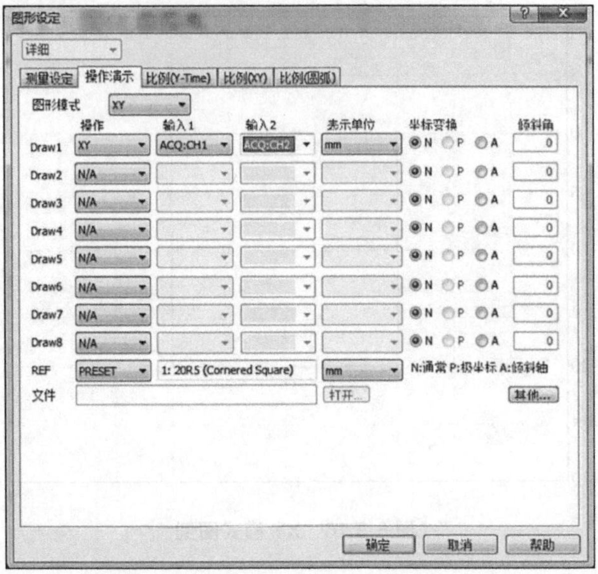

图 6.2.18　图形设定之方形操作演示设定

如果是圆弧图形，首先选择圆弧模式，操作中也选择圆弧模式，在输入 1 中选择通道 1，输入 2 中选择通道 2，用来构建圆的图形设定，如图 6.2.19 所示。

图 6.2.19　图形设定之圆形操作演示设定

6.3　SERVO GUIDE 软件圆形测量及精度优化

学习内容

1. SERVO GUIDE 软件圆形测量。
2. SERVO GUIDE 软件圆形精度优化。

重点和难点

圆形形状精度及过象限突起精度优化。

建议学时

2 学时

06.3 SERVO GUIDE 软件圆形测量及精度优化

相关知识

一、SERVO GUIDE 软件圆形测量

基于 SERVO GUIDE 软件圆形测量程序运行是伺服调试中的重要部分，调整的主要内容是提升圆弧轨迹的轮廓精度，抑制电动机反转所引起的过象限点突起。

1. 生成圆形测量程序

按照以下步骤生成圆形测量程序：

1）在 SERVO GUIDE　软件中单击［程序］软键，打开程序对话框。

2）程序模式中选“圆弧程序”，测量平面选 X、Y 轴，其他参数选默认值，高精度控制模式选 AICC。

3）单击［适用］，生成测试程序。

4）单击［输入］，填写程序号，单击［确定］。

5）发送子程序 S 至 CNC；发送主程序 M 至 CNC，程序下载完成。

生成圆形测量程序设定界面如图 6.3.1 所示。

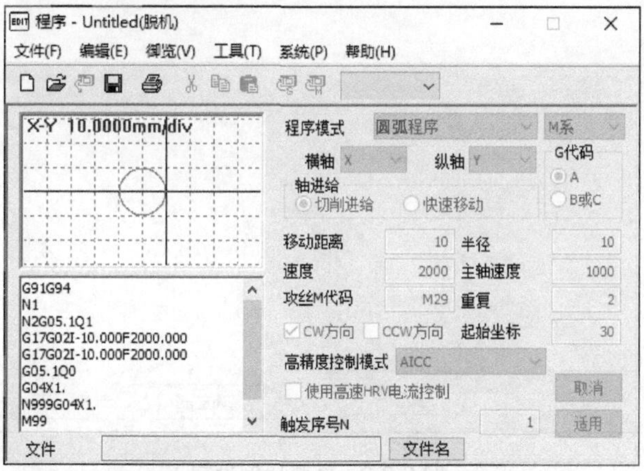

图 6.3.1　生成圆形测量程序设定界面

2.圆形图形设定

按照以下步骤进行圆形图形设定：

1）在 SERVO GUIDE　软件中单击［图形］软键，打开图形窗口。

2）单击［新图形窗口］，在快捷菜单中选择通道设定图标，进入测量设定界面，设定

测量点数为 8000；设定触发器路径为 PATH1，勾选顺序号，顺序设定为 1，单击［确定］。

3）采集数据设定。单击［属性］，单击［CH1］，选 X 轴，种类选 POSF；单击［CH2］，选 Y 轴，种类选 POSF，单击［确定］。

4）设定图形显示模式。单击［操作演示］，图形模式选择 CIRCLE，操作栏也选择 CIRCLE，输入 1 选择 PATH1，表示进行 X 轴位置反馈；输入 2 选择 PATH2，表示进行 Y 轴位置反馈。

5）设定圆弧比例。单击［比例（圆弧）］，设定圆弧中心坐标及圆弧半径，其中定圆弧中心坐标需要结合测试程序进行设定，从图 6.3.1 测量程序生成界面来看，圆弧中心位于坐标（–10，0）的位置，圆弧半径为 10mm，因此，横轴中心设定为 –10，半径设定为 10，单击［确定］完成图形设定。圆弧比例设定如图 6.3.2 所示。

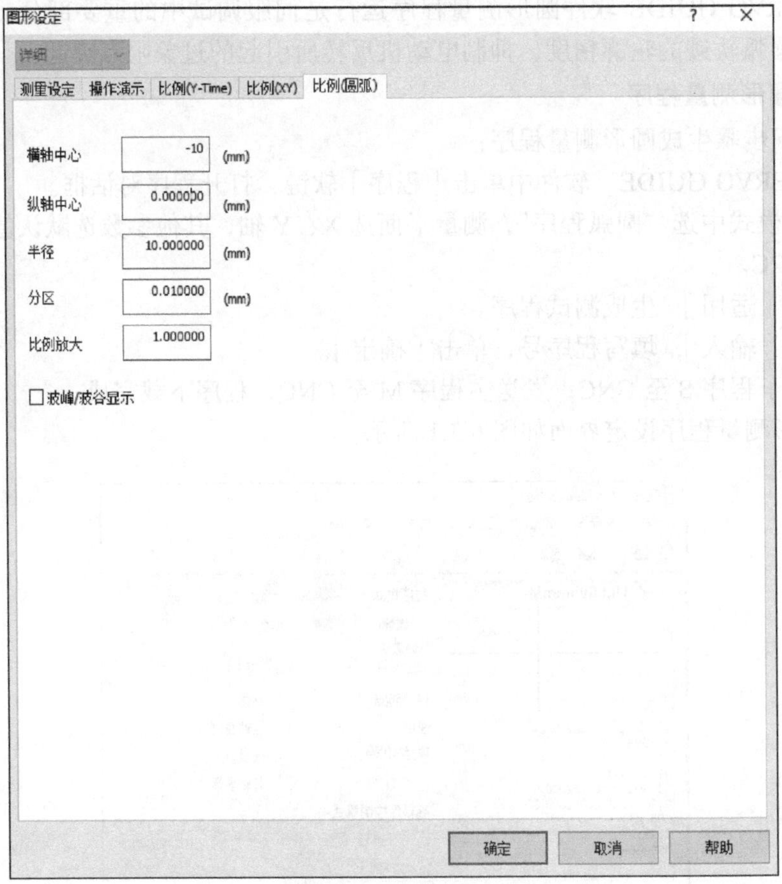

图 6.3.2　圆弧比例设定

3.圆形形状测量

按照以下步骤进行圆形精度测量：

1）启动软件运行。在图形界面下快捷菜单栏有原点图标和启动运行图标，如图 6.3.3 所示。依次单击原点图标，单击启动运行图标，SERVO GUIDE 软件便处于等待 NC 程序运行状态。

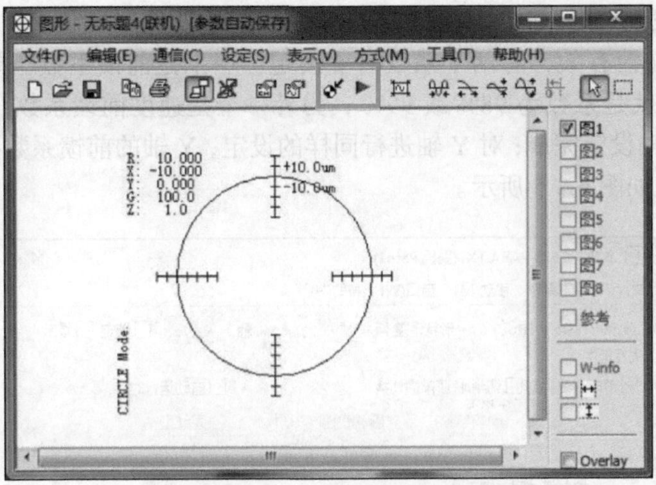

图 6.3.3 原点图标和启动运行图标

2）按下机床操作面板循环启动按键，机床运行测量程序，软件图形界面得到机床圆弧轨迹，图形显示相对于标准的指令圆，实际圆形在形状上存在精度误差，在过象限处存在凸起，软件检测到的圆形精度如图 6.3.4 所示。

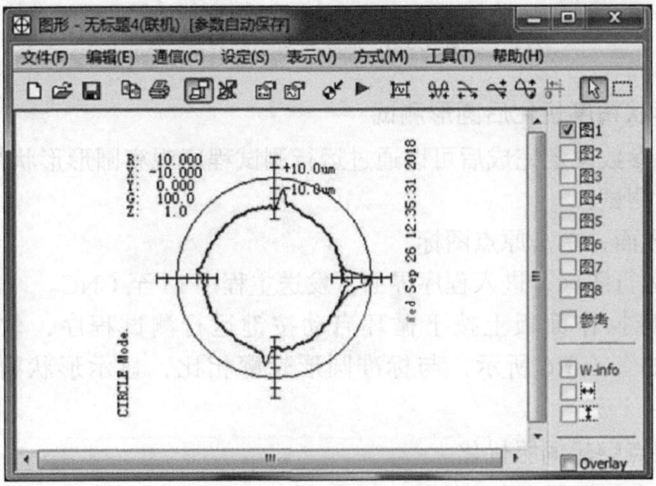

图 6.3.4 检测到的圆形精度

如果形状误差超差了，可以尝试通过参数调整进行优化；如果测试图形需要保存，单击文件进行保存即可。

二、基于 SERVO GUIDE 软件提高圆形精度伺服优化

1. 提高圆形形状精度伺服优化

按照以下步骤进行圆形形状误差消除参数优化：

1）在 SERVO GUIDE 软件界面单击［参数］，进入参数界面。

2）形状误差消除参数设定。除了常规的加减速时间常数、位置增益进行调整外，在

参数分类菜单中找到“形状误差消除”选项，系统前馈功能对形状误差抑制有很大帮助。选择 X 轴 – 勾选前馈有效，有两个系数需要设定：一个是前馈系数，单位是 0.01%，输入 9800 或 9900，就是系数为 98% 或 99%；另外一个是速度前馈系数，单位为 %，设定为 100 ～ 150，X 轴设定完成；对 Y 轴进行同样的设定，Y 轴的前馈系数必须和 X 轴相同。形状误差消除设定如图 6.3.5 所示。

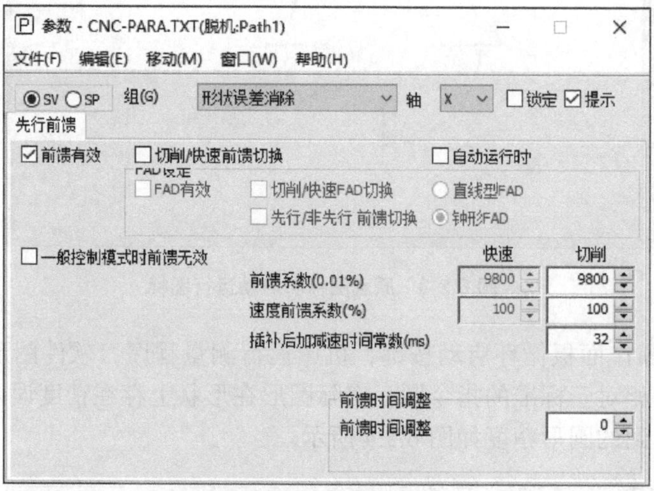

图 6.3.5　形状误差消除设定

2. 提高圆形形状精度优化后圆形测试

形状误差消除参数设定完成后可以通过运行测试程序观察圆形形状精度的变化，按照以下步骤进行圆形测试：

1）进入图形界面，单击原点图标。

2）单击启动运行图标，进入程序界面，发送主程序 M 至 CNC。

3）在数控机床操作面板上按下循环启动按键运行测试程序，软件图形界面得到圆弧轨迹形状，如图 6.3.6 所示，与标准圆形轮廓相比，显示形状精度得到了很好的改善。

3. 抑制过象限点突起伺服优化

按照以下步骤进行抑制过象限点突起参数优化：

1）进入参数界面，在参数分类菜单中选择“背隙加速”功能。

2）如果是抑制 Y 方向的突起，则选择 Y 轴（突起方向），勾选反向间隙加速有效；如果机床已经使用了反向间隙补偿，此时取消反向间隙补偿，设定最小值为 1。

3）反向间隙加速度（对应参数号 2048），根据图形的突起程度进行设定，本处设定为 300。

4）加速时间设定为 20ms，这是标准参数。

Y 轴抑制过象限点突起参数设定如图 6.3.7 所示。

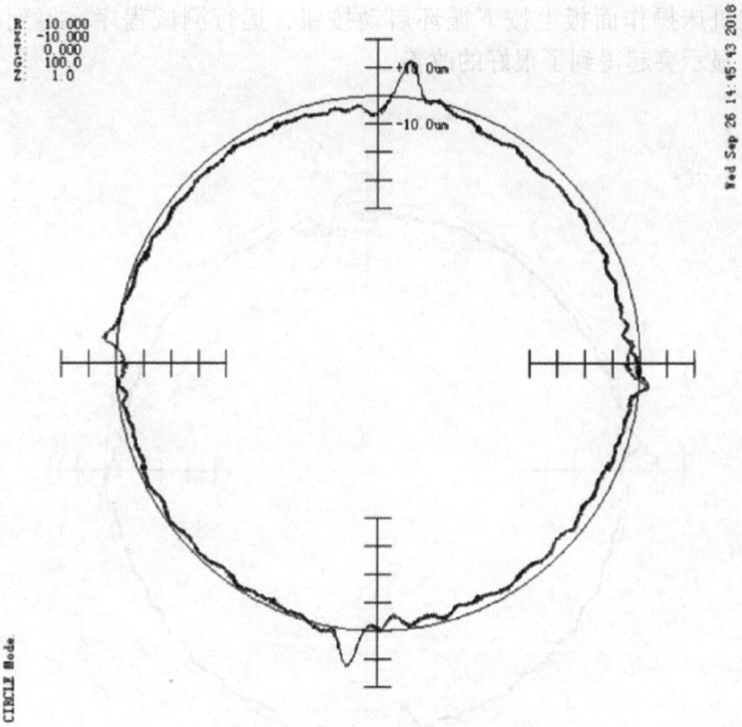

图 6.3.6 前馈调整后的圆弧形状

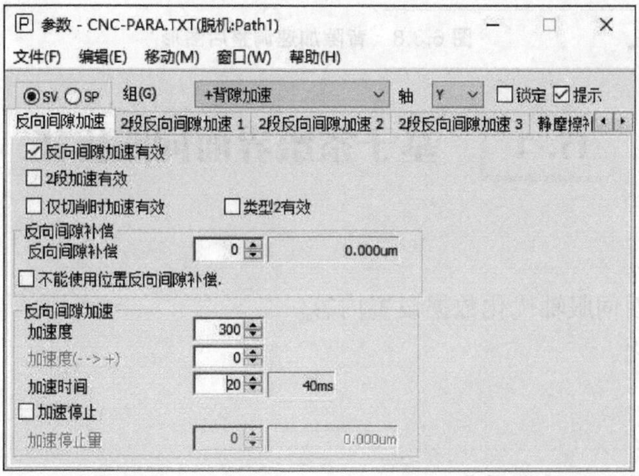

图 6.3.7 Y 轴抑制过象限点突起参数设定

4. 抑制过象限突起优化后圆形测试

参数设置完成后可以通过运行测试程序观察过象限突起形状变化，按照以下步骤进行圆形测试：

1）进入图形界面，单击原点图标。

2）单击启动运行图标，进入程序界面，发送主程序 M 至 CNC。

3）在数控机床操作面板上按下循环启动按钮，运行测试程序，得到圆弧轨迹，如图 6.3.8 所示，显示突起得到了很好的改善。

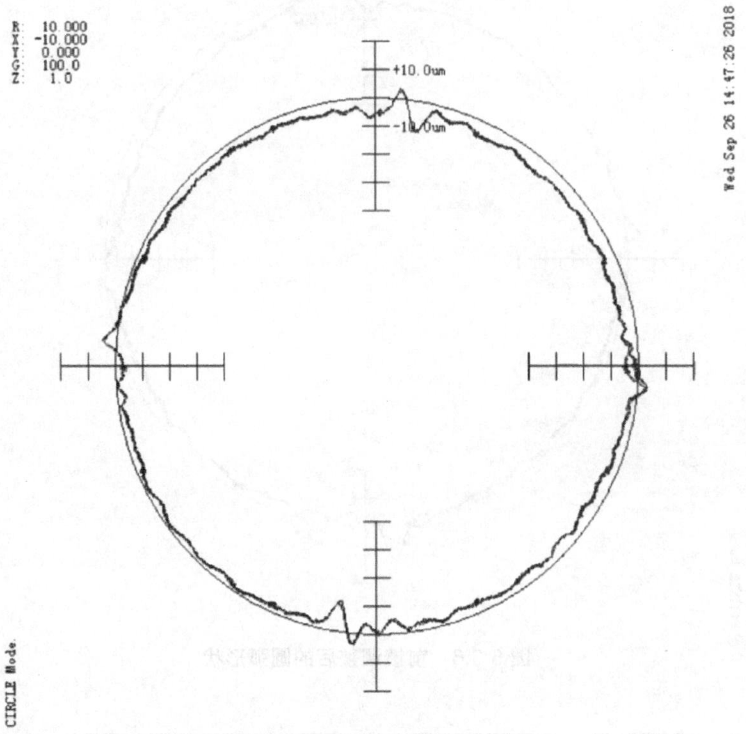

图 6.3.8　背隙加速调整后图形

6.4　基于系统界面伺服优化

学习内容

1. 基于系统界面伺服轴优化数据设置内容。
2. 圆形伺服优化。

重点和难点

圆形伺服优化设定与数据采集。

06.4 基于系统画面伺服优化

建议学时

4 学时

相关知识

SERVO GUIDE MATE 是 Fanuc 0i–F 系列新增功能，可在 NC 界面上以图形形式显示与伺服电动机或主轴电动机相关的各类数据。由此可以简单测量机床精度并可以分析由于时间变化、地面震动和机床的冲击而引起的精度变化。

一、基于系统界面伺服轴优化数据设置内容

1. 数据采集数量设置

SERVO GUIDE MATE 一次最多可采集 4 组数据，每组数据最多包含 10000 个采样点。

2. 图形描绘方式选择

数控系统伺服引导共有 5 种图形描绘方式，分别是 Y–Time 图形方式、XY 图形方式、Circle 图形方式、Fourier 图形方式和 Bode 图形方式。

3. 图形描绘相关数据设定界面

描绘图形前需要在“通道设定”“运算 & 图形”“缩放（圆弧）”“测量设定”界面进行相关数据设定。

二、圆形伺服优化

1. 进入通道设定界面

1）按几次【 SYSTEM 】功能键，找到［伺服引导］软键，如图 6.4.1 所示。

图 6.4.1 ［伺服引导］软键

2）单击［伺服引导］软键，进入伺服引导界面，如图 6.4.2 所示。

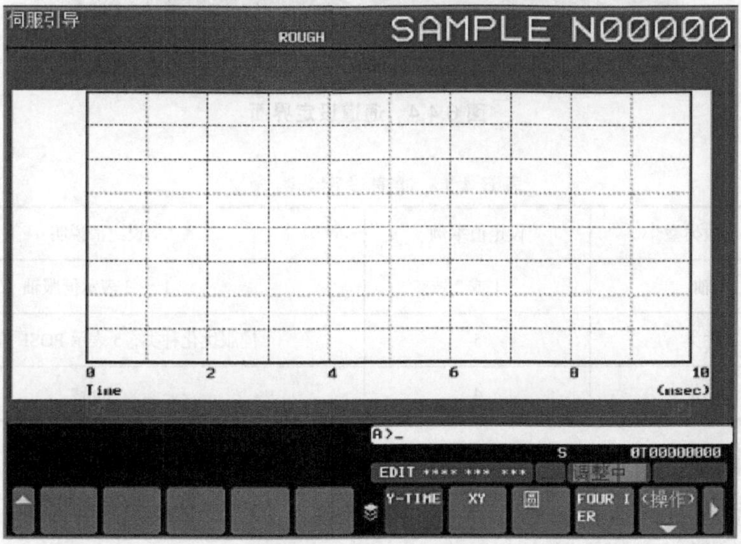

图 6.4.2 伺服引导界面

3）进入通道设定界面。按照［操作］→［测量］→［取数］→［通道设定］顺序操作，进入通道设定界面。进入通道设定界面如图 6.4.3 所示。

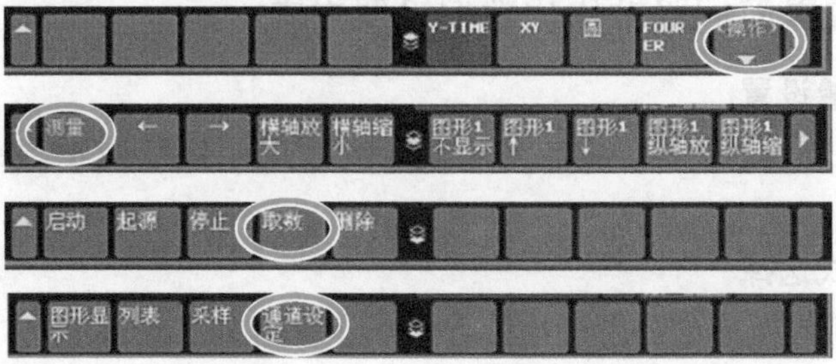

图 6.4.3　进入通道设定界面

2.通道设定

单击［通道设定］软键，通道设定界面如图 6.4.4 所示，主要参数含义见表 6.4.1。

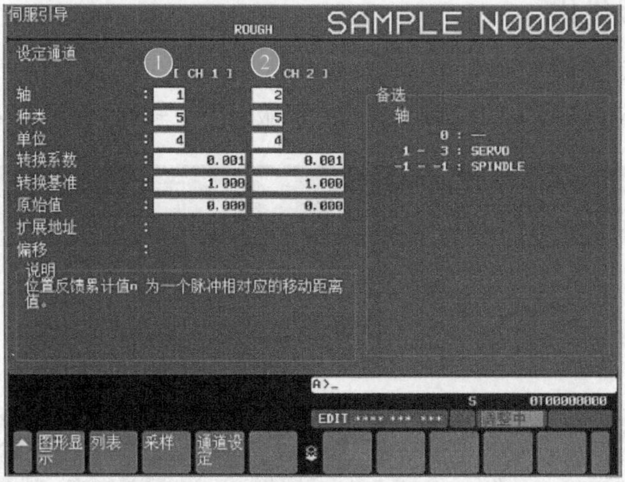

图 6.4.4　通道设定界面

表 6.4.1　通道设定参数含义

序号	参数类型	设定值举例	设定值说明
1	轴	1 或 2	1～3 表示伺服轴
2	种类	5	伺服优化种类，5 表示 POSF 位置反馈
3	单位	4	mm

3. 运算 & 图形设定

按向下翻页键进入运算 & 图形界面，进行图形方式（CIRCLE）设置，如图 6.4.5 所示，运算 & 图形界面主要参数含义见表 6.4.2。

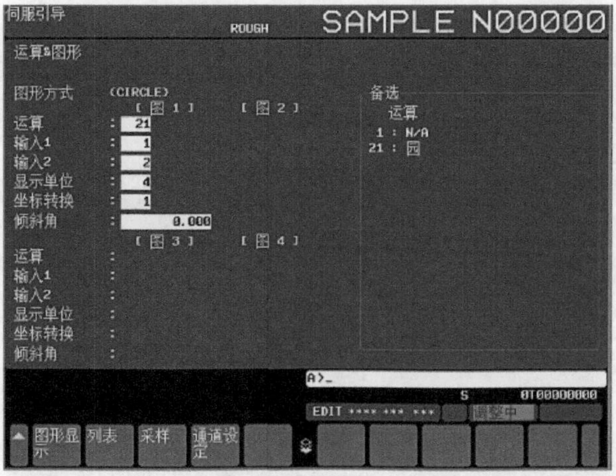

图 6.4.5　运算 & 图形设定

表 6.4.2　运算 & 图形设定参数含义

序号	参数类型	设定值举例	设定值说明
1	运算	21	圆形
2	输入 1	1	表示 X 轴
3	输入 2	2	表示 Y 轴
4	显示单位	4	单位 mm
5	坐标转换	1	常规直角坐标

4.缩放（圆弧）设定

继续按向下翻页键进入“缩放（圆弧）”设定界面，进行圆弧参数设置，如图 6.4.6 所示，其中中心 - 横轴设为 -10，半径设定为 10mm，刻度为 0.005。

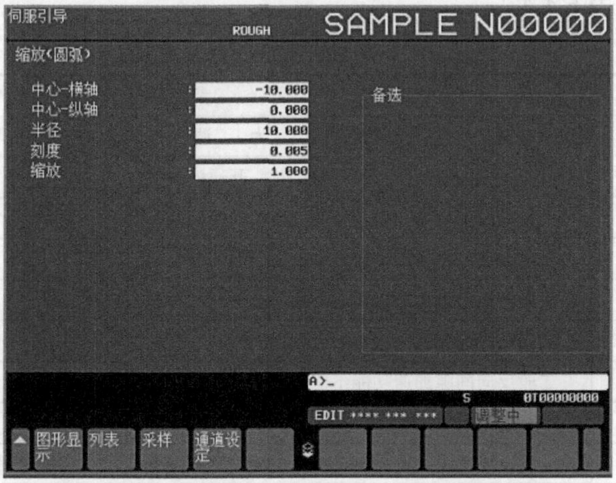

图 6.4.6　缩放（圆弧）设定

5. 测量设定

继续按向下翻页键进入“测量设定”界面，如图 6.4.7 所示，测量设定界面主要参数含义见表 6.4.3。

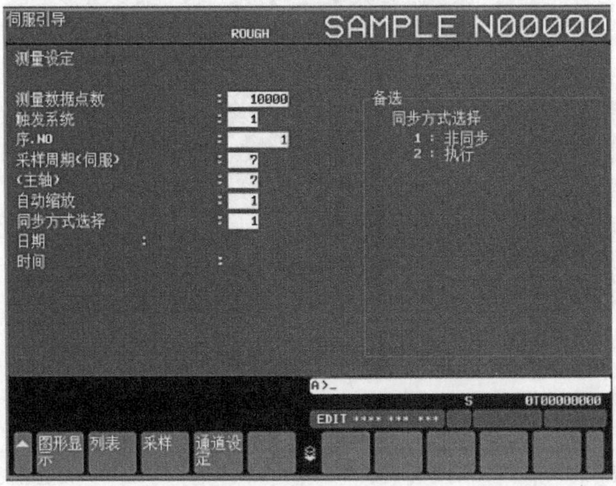

图 6.4.7　测量设定

表 6.4.3　测量设定参数含义

序号	参数类型	设定值举例	设定值说明
1	测量数据点数	10000	采集数据点数
2	触发系统	1	路径设置为 PATH1
3	序 .NO	1	测试程序中顺序号 N1
4	采样周期（伺服）	7	采样周期为 7ms

6. 系统参数设置

系统参数设置见表 6.4.4。

表 6.4.4　伺服优化系统参数设置

参数号	设定值	参数含义
P.1851	1	反向间隙补偿值，圆弧调试设定为 1，调试完成后，恢复为实际值
P.2003#5	1	反向间隙加速功能，设定为 1 时，开通该功能
P.2006#0	0	反向间隙补偿功能是否有效，通常设定为 0
P.2009#7	1	反向加速停止功能，通常设定为 1
P.2009#6	1	反向间隙加工功能仅切削有效（前馈）
P.2223#7	1	反向间隙加工功能仅切削有效（G01）
P.2015#6	0	二段反向间隙加速功能不使用
P.2082	5	停止距离设定（如果检测单位为 0.1μm，设定为 50）
P.2048	50	一段反向间隙加速（P.2094 为 0 时，该参数适用于“+ 到 -”和“- 到 +”）
P.2094	0	一段反向间隙加速（“- 到 +”）
P.2071	20	一段反向间隙加速有效时间

7. 测试程序编写

测试程序如下：

```
OXXXX 程序号
G91G94
N1
N2G05.1Q1
G05.4Q1
G17G02I-10.000F2000.000
G17G02I-10.000F2000.000
G05.4Q0
G05.1Q0
G04X1.
N999G04X1.
M30
```

程序中 G05.1Q1/Q0 为启动 / 关闭 AI 轮廓控制方式；G05.4Q1/Q0 是开启 / 关闭高速功能。

8. 测试程序运行准备

在数控系统编辑好测试程序，将模式切换到自动，如图 6.4.8 所示。

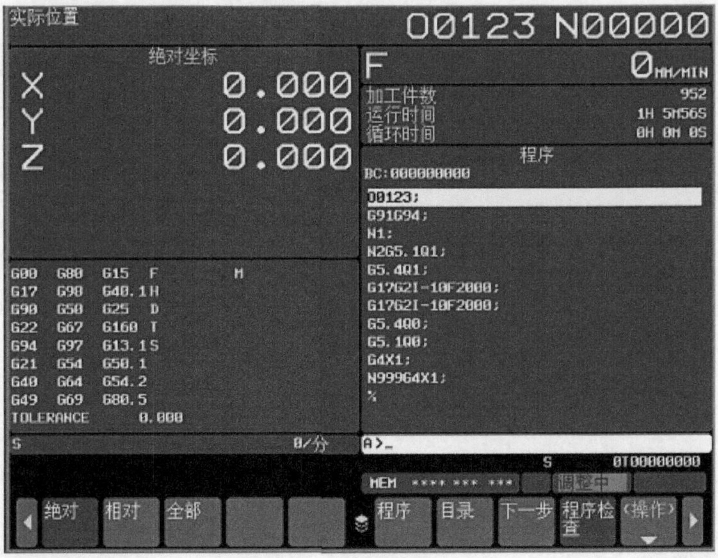

图 6.4.8　测试程序运行准备

9. 数据采集准备

按照以下操作进入数控系统数据采集状态：

[伺服引导] → [圆] → [（操作）] → [测量] → [起源] → [启动]，表示伺服数据采集开始，等待数控系统运行测试程序。

10. 数据采集

数控机床操作面板执行循环启动，数控系统采集数据完成，所形成的圆形如图 6.4.9 所示。

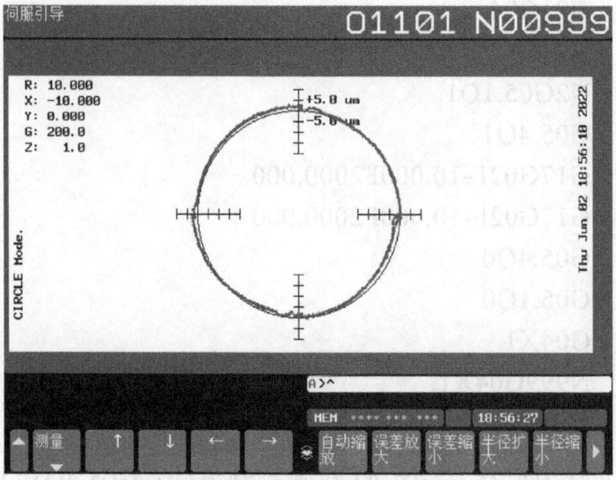

图 6.4.9　测试程序形成的圆形

项目 7 PC 与 CNC 互联互通

项目引入

通过程序传输工具软件，实现加工程序和机床数据的双向传递。

项目目标

程序传输工具软件安装与应用。

学习目标

1. 掌握程序传输工具软件安装方法。
2. 掌握程序传输工具软件注册方法。
3. 能够进行 NC 与 PC 连接设定。
4. 能够进行数据双向传送。

重点和难点

CNC 与 PC 连接设定。

07 程序传输工具安装与应用

建议学时

2 学时

相关知识

程序传输工具（FANUC PROGRAM TRANSFER TOOL）可以实现计算机与数控系统 CNC 之间程序和数据互传，可传递的内容包括加工程序、刀具信息和宏变量等。在计算机上安装程序传输工具软件之后，用以太网将计算机与数控系统连接，设定好双方的网路地址，建立计算机和数控系统的通信关系。计算机与 CNC 系统通信连接示意图如图 7.1 所示。

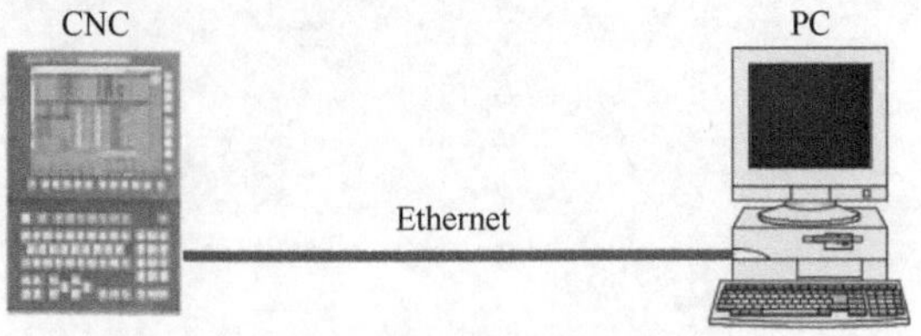

图 7.1　CNC 与 PC 通过以太网连接

一、软件安装

按照以下步骤进行软件安装：

1）在 PC 上找到程序传输软件存放位置，打开软件安装包，如图 7.2 所示。

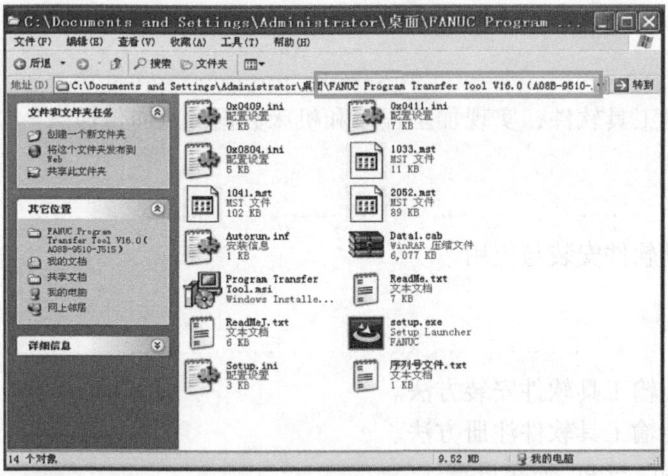

图 7.2　程序传输软件安装包

2）双击“setup.exe”文件，启动软件安装，如图 7.3 所示。

图 7.3　启动软件安装

3）选择“我接受该许可证协议中的条款”，并继续下一步，如图 7.4 所示。

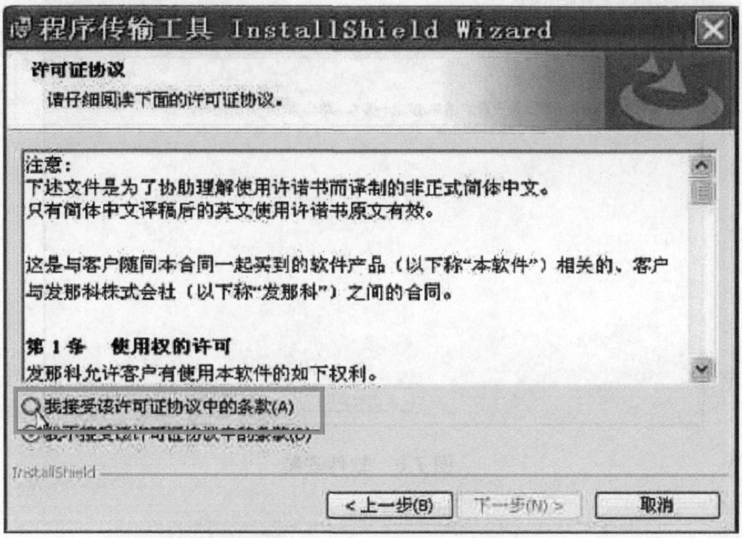

图 7.4　接受许可证协议条款

4）选择文件安装路径，如图 7.5 所示。

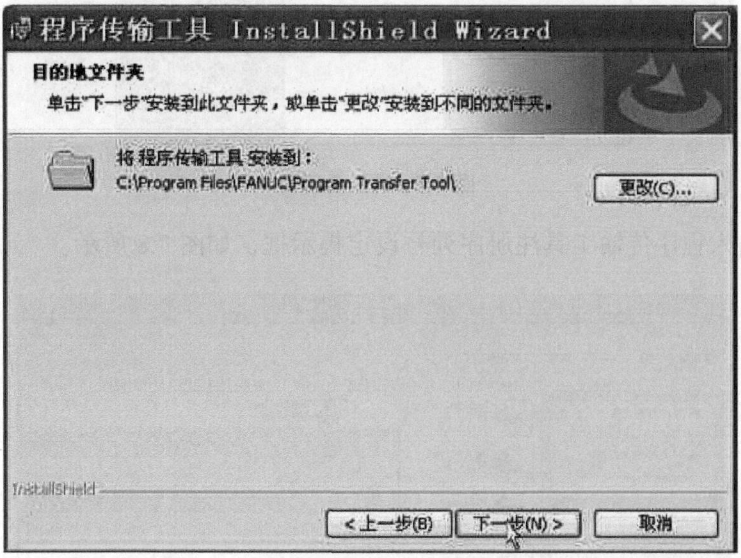

图 7.5　选择文件安装路径

5）单击“安装”，软件开始安装，直至软件安装完成，如图 7.6 所示。

二、软件注册

按照以下步骤进行软件注册：

1）在计算机上按照“开始→程序传输工具”路径，找到并进入“会话设定”，如图 7.7 所示。

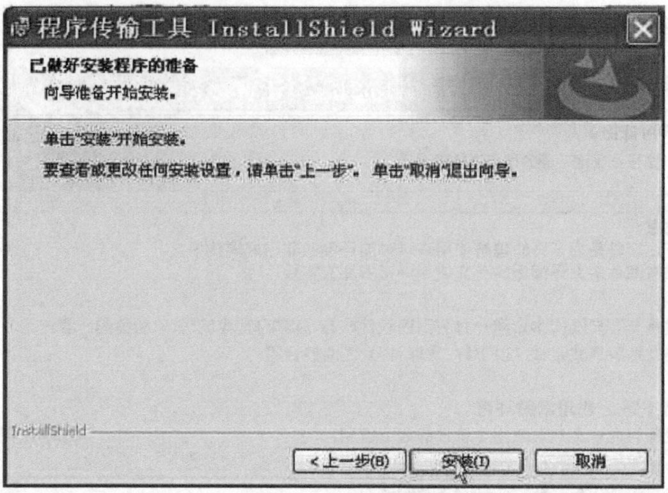

图 7.6　软件安装

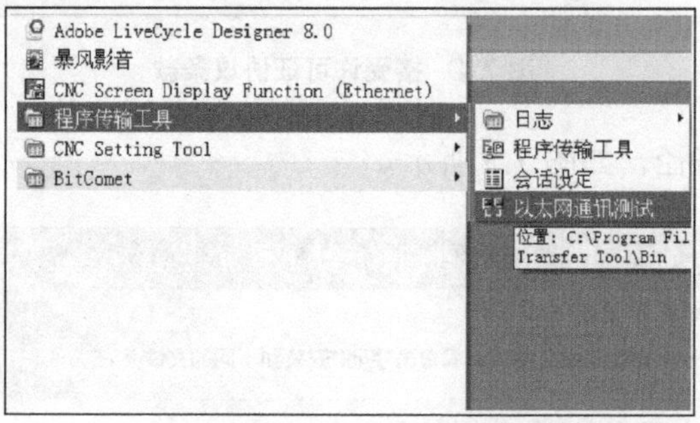

图 7.7　进入会话设定

2）弹出输入程序传输工具注册序列号设定提示框，如图 7.8 所示。

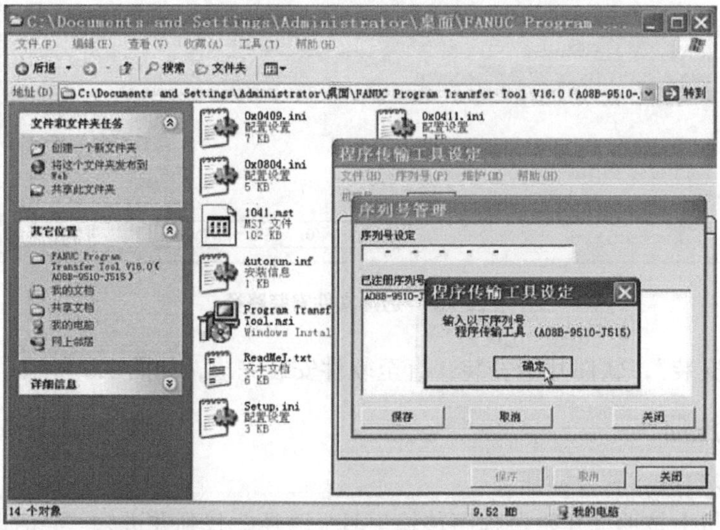

图 7.8　输入程序传输工具注册序列号设定提示框

3）在程序传输工具安装包文件夹下找到序列号文件（扩展名为 txt），打开并复制文件里的序列号，如图 7.9 所示。

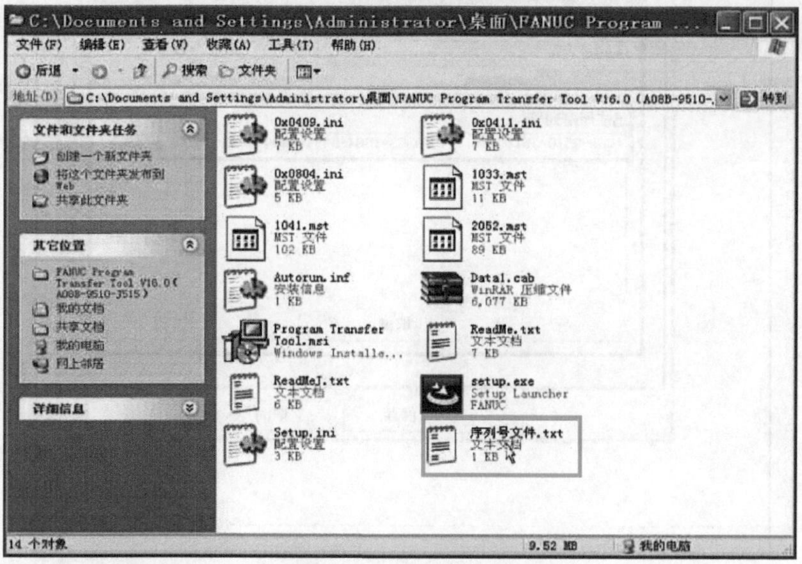

图 7.9　序列号文件

4）将序列号复制到序列号管理器设置框里，如图 7.10 所示，单击“保存”，此时软件注册成功，如图 7.11 所示。

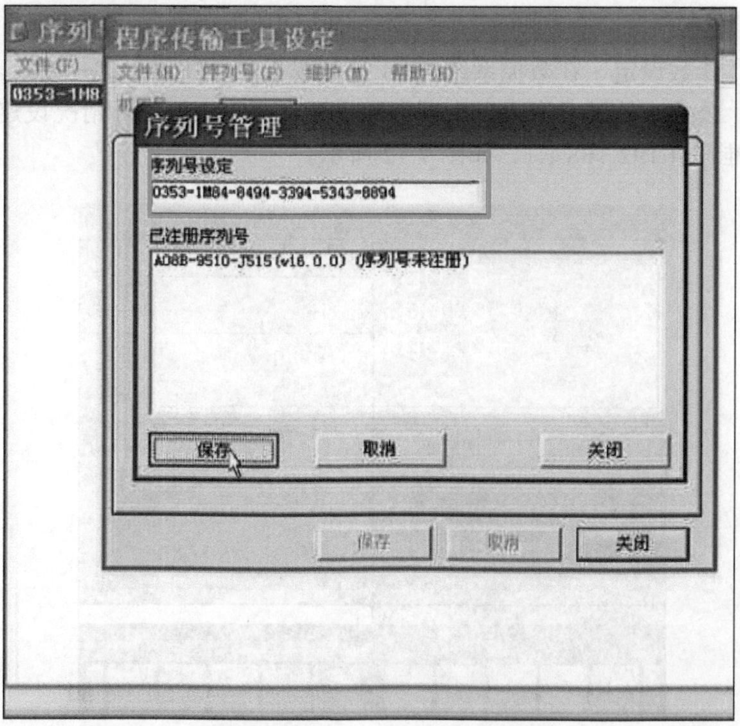

图 7.10　序列号管理器添加序列号

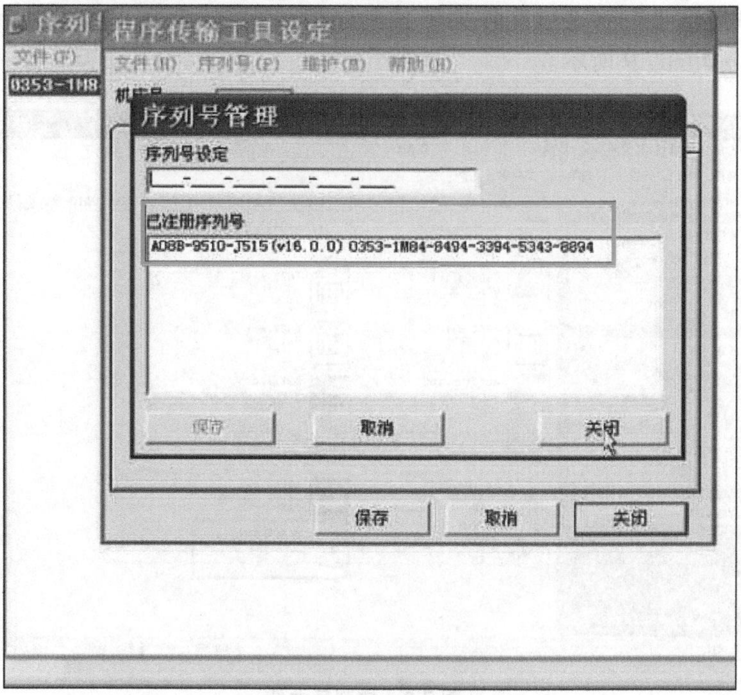

图 7.11　软件注册成功

三、CNC 与 PC 连接设定

1. CNC 侧设定

（1）［公共］参数设定　在数控系统 MDI 键盘按【SYSTEM】键→按［>］软键→［内藏口］软键→［公共］软键，进入以太网参数设置界面，根据实际情况设定 CNC 的 IP 地址，通常使用推荐值 192.168.1.1，如图 7.12 所示。

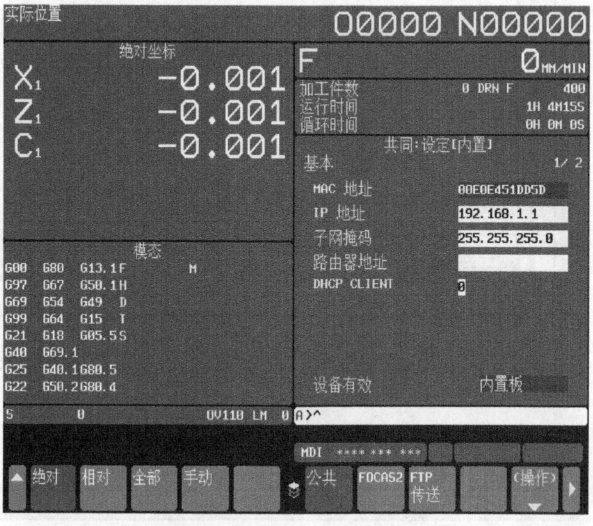

图 7.12　［公共］参数设定

（2）[FOCAS2] 参数设定　按软键 [FOCAS2]，进入 FOCAS2 参数设定界面，用于设定 TCP、UDP 端口和时间间隔。通常 TCP 端口设定为 8193，UDP 端口设定为 8192，时间间隔可根据实际需要设定，一般来说设定 10s 即可。如图 7.13 所示。

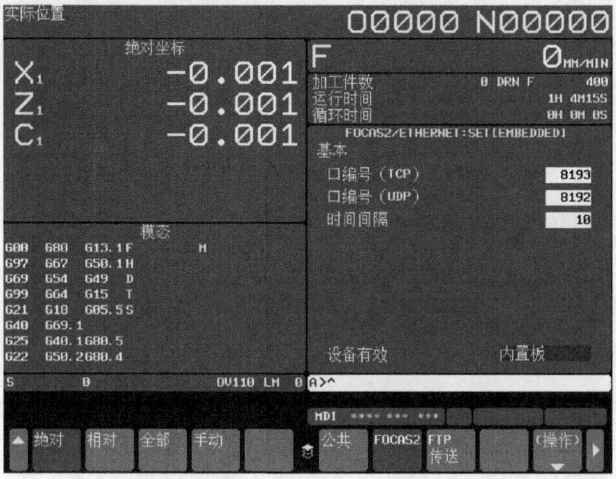

图 7.13 [FOCAS2] 参数设定

（3）PLC 在线功能设定　按【SYSTEM】键→ [>] 软键→ [PMC 配置] 软键→ [在线] 软键，进入在线监测参数设定界面，将高速接口选择使用，参数设定如图 7.14 所示。

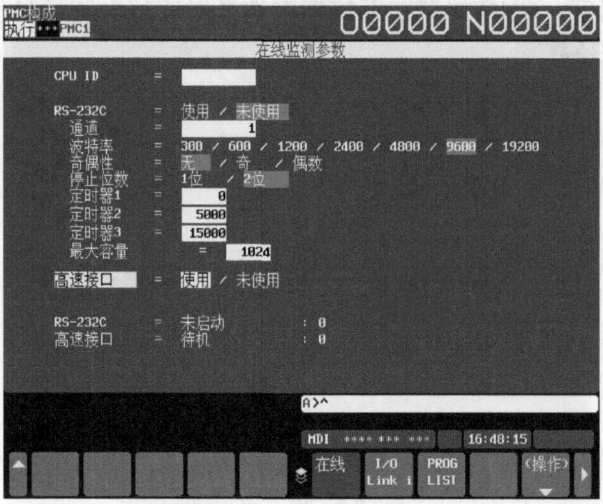

图 7.14 [在线] 功能设定

2. PC 侧设定

PC 侧 IP 地址与 CNC 侧 IP 地址设定要遵循以下原则：IP 地址设定前三位必须一致，最后一位必须不同。例如 CNC 侧的 IP 地址设定为 192.168.1.1，则 PC 侧 IP 地址设定 192.168.1.2，子网掩码的设定 PC 侧和 NC 侧的设定必须一致，其他数值在 PC 侧可以自动生成。PC 侧 IP 地址设定如图 7.15 所示。

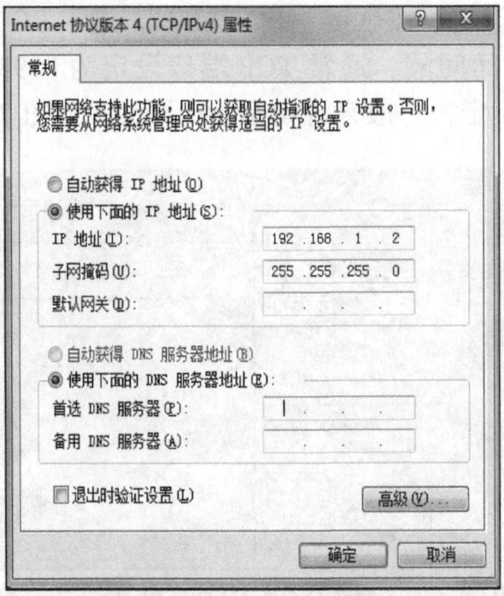

图 7.15　PC 侧 IP 地址设定

3. 程序传输工具软件设定

打开软件列表中的“会话设定”，分别填写机床信息、程序存储器、数据服务器和显示选项卡中的内容。

（1）机床信息设定　机床信息选项卡界面设定如图 7.16 所示，机床名可以任意填写，代表所连接的机床名字；CNC 类型在下拉框中选择对应的系统型号；根据系统情况，在下拉框中选择控制路径数。

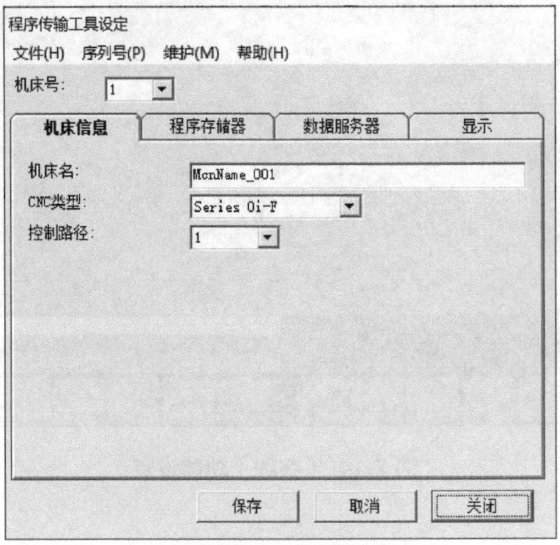

图 7.16　机床信息设定

（2）程序存储器设定　程序存储器选项卡界面设定如图 7.17 所示，网络类型选择内置以太网，IP 地址、TCP 端口号和通信超时按照 CNC 中的设置内容填写，程序号位数需要根据系统情况而定。

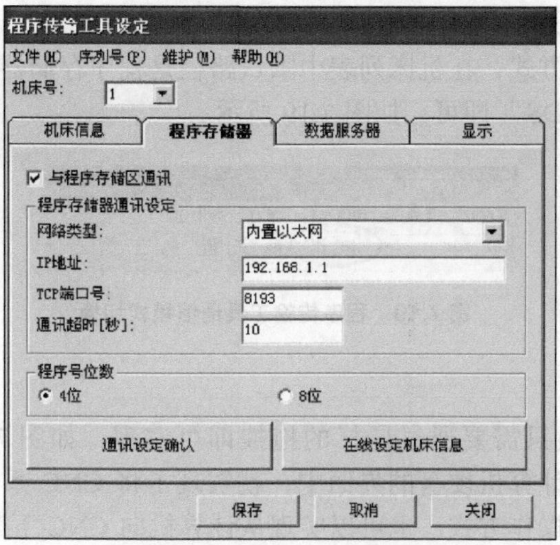

图 7.17 程序存储器设定

(3) 数据服务器设定 如果使用以太网功能，不需要进行数据服务器选项卡信息设定；如果有数据服务器功能，则必须进行相关设定。

四、数据传送

1. 程序传输工具界面认识

(1) 程序传输工具界面 打开程序传输工具，界面如图 7.18 所示，界面的上半部分是计算机内文件列表，下半部分是机床的 CNC 系统内容列表。在所连接的机床列表中，001 是设定的机床名称，001.001 存放的是 CNC 的程序文件，DATA 中存放的是刀具信息等数据文件。

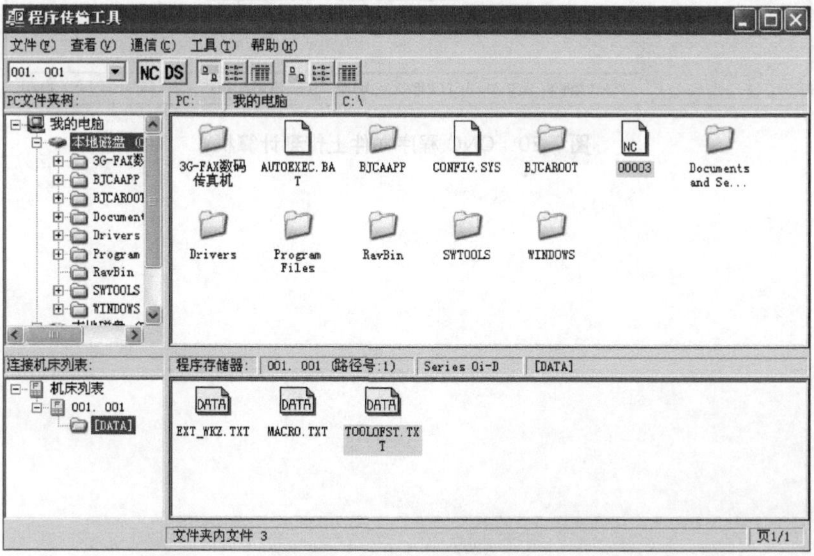

图 7.18 程序传输工具界面

（2）程序传输工具通信模式切换　程序传输工具栏中“NC”代表程序存储器方式，“DS”代表数据服务器方式，在机床列表中默认路径是程序存储器，如果想进入数据服务器，在工具栏中选择“DS”即可，如图 7.19 所示。

图 7.19　程序传输工具通信模式切换

2. 数据上传与下载

程序和数据的传输只需要通过鼠标的拖拽即可实现，如图 7.20 所示，用鼠标选中 00003 程序文件，拽到计算机硬盘的界面中，就实现了将 CNC 系统中的程序文件上传到计算机的过程，同样的操作方式，也可以实现从计算机向 CNC 下载文件。

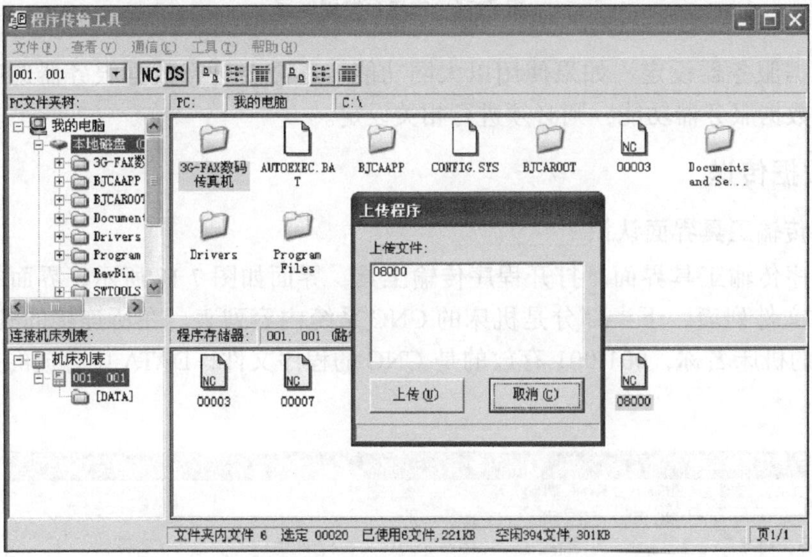

图 7.20　CNC 程序文件上传到计算机

项目 8 测头安装与应用

项目引入

通过测头安装、对中调整与标定，实现数控机床工件在线测量。

项目目标

1. 掌握测头组件安装与调整方法。
2. 掌握测头校正与测量应用。

8.1 测头组件安装与调整

学习内容

1. 掌握测头的作用与类型。
2. 掌握测头接收器连接。
3.掌握测头安装与对中调整。
4. 掌握测头 PLC 程序编写及参数设定。
5. 掌握测头功能验证。

重点和难点

测头接收器连接与对中调整。

08 测头安装与应用

建议学时

4 学时

相关知识

一、测头的作用与类型

1. 测头的作用

机床测头是一种配置在数控机床上的测量设备，能自动识别机床精度误差，自动补偿机床精度，能够自动进行工件分中、寻边、测量、坐标系修正、刀补建立等检测项目；对于大型复杂零件可以在数控机床上直接进行曲面测量，提升机床的加工能力和加工精度。

以雷尼绍测头为例，测头组件由工件测头和测头接收器两部分组成，如图 8.1.1 所示，如果在加工中心上使用测头，工件测头通过专用刀柄安装在机床主轴上，测头接收器安装在数控机床控制柜上。

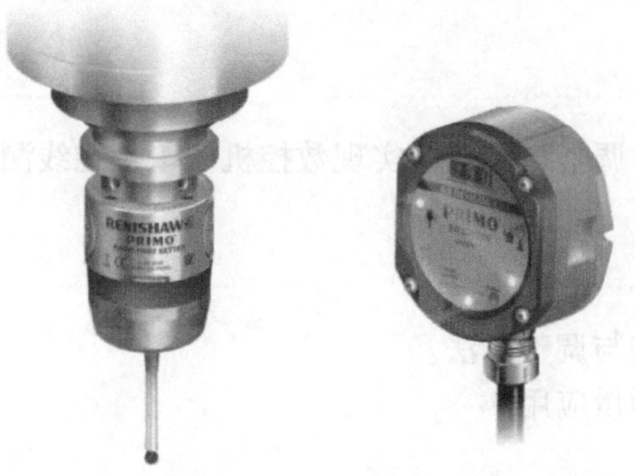

a) 工件测头　　b) 测头接收器

图 8.1.1　测头组件组成

2. 测头的类型

（1）按照触发方式分类　按照测头触发方式不同，有两种类型，分别是：机械式测头，如图 8.1.2 所示；应变片式测头，如图 8.1.3 所示。

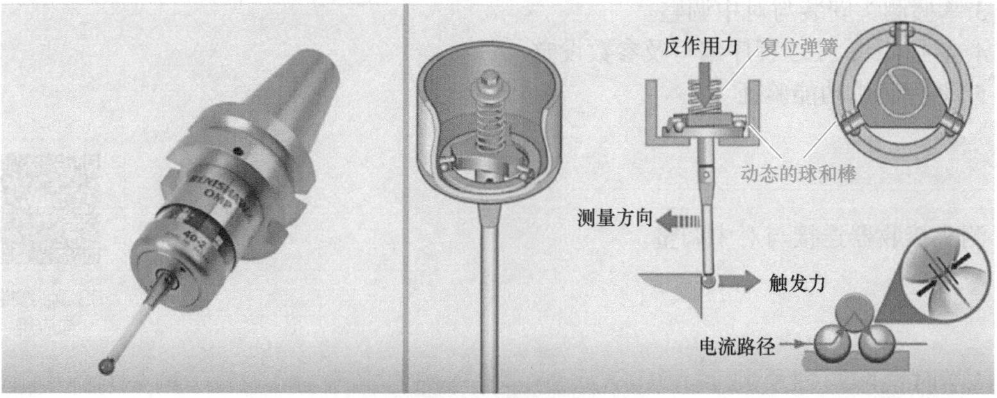

图 8.1.2　机械式测头

（2）按照信号传递方式分　按照测头和测头接收器信号传递方式不同，分为红外线测头及无线电测头两种。

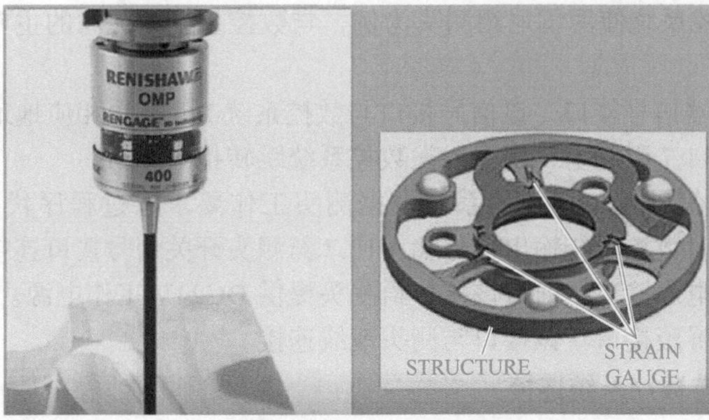

图 8.1.3 应变片式测头

（3）按照应用机床类型分　按照测头应用于不同类型数控机床，分为加工中心测头、车床测头、磨床测头、刀具测头（对刀仪）及扫描式机床测头等。

二、测头接收器连接

1. 测头接收器接口定义

测头通过测头接收器与数控系统进行数据传递，因此测头接收器必须和数控系统进行硬件连接。测头接收器接口定义如图 8.1.4 所示。

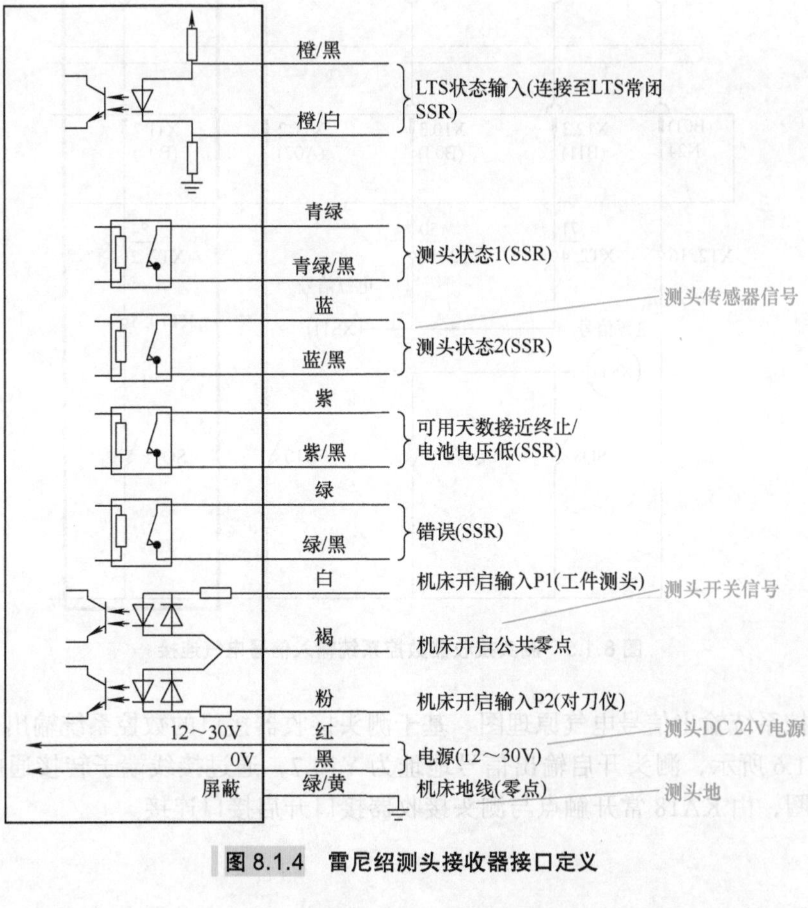

图 8.1.4 雷尼绍测头接收器接口定义

以 FANUC 数控系统使用雷尼绍测头为例，与数控系统相关联的主要包括以下 4 组信号接口：

（1）测头传感器信号接口　该信号接口与数控系统 I/O 模块相应地址引脚连接，如连接至输入地址为 X11.7 引脚上，用于触发数控系统跳转指令 G31。

（2）测头开关信号接口　数控系统根据测头工作要求通过程序代码如 M85/M86 启动、停止测头，此时数控系统输出信号如 Y10.7 与测头开关信号接口连接。

（3）测头工作电源接口　通过该接口给测头提供 DC24V 工作电源。

（4）测头信号屏蔽接口　该接口与测头地线连接。

2.测头接收器与数控系统连接

（1）数控系统输入信号电气原理图　基于测头接收器接口的数控系统输入信号电气连接图如图 8.1.5 所示，测头输入信号通过接线端子转接连接到数控系统 I/O 模块 CB106 地址为 X11.7 管脚上，测头输入信号地址为 X11.7。

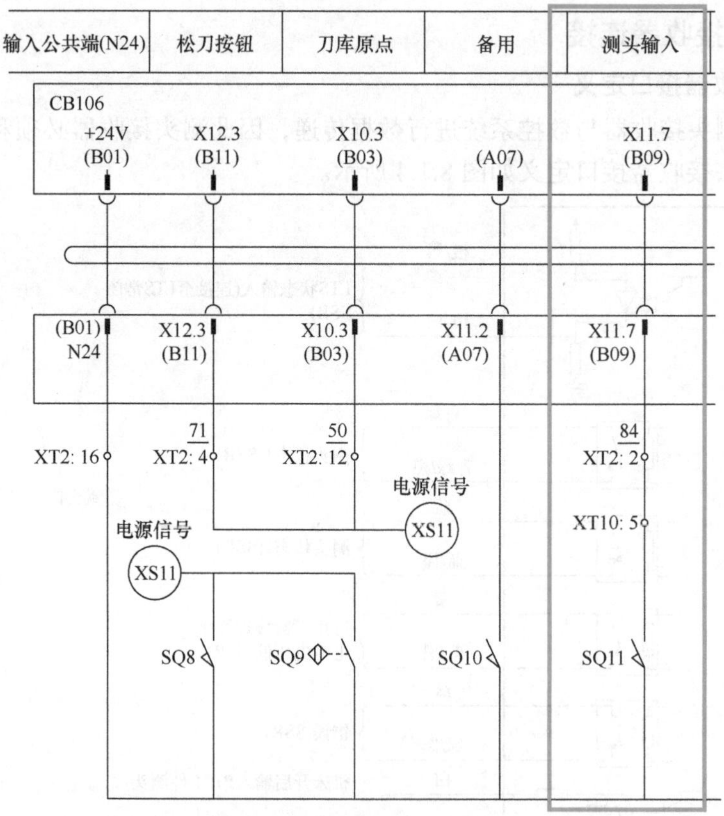

图 8.1.5　测头接收器数控系统输入信号电气连接

（2）数控系统输出信号电气原理图　基于测头接收器接口的数控系统输出信号电气连接图如图 8.1.6 所示，测头开启输出信号地址为 Y10.7，通过接线端子转接通电中间继电器 KA18 线圈，由 KA18 常开触点与测头接收器接口开启接口连接。

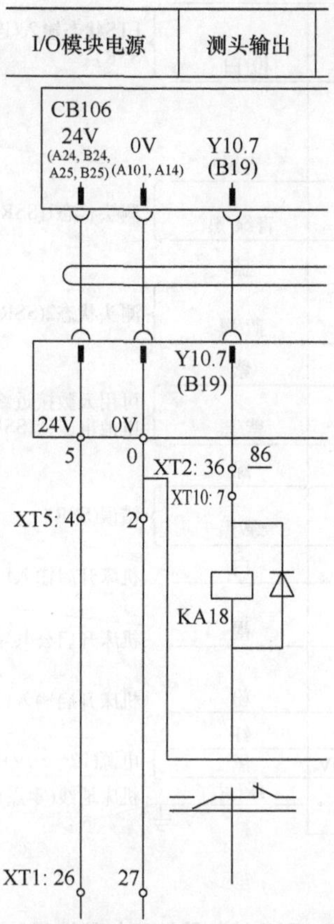

图 8.1.6 测头接收器数控系统输出信号电气连接

（3）测头接收器接口与数控系统综合连接　测头接收器接口与数控系统综合连接如图 8.1.7 所示，电气连接时请根据测头说明书标记的不同功能信号线颜色进行识别。

三、测头安装与对中调整

1.测头测针安装

测针安装分两步，首先将测针旋入到测头内的螺纹中，然后顺时针方向把测针锁紧，锁紧力矩控制在 1.8 ～ 2.2Nm 范围内。测针安装如图 8.1.8 所示。

2. 测头电池安装

雷尼绍测头使用 3.6V 的 AA 锂亚硫酰氯电池。按照以下步骤进行电池安装：

1）使用专用工具逆时针方向旋开并取出电池盒盖，如图 8.1.9 所示。

2）取出电池盒，并装入电池，安装时注意电池的正负极标识，如图 8.1.10 所示。

3）盖上电池盒盖，并用专用工具顺时针锁紧，如图 8.1.11 所示。

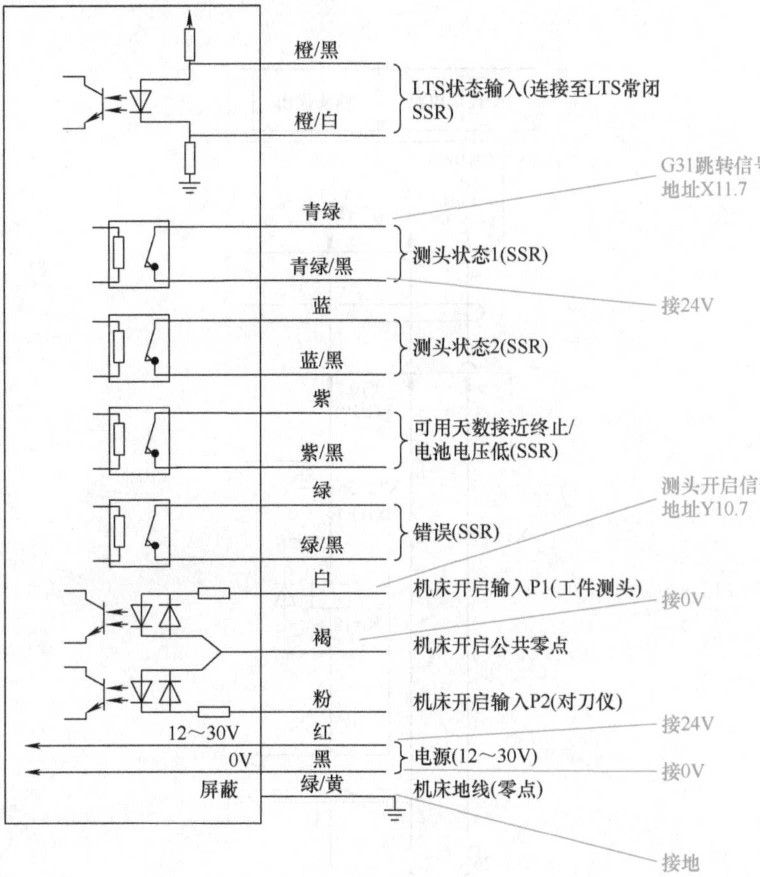

图 8.1.7 测头接收器接口与数控系统综合连接

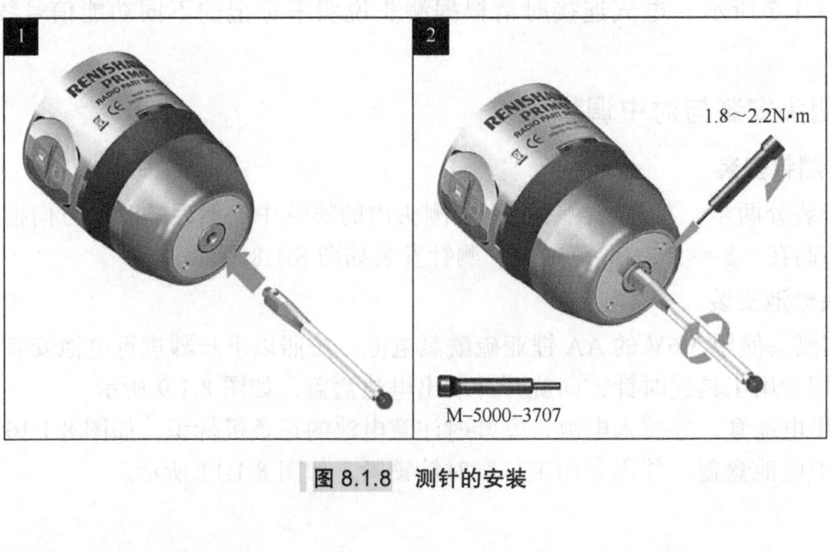

图 8.1.8 测针的安装

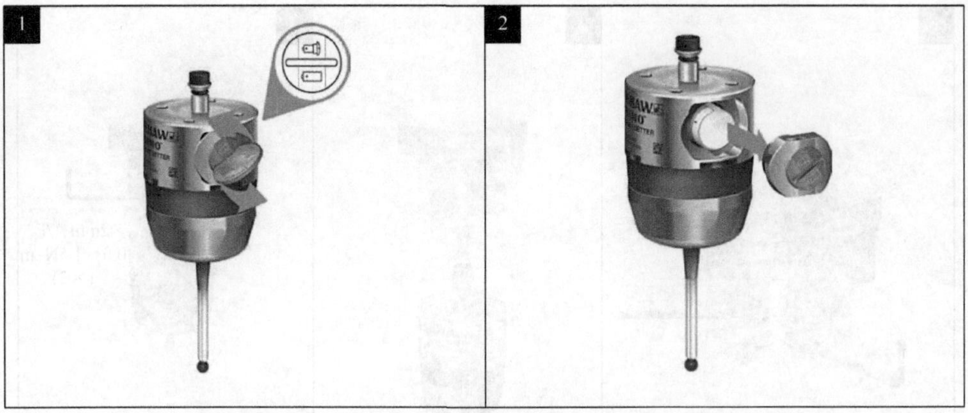

图 8.1.9 取下电池盒

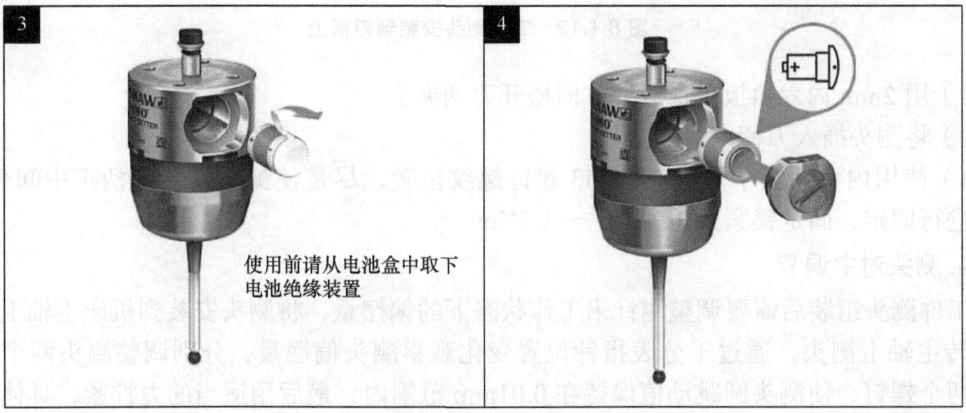

图 8.1.10 装入电池

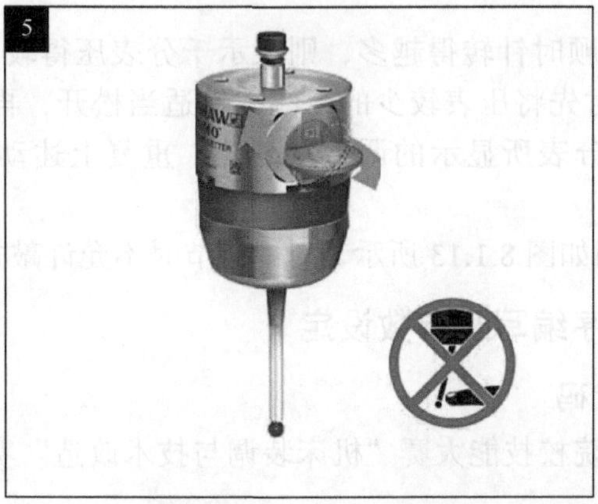

图 8.1.11 旋紧电池盒盖

3. 测头在刀柄上安装

按照以下步骤将工件测头安装到测头专用刀柄上，如图 8.1.12 所示。

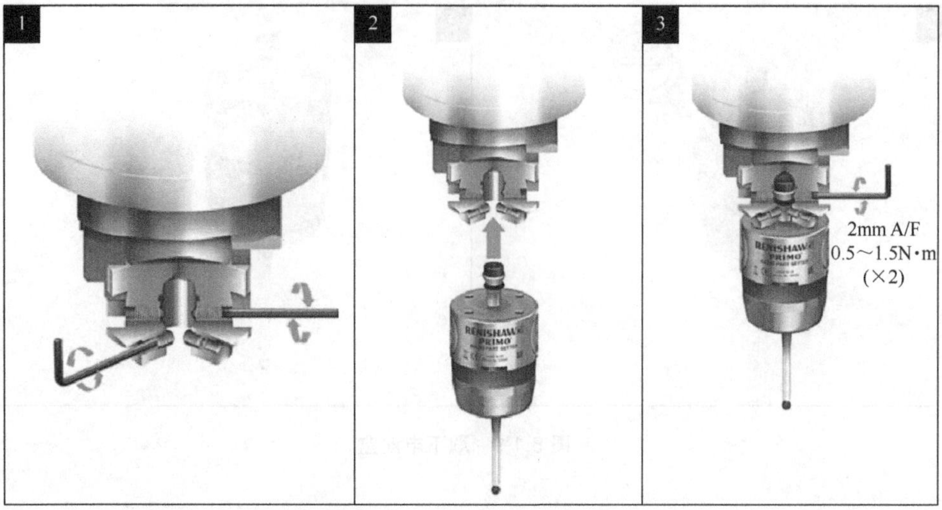

图 8.1.12　工件测头安装到刀柄上

1）用 2mm 内六角扳手逆时针方向松开刀柄夹头。

2）将测头插入刀柄内。

3）使用内六角扳手调节 2 个 M3 螺钉螺纹位置，尽量使测头处于刀柄正中间位置，然后进行固定，固定锁紧力矩为 0.5 ～ 1.5Nm。

4. 测头对中调节

工件测头组装后需要调整测针未工作状态下的偏摆量，将测头安装到机床主轴上，手动旋转主轴上测头，通过千分表指针位置变化观察测头偏摆量，分别调整测头两个方向上的两个螺钉，使测头圆跳动值保持在 0.01mm 范围内，最后用适当的力拧紧，具体步骤如下：

1）旋转安装测头的主轴，观察千分表压表数据变化，两边数据差值的一半即为调整量大小。

2）如果千分表表针顺时针转得越多，则表示千分表压得较多，该侧螺钉应往里紧，对侧螺钉往外松。调整时先将压表较少的一端螺钉适当松开，再将压表较多的一端螺钉顺时针向内拧，观察千分表所显示的调整量变化，重复上述动作，直到两边差值小于 0.01mm。

测头对中调节示意图如图 8.1.13 所示，对中调节时不允许敲打工件测头。

四、测头 PLC 程序编写及参数设定

1. 测头信号与程序代码

以 2022 年全国职业院校技能大赛“机床装调与技术改造”赛项设备为例，测头信号与程序代码如下：

1）测头输入跳转信号为 X11.7。

2）测头开关信号是 Y10.7。

3）测头启动程序代码是 M85。

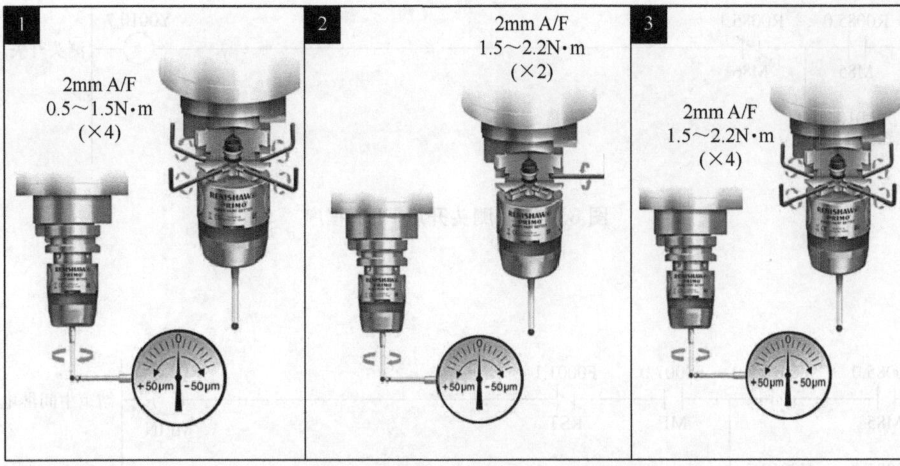

图 8.1.13 测头对中调节示意图

4）测头停止程序代码是 M86。

2. 测头 PLC 程序编写

（1）测头启动译码程序　将 M85、M86 作为测头开启和停止程序代码，通过二进制译码处理指令 SUB25 进行译码，译码后，M85 的译码地址为 R85.0，M86 的译码地址为 R85.1。M 代码译码 PLC 程序如图 8.1.14 所示。

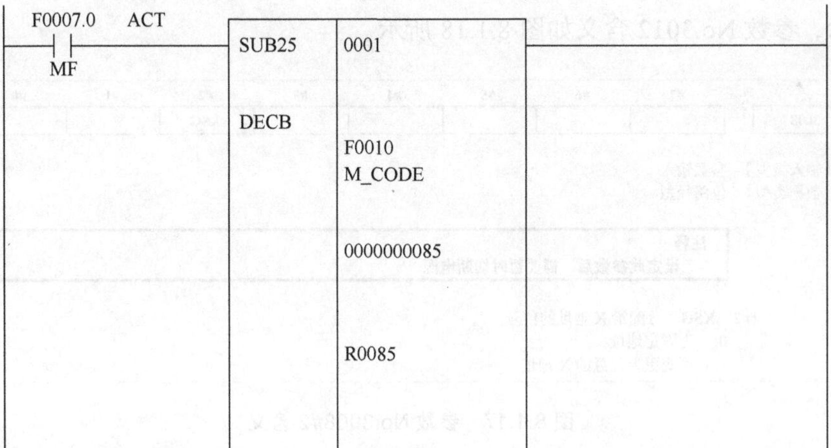

图 8.1.14 M85/M86 译码 PLC 程序

（2）测头开启程序　使用 M85 程序代码开启测头，使用 M86 程序代码关闭测头。测头开启 PLC 程序如图 8.1.15 所示。

（3）测头 M 代码结束程序　使 M85、M86 执行完成后需要编写 M 代码结束 PLC 程序，导通结束中继 R250.0 信号，进而导通结束信号 G4.3。测头 M 代码结束 PLC 程序如图 8.1.16 所示。

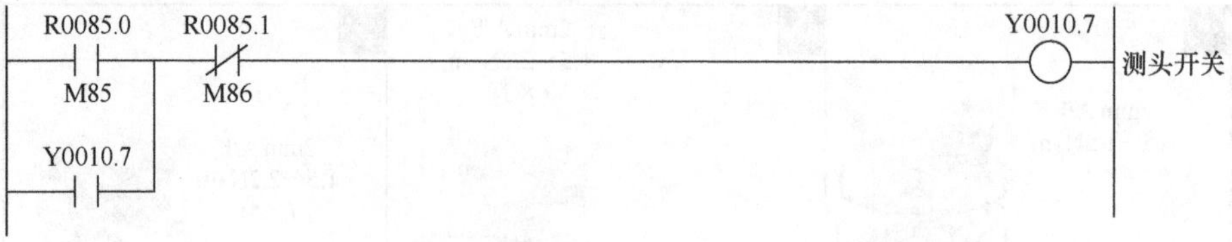

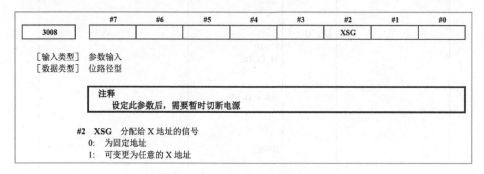

图 8.1.15　测头开启 PLC 程序

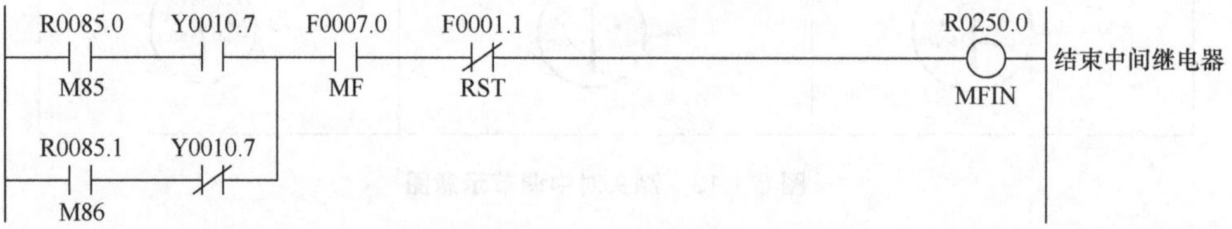

图 8.1.16　测头 M 代码结束 PLC 程序

3. 测头相关参数设置

X4.7 是 FANUC 数控系统默认接收测头输入信号地址，以实现 G31 跳转信号功能。如果测头触发信号没有接入固定地址 X4.7，例如接入 X11.7 地址，此时需要将参数 No.3012 设置为 11，且该参数在 No.3008#2 设置为 1 时有效。参数 No.3008#2 含义如图 8.1.17 所示，参数 No.3012 含义如图 8.1.18 所示。

	#7	#6	#5	#4	#3	#2	#1	#0
3008						XSG		

［输入类型］　参数输入
［数据类型］　位路径型

注释
设定此参数后，需要暂时切断电源

#2　XSG　分配给 X 地址的信号
0:　为固定地址
1:　可变更为任意的 X 地址

图 8.1.17　参数 No.3008#2 含义

3012	分配跳转信号的地址

注释
设定此参数后，需要暂时切断电源

［输入类型］　参数输入
［数据类型］　字路径型
［数据范围］　0～727
此参数设定用来分配 X 地址的跳转信号(SKIPn)的地址

图 8.1.18　参数 No.3012 含义

五、测头功能验证

1. 测头开启功能检测

按照以下方式检查测头开启功能是否有效：

1）MDI 方式下输入程序代码“M85;”，循环启动。

2）查看：查看测头灯是否为闪烁绿灯或查看数控系统输出信号 Y10.7 是否为 1，若绿灯闪烁或 Y10.7 为 1，则说明测头开启成功。

2. 测头跳转信号检测

按照以下方式检查测头跳转信号是否有效：

1）测头开启后，触发测头，查看信号 X11.7 是否有 0/1 变化。

2）将工作台移动到中间位置，MDI 方式下输入“ G91G31X50F50；”程序，循环启动，待机床运动后，用手触碰测头测针，查看机床进给是否停止。

8.2 测头校正与测量应用

学习内容

1. 测头校正。
2. 测头径向标定。
3. 环规直径测量。
4. 方凸台长度测量。
5. 圆凸台直径测量。

重点和难点

测头标定与宏程序调用。

建议学时

4 学时

相关知识

一、测头校正

1. 影响测头测量精度的因素

数控机床更换测头、或者更换测针后，必须进行校正，以保证测头的测量精度，影响测头测量精度的因素如下：

1）测针 X/Y 偏置误差。测头安装后，测头中心与主轴中心存在偏心量，这个偏心量叫作测针 X/Y 偏置误差，测量前需要先进行校正。

2）测针球直径误差。测针球有名义尺寸，如测针球名义直径为 6mm，但是实际测针球直径有一个尺寸误差范围，测量前需要先进行校正。

3）测头触发距离误差。测头触发后向数控系统输入跳转信号如 X4.7，数控系统通过跳转指令 G31 停止坐标轴移动。即使是同类型同规格的测头触发距离也是不一样的，测量前需要先进行校正。

4）机床重复性精度误差。数控机床的重复定位精度也会影响测头的测量精度，使用时需要先进行校正。

2. 测头校正项目

测头使用时需要对以下项目进行校正：

（1）测头长度校正　按照一定方法对测头长度进行补偿，补偿值存放在刀具长度补偿存储器中。

（2）测针半径校正　按照一定方法对测针半径进行补偿，补偿值存放在指定的全局变量中，如存放在宏变量 #500、#501 中。

（3）测针偏心校正　按照一定方法对测针偏置误差进行补偿，补偿值存放在指定的全局变量中，如存放在宏变量 #502、#503 中。

二、测头径向标定

通过对测头进行标定的方式来进行测头校正，通常使用标准环规进行标定，步骤如下。

1. 环规安装与固定

将环规放置在工作台上或台虎钳上，用磁铁固定或利用工作台上的台虎钳轻夹，通过调整使环规上表面平行工作台面，环规在工作台上放置如图 8.2.1 所示。

图 8.2.1　环规在工作台上放置

2. 测针对中调整

将测头安装在加工中心主轴上，利用百分表或千分表对测针进行对中调整，使测针圆跳动不超 0.03mm 范围。

3. 测头粗定位

手动方式（JOG 方式）或手轮方式下将测头移动至环规大约中心位置，测球低于环规上表面，如图 8.2.2 所示。

图 8.2.2　测头粗定位

4. 测头开启

MDI 方式下编写 M 代码开启测头，如运行程序“M85；”，如果测头开启成功，则测头灯绿灯闪烁。

5. 测头径向标定

MDI 方式下编写并执行测头标定宏程序。该程序对测针球进行半径标定和测针偏置标定，标定调用程序格式如下：

G65 P9901 M102.D_；

其中：P9901 表示调用的子程序号为 09901；M102. 表示径向标定；D 为环规上标定的直径。

6. 测头关闭

MDI 方式下运行程序“M86;”，关闭测头。

7. 标定结果查看

标定结果存储在数控系统宏变量 #500、#501、#502、#503 中，其中宏变量 #500、#501 存储测针半径 X、Y 方向偏差值，如图 8.2.3 所示；宏变量 #502、#503 存储测针中心 X、Y 方向偏心量，如图 8.2.4 所示。

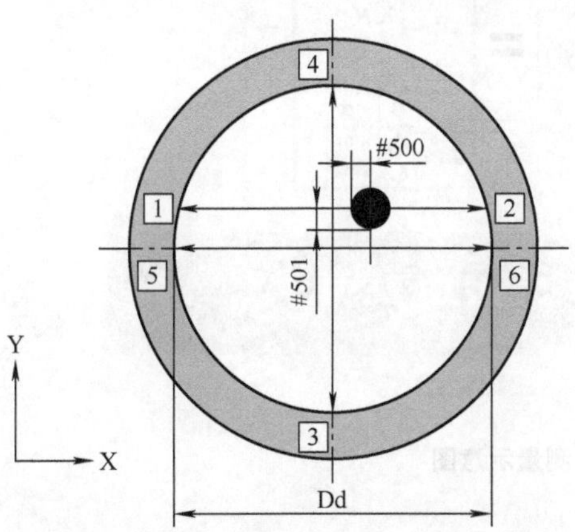

图 8.2.3　测针半径 X、Y 方向偏差宏变量

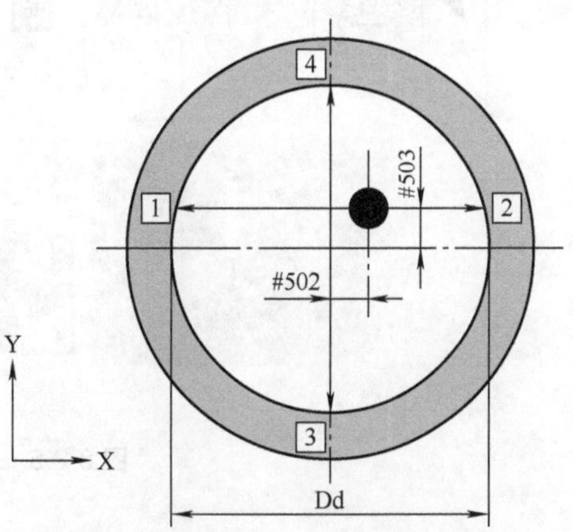

图 8.2.4　测针中心 X、Y 方向偏心量宏变量

三、环规直径测量

将环规放置在工作台上或台虎钳上，校水平后用磁铁固定或利用工作台上的台虎钳轻夹，按照以下步骤对环规进行直径测量。

1. 测头粗定位

手动方式（JOG 方式）或手轮方式下将测头移动至环规大约中心位置，测球低于环规上表面。

2. 测头开启

MDI 方式下编写 M 代码开启测头，如运行程序“M85；”，如果测头开启成功，则测头灯绿灯闪烁。

3. 环规直径测量

MDI 方式下运行环规直径测量宏程序调用程序，调用宏程序格式如下：

G65 P9901 M2.D_S;

其中：D 为环规准确直径；S 为更新的工件坐标系编号。

4. 环规直径读取

程序运行结束后，环规直径测量值存储在宏变量 #100 中，可通过运行宏变量赋值语句，将环规直径存储在指定宏变量如 #610 中，可在宏变量 #610 中查看环规直径大小。MDI 方式下运行以下程序：

#610=#100;

5. 测头关闭

MDI 方式下运行程序“M86;”关闭测头。

环规直径测量示意图如图 8.2.5 所示。

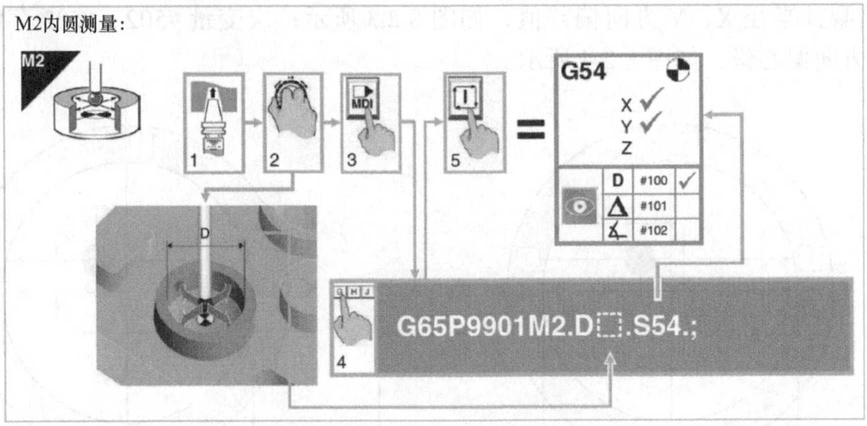

图 8.2.5　环规直径测量示意图

四、方凸台长度测量

将方凸台工件放置在台虎钳上校水平夹紧，按照以下步骤对方凸台进行 X 或 Y 方向长度测量。

1. 测头粗定位

手动方式（JOG 方式）或手轮方式下将测头移至工件上方大约 10mm 中心位置。

2. 测头开启

MDI 方式下编写 M 代码开启测头，如运行程序“M85；”，如果测头开启成功，则测头灯绿灯闪烁。

3. 方凸台长度测量

MDI 方式下运行方凸台长度尺寸测量宏程序调用程序，调用宏程序格式如下：

G65 P9901 M5.A_D_W-_（S_）;

其中：A 表示测针测量方向，A1 表示 X 方向，A2 表示 Y 方向；D 为测量两点间的距离；W- 表示测针相对于初始位置的测量深度；S 为选择项，指更新的工件坐标系编号，不需要可以不写，其中 S54 表示 G54，S55 表示 G55 等。

4. 方凸台长度尺寸读取

程序运行结束后，方凸台长度尺寸测量值存储在宏变量 #100 中，通过运行宏变量赋值语句，可将凸台长度尺寸存储在指定宏变量如 #610 中，可在宏变量 #610 中查看方凸台长度尺寸。MDI 方式下运行以下程序：

#610=#100;

5. 测头关闭

MDI 方式下运行程序“M86;”关闭测头。

方凸台长度尺寸测量示意图如图 8.2.6 所示。

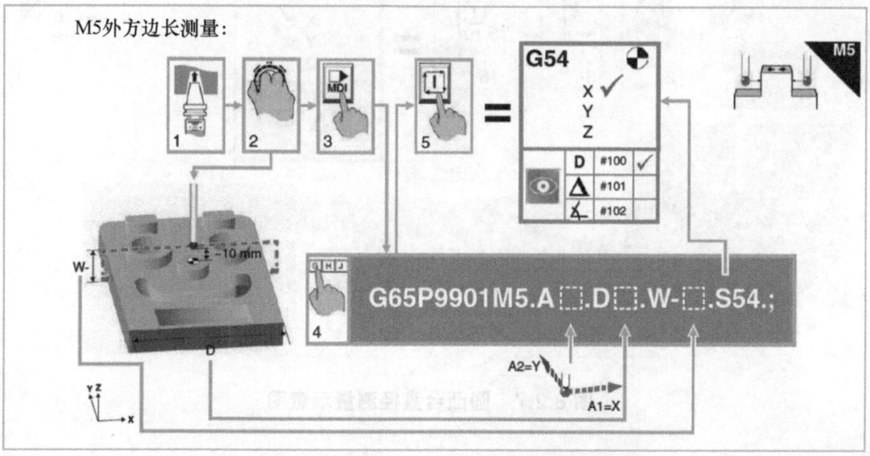

图 8.2.6 方凸台长度尺寸测量示意图

五、圆凸台直径测量

将圆凸台工件放置在卡盘或台虎钳上校水平夹紧，按照以下步骤对圆凸台进行直径测量。

1. 测头粗定位

手动方式（JOG 方式）或手轮方式下将测头移至工件上方大约中心位置。

2. 测头开启

MDI 方式下编写 M 代码开启测头，如运行程序“M85；”，如果测头开启成功，则测头灯绿灯闪烁。

3. 圆凸台直径测量

MDI 方式下运行圆凸台直径测量宏程序调用程序，调用宏程序格式如下：

G65 P9901 M3.D_W−_S_；

其中：D 为工件外圆标称直径；W− 表示测针相对于初始位置的测量深度；S 为更新的工件坐标系编号。

4. 圆凸台直径读取

程序运行结束后，圆凸台直径测量值存储在宏变量 #100 中，通过运行宏变量赋值语句，可将圆凸台直径存储在指定宏变量如 #610 中，可在宏变量 #610 中查看圆凸台直径尺寸。MDI 方式下运行以下程序：

#610=#100；

5. 测头关闭

MDI 方式下运行程序“M86；”关闭测头。

圆凸台直径测量示意图如图 8.2.7 所示。

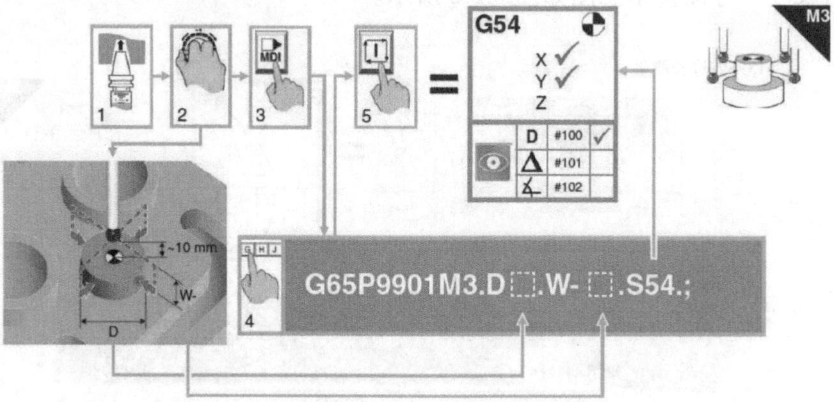

图 8.2.7　圆凸台直径测量示意图

项目9

球杆仪安装与应用

项目引入

正确安装使用球杆仪，完成机床运动精度检测并对检测数据进行数据分析，为机床精度调整提供依据。

项目目标

能够正确使用球杆仪，通过编写球杆仪测试程序完成机床精度检测。

学习内容

1. 球杆仪的作用与工作原理。
2. 球杆仪的硬件配置。
3. 球杆仪的软件安装与通信建立。
4. 球杆仪组件的安装与测量。
5. 球杆仪测量结果查看与分析。

重点和难点

球杆仪组件的安装与测量。

09 球杆仪安装与应用

建议学时

4 学时

相关知识

一、球杆仪的作用与工作原理

1. 球杆仪的作用

球杆仪及其配套软件用于数控机床两轴联动精度的快速检测，对数控机床伺服精度、几何精度等进行快速测量、分析和评价，为优化机床性能提供数据。

2. 球杆仪的工作原理

球杆仪安装在数控机床上，通过运行一段圆弧或整圆周，由球杆仪上传感器测量运动中半径微小偏移量，球杆仪配套软件将其采集下来，然后将合成的数据显示在屏幕上或绘制在打印机上。如果数控机床坐标轴联动运行整圆程序时出现任何误差，都将使产生的圆发生变形，据此作为判断、分析、调整数控机床精度的依据。

二、球杆仪的硬件配置

1. 球杆仪完整配置

以雷尼绍 QC20-W 球杆仪为例，球杆仪完整配置如图 9.1 所示，具体配置内容见表 9.1。

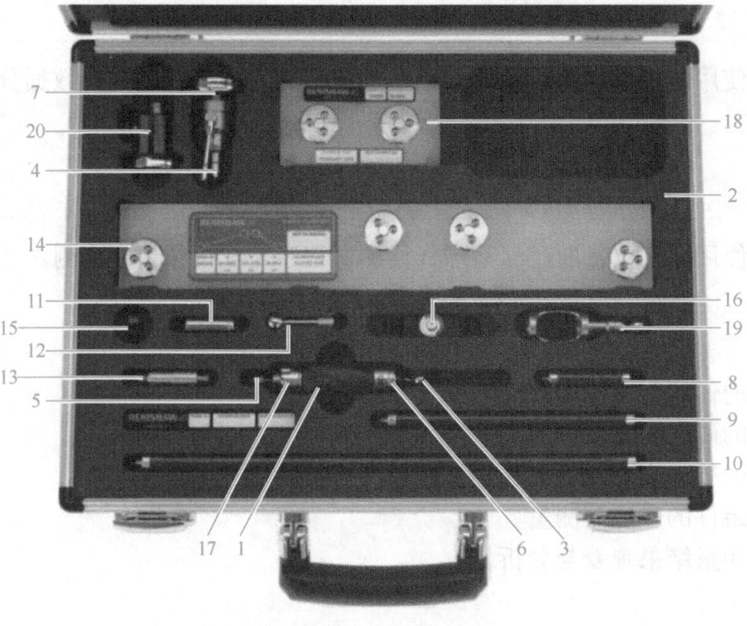

图 9.1　球杆仪完整配置

表 9.1　球杆仪系统配置

序号	描述	序号	描述	序号	描述	序号	描述
1	QC20-W 球杆仪组件（包括精密球）	6	保护盖环	11	工具杯	16	CR2 电池
2	系统便携箱	7	中心座	12	设定球	17	电池端盖组件
3	传感器球	8	50mm 加长杆	13	工具杯加长杆	18	小圆 Zerodur
4	中心球碗	9	150mm 加长杆	14	Zerodur校准规	19	小圆适配器
5	中心球	10	300mm 加长杆	15	组合扳手	20	立式车床适配器

2.无线球杆仪的结构

QC20-W无线球杆仪的结构如图 9.2 所示，主要由中心球、传感器球、无线电通信模块等构成，由内部 CR2 电池给无线球杆仪供电，通过球杆仪蓝牙与计算机建立通信。

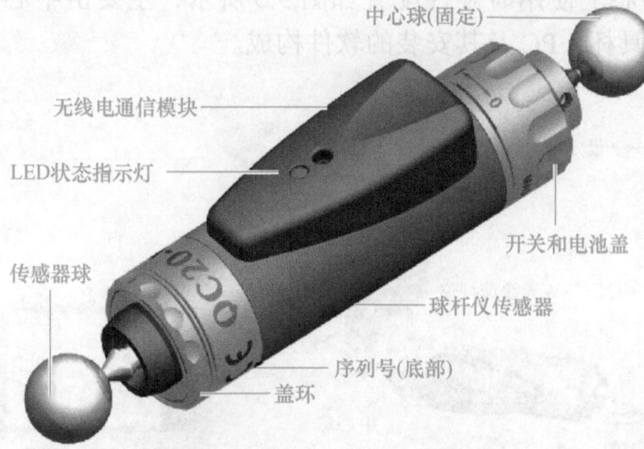

图 9.2　无线球杆仪的结构

无线球杆仪上靠近传感器球一侧标记有型号和产品序列号，如 QC20-W 和 OXY591，在进行球杆仪与 PC 配对时需要选择无线球杆仪型号，如图 9.3 所示，在配对成功后显示无线球杆仪序列号，如图 9.4 所示。

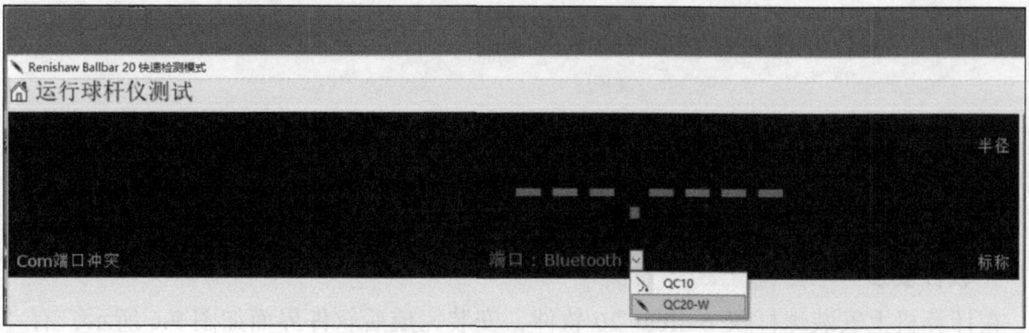

图 9.3　无线球杆仪型号选择

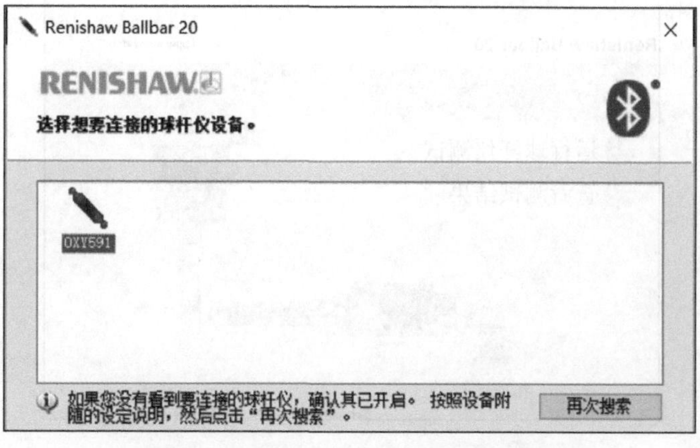

图 9.4　配对成功后显示无线球杆仪序列号

3.球杆仪在加工中心上使用配置

球杆仪在加工中心上使用时硬件配置如图 9.5 所示，主要由中心座、中心杯、设定球、无线球杆仪、工具杯、PC 及其安装的软件构成。

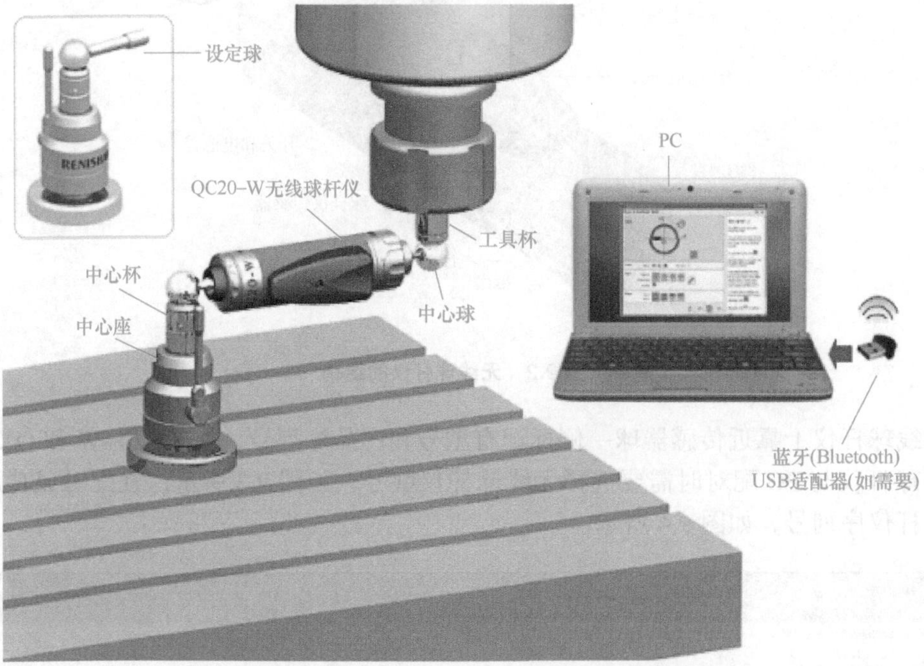

图 9.5 球杆仪在加工中心上使用时硬件配置

三、球杆仪软件安装与通信建立

1. 软件安装

在计算机上安装球杆仪 Ballbar 20 软件，安装完成后软件界面如图 9.6 所示，有“运行球杆仪测试”和“查看测试结果”两种选择。

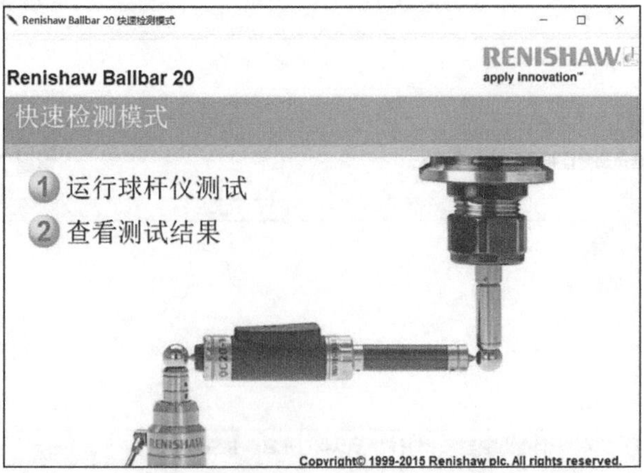

图 9.6 球杆仪 Ballbar 20 软件界面

2. 蓝牙配对

（1）球杆仪电池安装　旋开球杆仪电池盖，将电池放入，注意电池极性。电池安装如图 9.7 所示。

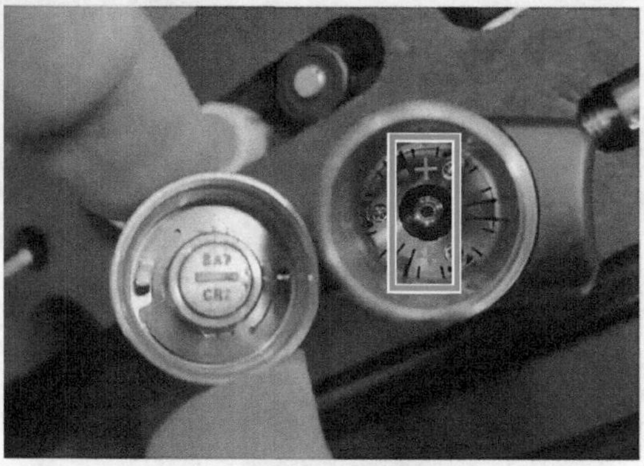

图 9.7　球杆仪电池安装

（2）球杆仪配对　将 USB 蓝牙插入 PC 的 USB 端口，然后运行 Ballbar 20 软件并连接球杆仪以建立通信。

四、球杆仪组件安装与测量

1. 球杆仪组件安装

（1）工具杯在刀柄上的安装　将带有磁性的工具杯安装在一定规格的刀柄上，有时为了防止球杆仪在数据采集过程中与机床发生碰撞，可以使用工具杯加长杆延长工具杯长度，工具杯在刀柄上的安装如图 9.8 所示。

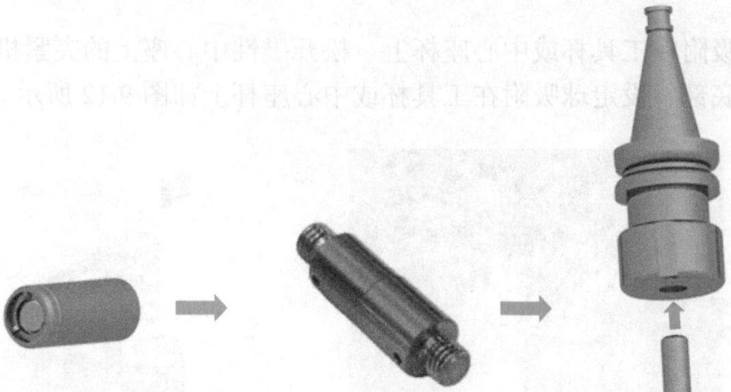

图 9.8　工具杯在刀柄上的安装

（2）刀柄在机床主轴上的安装　将刀柄安装在数控机床主轴上，如图 9.9 所示。

（3）球杆仪中心座在工作台上的安装　将球杆仪中心座放置在机床工作台中心位置，移动 X、Y 坐标轴至行程中间位置，避免球杆仪测试时出现超程现象。将工具杯移动至中心座上方大约 80mm 处。球杆仪中心座在工作台上安装如图 9.10 所示，主轴上工具杯相对于工作台位置如图 9.11 所示。

图 9.9　刀柄在主轴上的安装

图 9.10　球杆仪中心座在工作台上的安装

图 9.11　主轴上工具杯相对于工作台位置

（4）设定球吸附在工具杯或中心座杯上　松开磁性中心座上的夹紧机构使中心杯和设定球落到中心座底部，设定球吸附在工具杯或中心座杯上如图 9.12 所示。

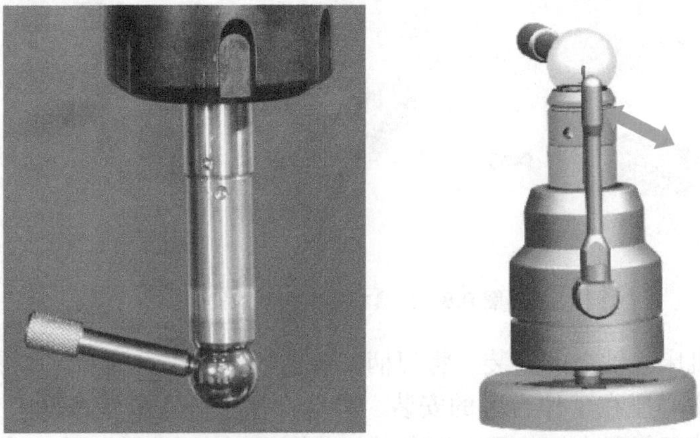

图 9.12　设定球吸附在工具杯或中心座杯上

（5）调整工具杯和中心座相对位置　使用手摇摇动工作台使工具杯处在中心座正上方，相对位置如图 9.13 所示。校准时对位不需要十分精确，允许存在微小的偏差。

（6）调整工具杯高度　降低主轴使其移动到与设定球距离约 2mm 处，如图 9.14 所示。

图 9.13　工具杯处在中心座正上方

图 9.14　工具杯距离设定球 2mm

（7）调整工具杯位置　继续调整工具杯位置，直到设定球“啪嗒”一声被工具杯吸住，如图 9.15 所示。

（8）定义工具杯坐标系　将工具杯当前位置设定在工件坐标系如 G54 中，按下 MDI 键盘上“OFFSET”键，调出工件坐标系，如图 9.16 所示，在 G54 坐标中分别输入 X0、Y0、Z0，按下［测量］软键，即定义了 G54 坐标原点位置，如图 9.17 所示。

（9）固定中心座位置　旋转中心座上扳手至水平位置，将中心座锁紧，如图 9.18 所示。

（10）调整工具杯测试起始位置　手摇方式下移动 Z 轴，将工具杯拉起并且离开中心座，移除设定球，然后将机床移向测试起始点（X–101.5、Y0.0），确保球杆仪在工具杯和中心座之间的正确位置。

图 9.15　工具杯吸附设定球

2. 球杆仪软件设置

打开球杆仪软件，选择“运行球杆仪测试”模式，进入测试设定界面 1，如图 9.19 所示。

（1）机床参数设置　在上图界面中，设置数控机床相关参数：

1）机床类型选择。提供了四个选项按钮，分别是立式加工中心、卧式加工中心、卧式数控车床、立式数控车床，例如选择立式加工中心。

2）测试平面选择。提供三个选项：XY、YZ 和 ZX 三个平面选择，例如立式铣床选择 XY 平面。

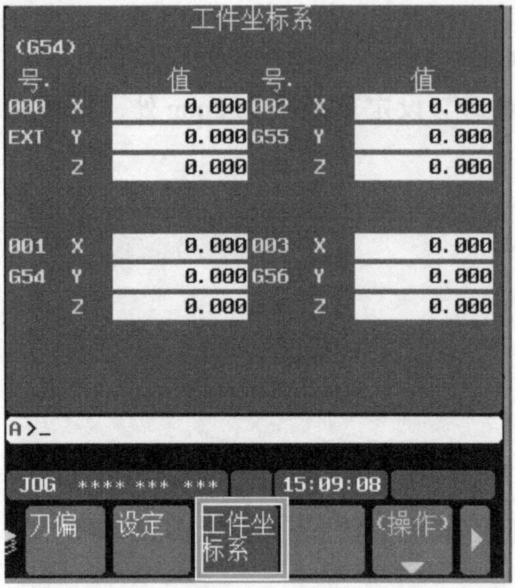

图 9.16 进入工件坐标系 G54 界面

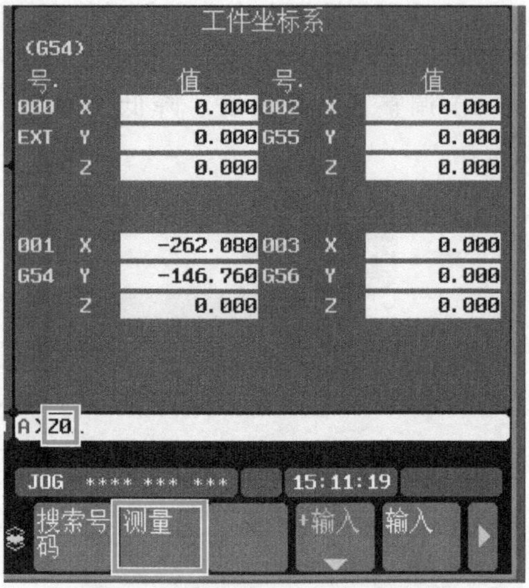

图 9.17 设定 G54 坐标值

图 9.18 锁紧中心座

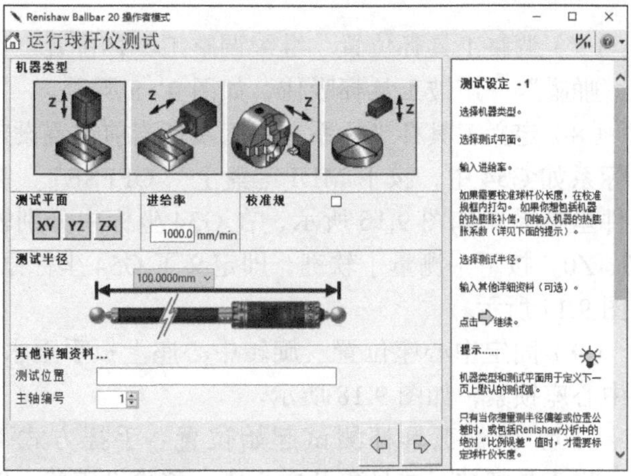

图 9.19 球杆仪测试设定界面 1

3）进给率设定。双击当前值将它选中，然后键入所需的值，更改此方框中的值，例如进给率设定为 1000mm/min，与零件程序保持一致。

4）测试半径选择。测试半径就是所选用的球杆仪长度，可在下拉菜单中选择，例如选择测试半径为 100mm。

5）校准规设定。设定校准规机器膨胀系数为 11.7ppm/℃。

测试设定界面 1 设定结果如图 9.20 所示。

（2）加工程序设置　机床参数设置完成后，单击下一步，进入球杆仪测试设定界面 2，如图 9.21 所示，按照以下步骤进行测试加工程序设置：

1）测试运行范围选择。以选择弧度为 360/45 为例，表示球杆仪测试范围是 360 圆弧和 45° 越程圆弧。

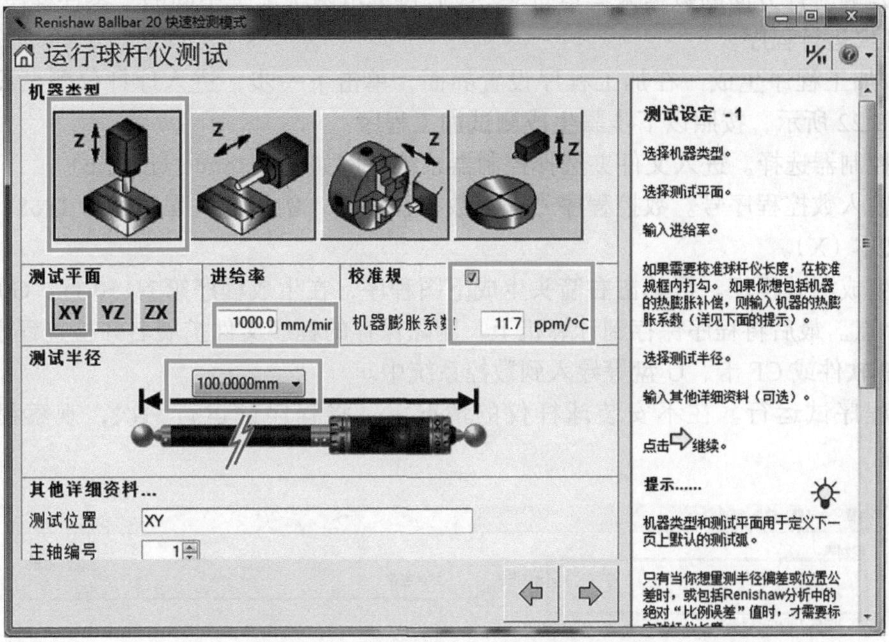

图 9.20　球杆仪测试设定界面 1 设定结果

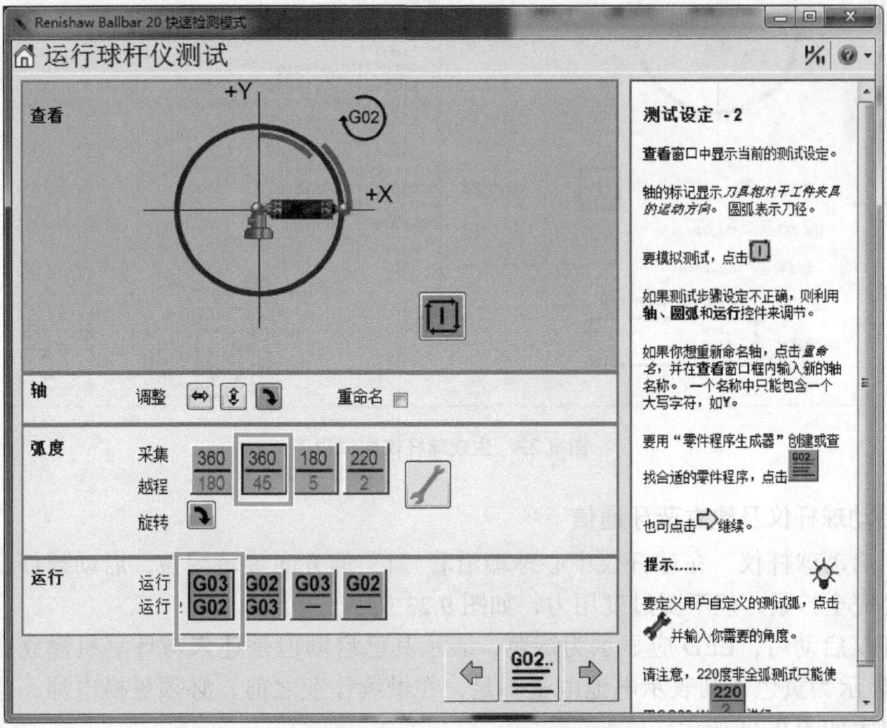

图 9.21　球杆仪测试设定界面 2

2）测试旋转方向选择。以选择 G03/G02 为例，表示给出逆时针方向的数据采集运行 1，随后是顺时针方向的数据采集运行 2。最后再单击两个箭头中间的“零件程序生成器”生成球杆仪运行程序。

（3）加工程序生成　在加工程序设置界面，单击下一步，进入球杆仪测试设定界面 3，如图 9.22 所示，按照以下步骤生成测试加工程序：

1）控制器选择。进入文件夹选择控制器系统，例如选择 fanuc（metric）。

2）输入数控程序号。数控程序号即为数控程序名，例如输入程序名为 1868，勾选排除报警文本（X）。

3）生成测试程序。再单击右箭头生成下图程序，在生成程序第 N150 行，G04 X5 后面加一个点。最后将程序保存到计算机上，删除保存的程序文件扩展名并检查程序，然后通过 FTP 软件或 CF 卡、U 盘等导入到数控系统中。

4）程序试运行。在不安装球杆仪的情况下，将程序试运行一次，观察程序运行情况。

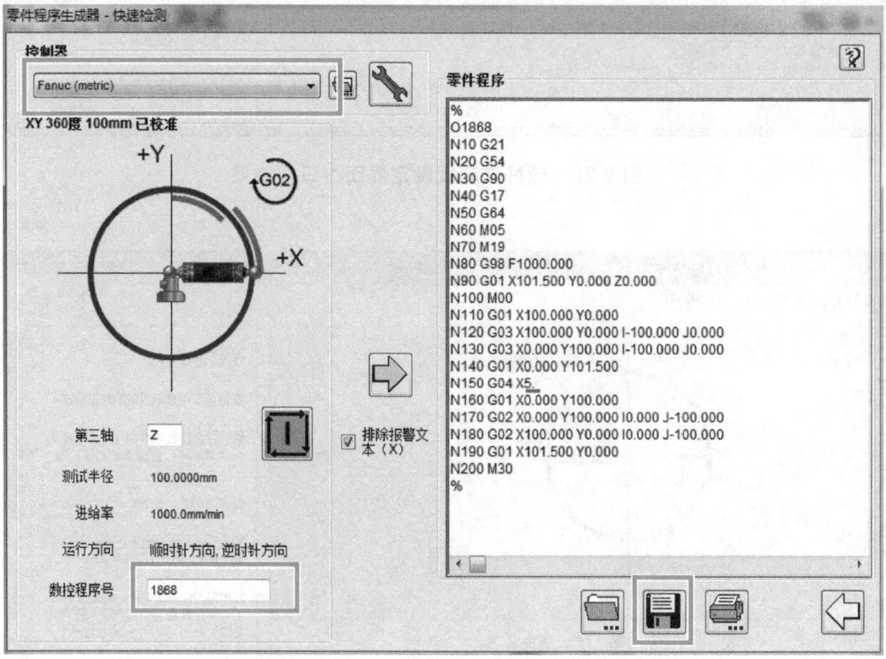

图 9.22　生成球杆仪测试程序

3. 启动球杆仪及建立蓝牙通信

（1）启动球杆仪　在球杆仪中心球端沿着“1”的方向旋转端盖，启动球杆仪，确保端盖已经完全拧紧，但不要过度用力，如图 9.23 所示。

球杆仪启动后，LED 应显示为绿色，表示其已启动但是还未与计算机建立通信。如果 LED 显示为黄色，则表示电池电量不足，在继续作业之前，必须更换电池，球杆仪启动正常显示如图 9.24 所示。

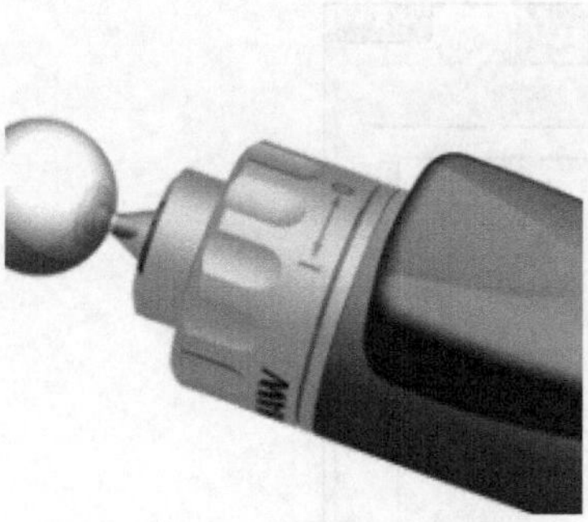

图 9.23 拧紧端盖启动球杆仪

图 9.24 球杆仪启动正常显示

（2）球杆仪型号选择　在球杆仪软件界面，单击数字读数处的下拉菜单，选择所使用的球杆仪信号如 QC20-W，球杆仪型号选择如图 9.25 所示。

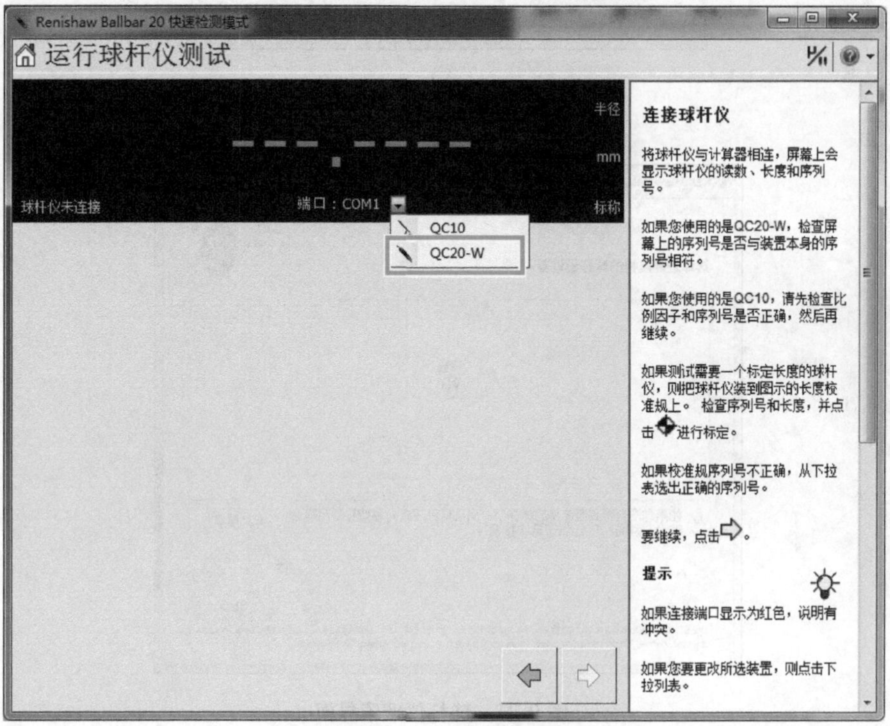

图 9.25 球杆仪型号选择

（3）球杆仪序列号选择　在显示所有先前连接到计算机的 QC20-W 装置对话框中，单击需要的 QC20-W 装置序列号。如果是第一次使用软件，该窗口将为空白。球杆仪序列号选择如图 9.26 所示。

若是第一次搜索新的球杆仪或新增一个球杆仪，单击搜索按钮。这将识别出所有已通电的 QC20-W 装置。单击要使用的设备，将跳转到“已知球杆仪”屏幕，单击确定；如果在附近使用多个球杆仪，要确保使用的装置序列号与软件内的序列号相符。球杆仪搜索界面如图 9.27 所示。

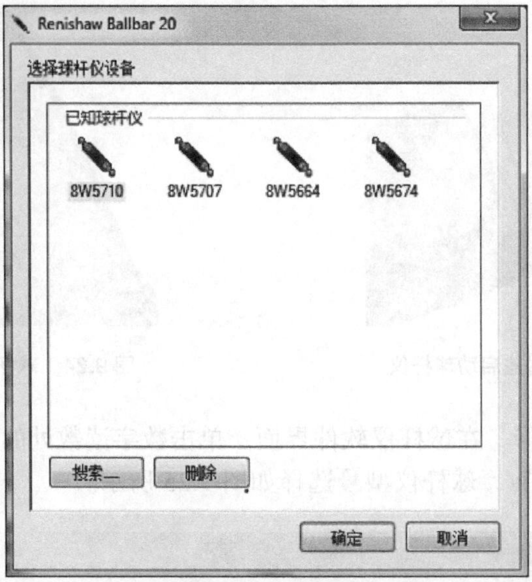

图 9.26　球杆仪序列号选择

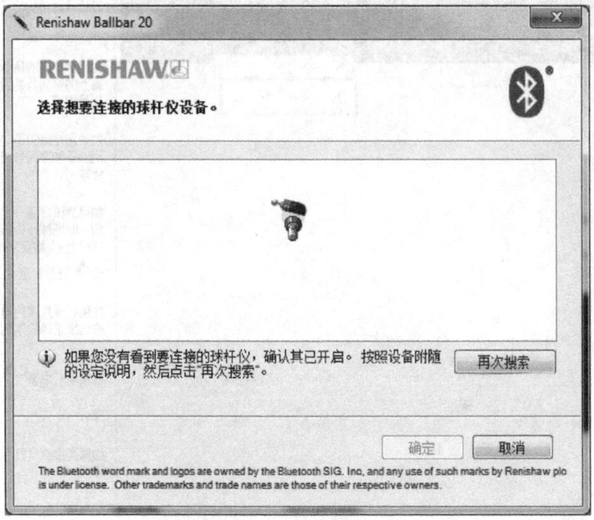

图 9.27　球杆仪搜索界面

（4）建立通信　球杆仪和 PC 建立通信后，QC20-W 上的 LED 会闪烁蓝色。

4.球杆仪校准

将连接好蓝牙的球杆仪放置到校准规上，如图 9.28 所示，在软件界面选择对应较准规的序列号，单击校准按钮即可。

5. 球杆仪运行测试

（1）球杆仪放置　在软件界面设置当前环境温度为 20℃。在数控系统上切换到自动模式，运行前面导入的球杆仪程序 O1868 至 M00 位置，此时放置球杆仪，将有弹性的一侧放置到中心座上，并将伺服轴移动倍率调整拨到 100%。球杆仪放置如图 9.29 所示。

图 9.28 球杆仪校准

（2）软件进入“等待进给”状态 单击软件上的测试按钮，软件界面上的“当前活动”前面的箭头会自动从“等待开始”移到“等待进给”状态。

（3）运行球杆仪测试程序 按下机床上的循环启动按钮，球杆仪进入测试状态。

（4）球杆仪数据采集 数控机床测试程序启动后球杆仪界面上的“等待进给”前面的箭头会自动移到“正在采集”。采集运行数据过程中，屏幕显示出球杆仪的运动轨迹和球杆仪的读数。一旦运行结束，屏幕会显示出球杆仪已经采集的图形轨迹。

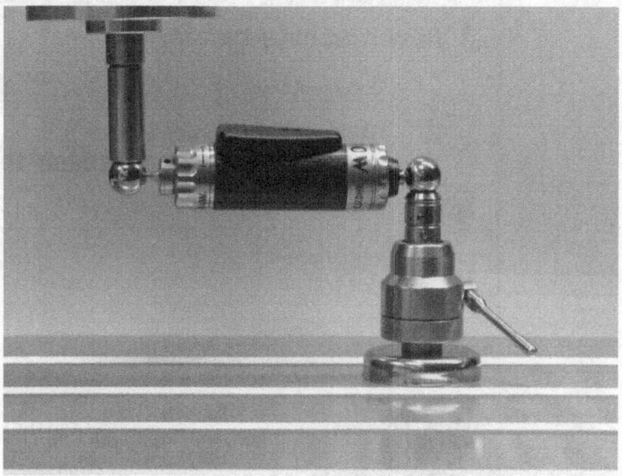

图 9.29 球杆仪放置

（5）测试数据保存 完成测试后，可单击保存按扭保存数据，或单击分析按钮直接进行分析。单击保存按钮后，显示的对话框如图 9.30 所示。

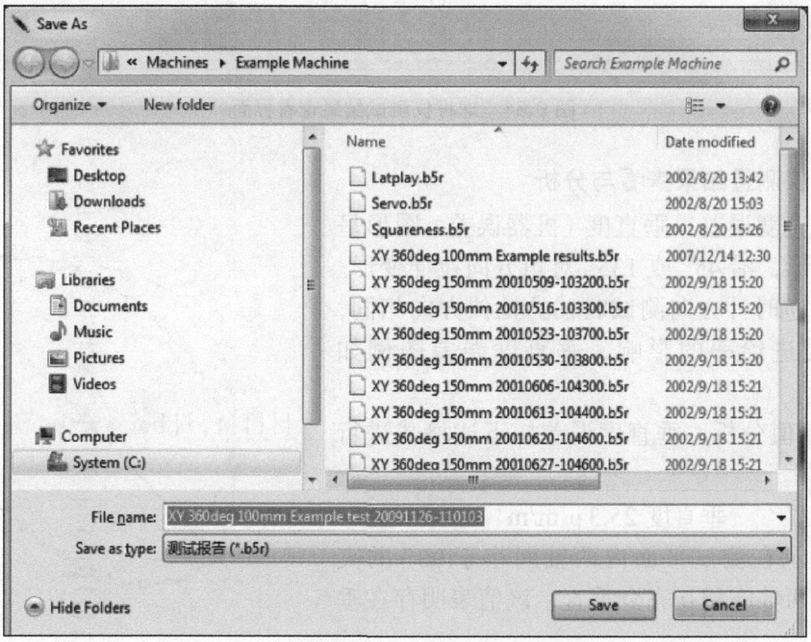

图 9.30 测试数据保存路径

五、球杆仪测量结果查看与分析

1. 球杆仪测量结果查看

（1）打开报告　打开保存的球杆仪测试数据报告，查看测量结果。

（2）进入查看测量结果界面　第一个是雷尼绍的标准，选择第三项，查看所有测量数据；也可以进行切换查看不同的标准结果，界面最下面为国标。球杆仪测试结果查看界面如图 9.31 所示。

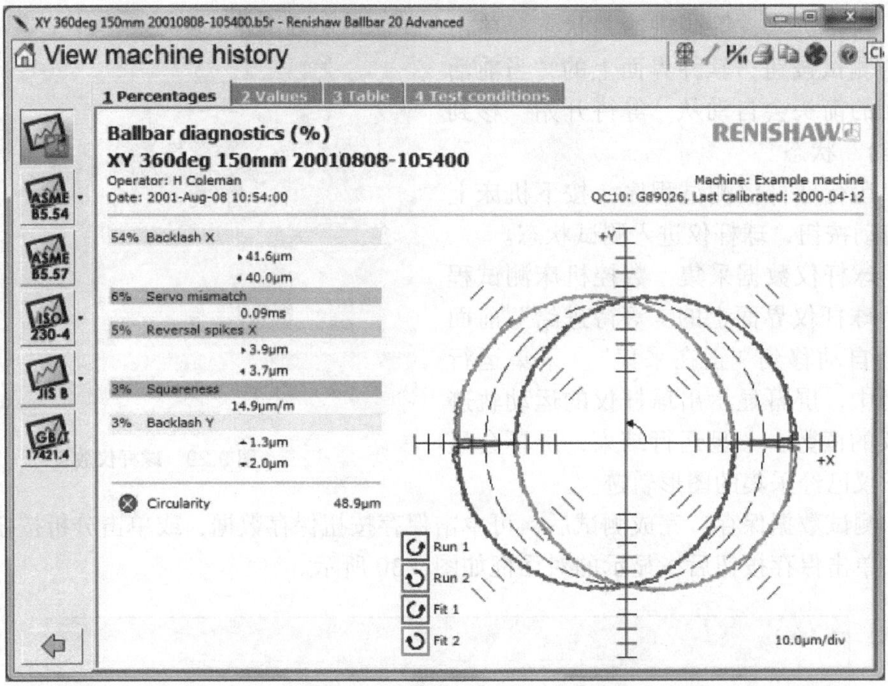

图 9.31　球杆仪测试结果查看界面

2. 球杆仪测量结果查看与分析

（1）垂直度误差　垂直度（机器误差）图形呈椭圆或花生形，沿 45° 或 135° 对角方向拉伸变形。在顺时针和逆时针方向测试时轴的拉伸方向相同，拉伸量不受进给率的影响，垂直度误差图例如图 9.32 所示。

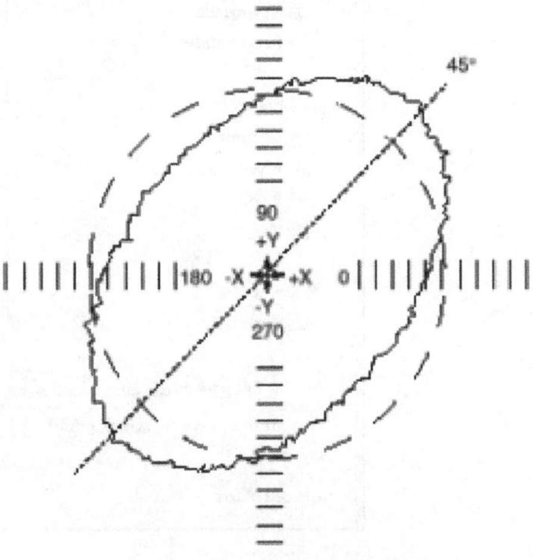

图 9.32　垂直度误差图例

1）诊断值分析。垂直度误差按下述格式进行量化：

垂直度 25.3 μ m/m

该值表示在测试平面内两轴间小于 90° 的夹角。理论上两轴应相互完全垂直，该值表明存在垂直度误差。

2）原因分析。垂直度误差指在机器测试部位机器的 X 轴和 Y 轴相互间不为 90°，两轴可能有局部弯曲或机器轴可能整体未调直；机床坐标轴如果刚性不够，则会导致某些部位不直；机床导轨如果过分磨损，会导致机床运动时坐标轴存在一定间隙。

3）对加工精度影响。垂直度误差影响零件表面间不垂直。

4）调整措施。在数控机床 XY 坐标轴各部位重复测试，判断垂直度误差是否仅在局部发生还是影响整台机器。如果误差仅为局部发生，则在加工零件表面时试着使用那些不受垂直度误差影响的部位来加工；如果整台机器均受垂直度误差的影响，那么可能的话应重新调整机器轴。如果导轨出现严重磨损，可能需要更换磨损部件。

（2）爬行现象产生误差　机床如果存在爬行现象，测试出图形中轴的周围噪声增加，爬行现象图例如图 9.33 所示，清楚地表示了偏置变化。在数据采集时采用较低进给率可拉伸噪声弧，然而，在高进给率下，噪声可能彻底消失。这一点正好是爬行与机床振动的不同之处。

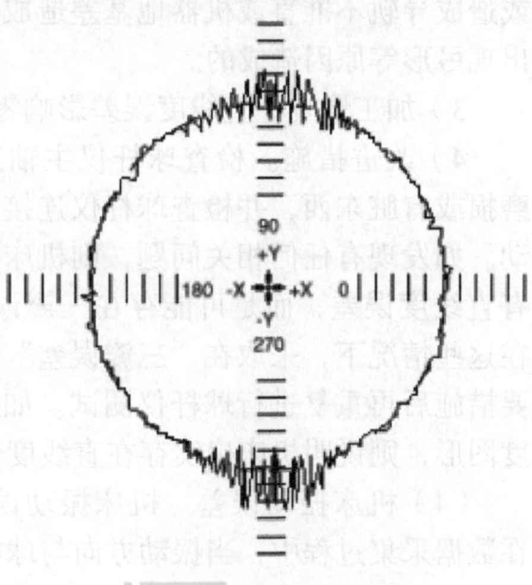

图 9.33　爬行现象图例

1）原因分析。当数控机床坐标轴进给率低到一定速度时出现黏性而引起爬行，如示例图中所示为 Y 轴出现爬行。可能有以下几种原因：

在低速下没有足够的动力，这意味着它不能克服导致轴出现黏性停顿的导轨摩擦力。在这种情况下，进给率越低，爬行就越严重。

机床的滚动元件或导轨已损坏无法平滑运动，导致沿轴线的某些位置出现黏性。

机器轴承导轨可能老化，在低速下很难维持润滑膜。缺乏润滑导致轴出现黏性。

2）对加工精度影响。爬行造成零件表面质量变差，特别在低速下尤为严重。刀径出现平台及小台阶而不是平滑的圆弧，导致轴出现黏性停顿，然后当驱动力超过黏性力时出现突跳滑移。如图 9.34 所示。

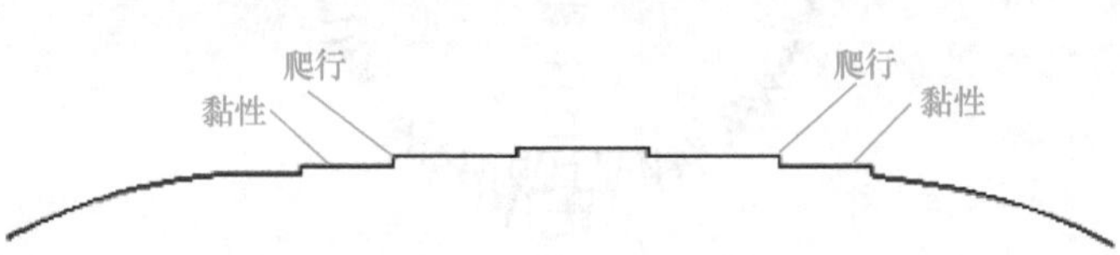

图 9.34　具有低速爬行的机床出现突跳滑移

3）调整措施。检查数控机床导轨 / 轴承有无磨损迹象，如果磨损严重，则必须更换；如果需要，应对机器导轨及轴承进行润滑；如果怀疑在低速下爬行是由于没有足够的动力而引起的，如必要，需调整预紧力并设定机器的动力参数。

（3）直线度误差　直线度误差表现为三瓣形状，在圆形上有 3 个明显的凸起，如图 9.35 所示。它们不受进给率或方向的影响，但在机床工作台的不同部位进行测试时可能会有所变化。

1）诊断值分析。X 轴及 Y 轴的直线度误差按下述格式进行量化：

X 轴直线度 –40.0μm

Y 轴直线度 0.2μm

2）误差原因。直线度误差是由于机器导轨不直而引起的。机器上导轨可能有局部弯曲或导轨整体未准直好；也可能是导轨磨损、事故损坏了导轨或造成导轨不准直或机器地基差造成数控机床整体出现弓形等原因造成的。

3）加工影响。直线度误差影响零件加工精度。

4）改进措施。检查球杆仪主轴工具杯是否已磨损或有脏东西，并检查球杆仪连接部位是否有松动。如发现有任何相关问题，则机床本身很可能没有直线度误差，而是可能存在三瓣误差测试误差。在这些情况下，采取在“三瓣误差”章节所述的必要措施后再重复进行球杆仪测试。如果仍出现直线度图形，则说明机床确实存在直线度误差。

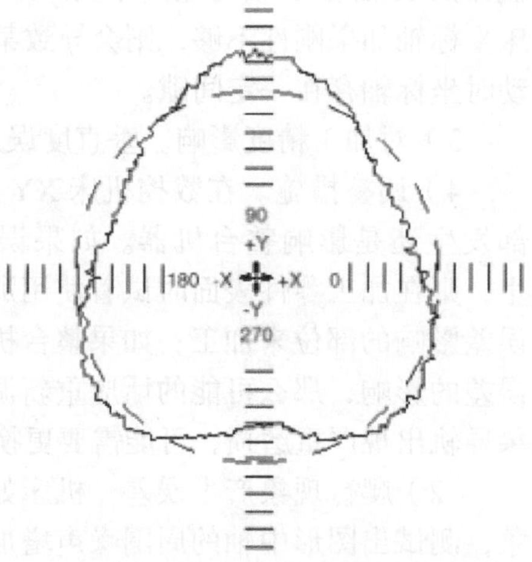

图 9.35 直线度误差图例

（4）机床振动误差 机床振动误差如图 9.36 所示，图形中具有不均匀的噪声分布。在数据采集过程中，当振动方向与球杆仪相同时将出现最大噪声幅度。沿圆周噪声幅度发生变化，但其频率不变。改变进给率将改变机器振动图的周期频率，但以“周期 / 秒”为单位的实际频率不变。

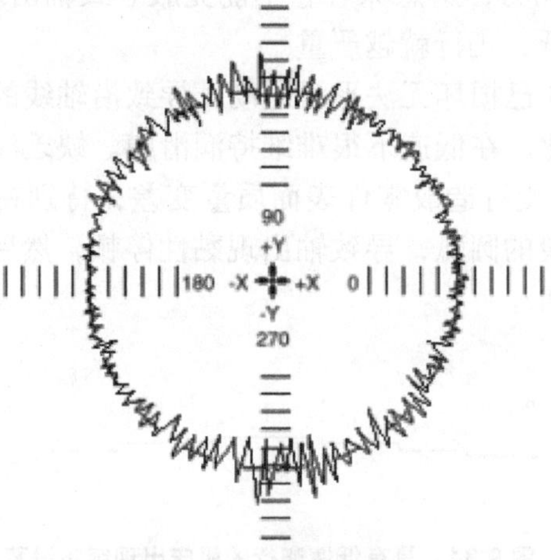

图 9.36 机床振动误差图例

1）振动原因。机床上有振动介入。如图所示，振动方向平行于 Y 轴。振动有可能由机器自身产生（由驱动队列、伺服环作用或损坏的滚柱引入），或由周边环境引入（通过地面振动）振动。

2）对加工精度影响。机床振动主要影响加工零件的表面粗糙度，机床振动幅度决定了表面粗糙度的好坏程度。

3）改进措施。重复进行测试，如关闭冷却泵进行测试，以识别准确的振动源。当已识别出振源后，可采取必要的行动来解决振动。

项目 10 智能制造虚拟仿真单元安装与调试

项目引入

数字双胞胎技术在智能制造领域应用越来越广泛，本项目针对由料库、工业机器人、数控机床、成品库组成的智能制造单元，通过硬件连接和编写 PLC、CNC 程序，驱动虚拟智能制造单元，实现自动上下料、自动加工过程，并实现与真实设备同步动作。

项目目标

1. 智能制造虚拟仿真单元软件安装与硬件连接。
2. 智能制造虚拟仿真单元调试。

10.1 智能制造虚拟仿真单元软件安装与硬件连接

学习内容

1. 智能制造虚拟仿真单元软件安装与使用。
2.智能制造虚拟仿真单元硬件连接。

重点和难点

智能制造虚拟仿真单元硬件连接。

10.1 智能制造虚拟仿真单元软件安装与硬件连接

建议学时

2 学时

相关知识

一、智能制造虚拟仿真单元软件安装与使用

数字化虚拟制造仿真软件可以实现对柔性制造单元零件加工的虚拟仿真调试，主要工

作内容包括机器人从传送带抓取毛坯，在数控机床上装夹毛坯，数控机床加工零件，机器人将完成加工的零件搬运至成品库。下面以“亚龙 YL–F10A 型数字化虚拟制造仿真软件”为例说明虚拟制造仿真模块软件的安装与使用。

1. 软件安装

软件安装步骤如下：

（1）开始软件安装　双击“亚龙 YL–F10A 型数字化虚拟制造仿真软件”安装文件，进入安装状态，如图 10.1.1 所示。

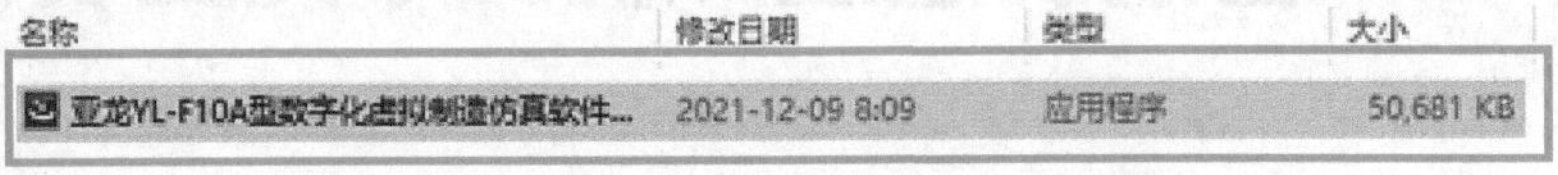

图 10.1.1　数字化虚拟制造仿真软件安装文件

（2）安装提示　单击“下一步”继续安装，界面如图 10.1.2 所示。

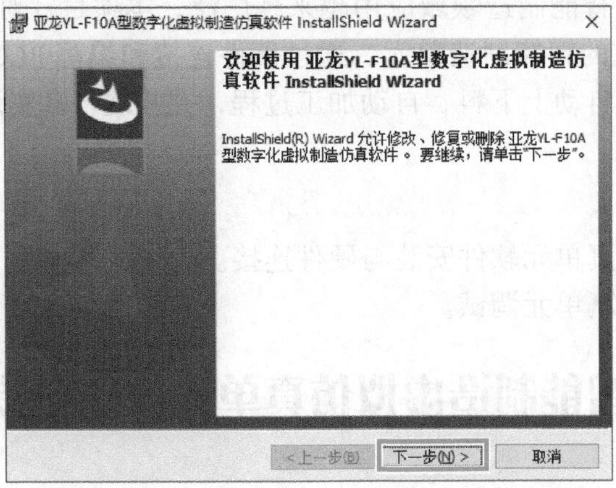

图 10.1.2　数字化虚拟制造仿真软件安装提示

（3）选择安装路径　选择或指定安装路径，单击“下一步”，界面如图 10.1.3 所示。

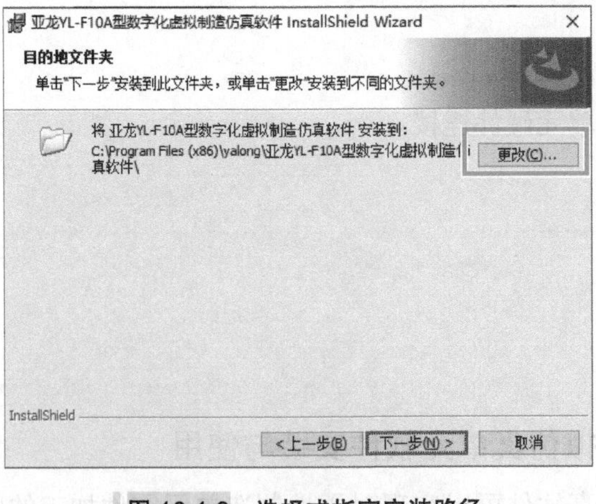

图 10.1.3　选择或指定安装路径

（4）开始安装　单击“安装”键，进入软件安装状态，如图 10.1.4 所示。

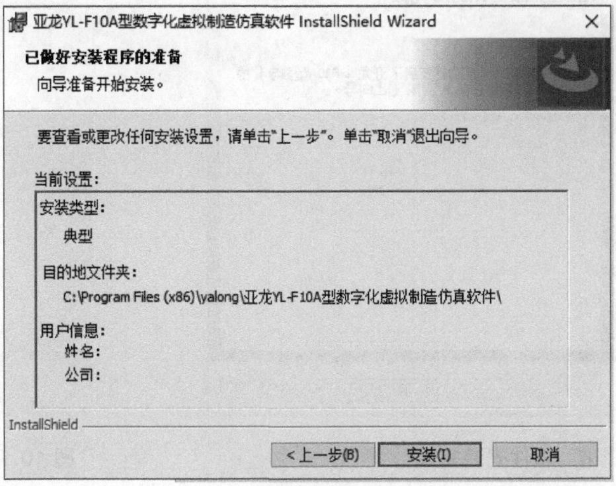

图 10.1.4　软件安装

（5）等待安装完成　界面如图 10.1.5 所示。

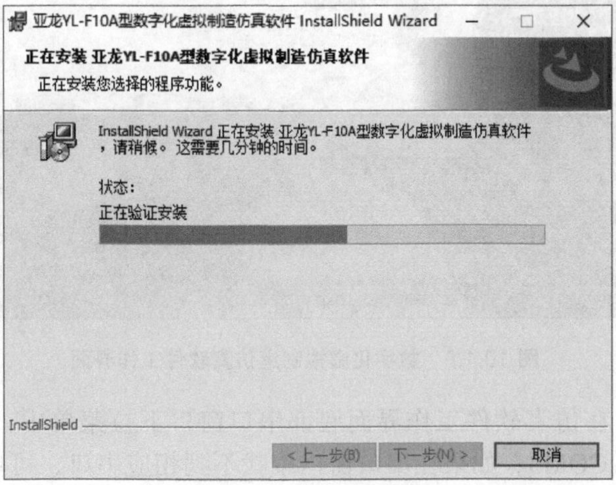

图 10.1.5　等待安装完成

（6）安装完成　软件安装完成后如图 10.1.6 所示。

2. 软件使用

（1）打开仿真软件　双击桌面上的“亚龙 YL–F10A 型数字化虚拟制造仿真软件”图标，如图 10.1.7 所示。

（2）工作界面认识　进入软件工作界面，如图 10.1.8 所示，在这个界面中，可以看到虚拟的柔性制造单元由料库、传输带、工业机器人、数控加工中心及成品库等部分构成。

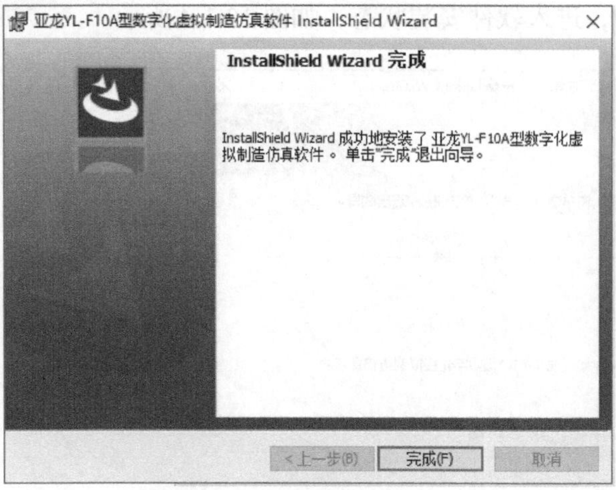

图 10.1.6　软件安装完成

图 10.1.7　仿真软件图标

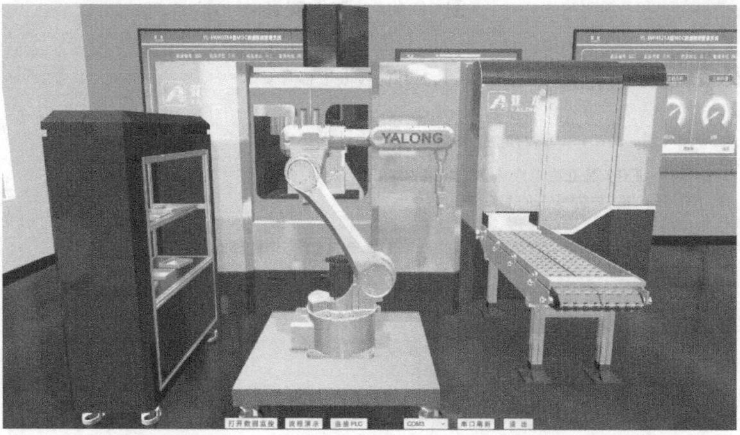

图 10.1.8　数字化虚拟制造仿真软件工作界面

（3）串口选择　在仿真软件工作界面底部串口窗口下拉菜单中，根据 RS232 实际连接选择串口，如选择 COM3；如果在串口窗口中找不到相应串口，可单击“串口刷新”进行重置，串口选择窗口如图 10.1.9 所示。

图 10.1.9　串口选择窗口

（4）连接 PLC　单击仿真软件工作界面底部“连接 PLC”软键，仿真软件与数控系统连接，这时会听到虚拟仿真模块继电器吸合的响声，“连接 PLC”功能如图 10.1.10 所示。

图 10.1.10　“连接 PLC”功能

（5）流程演示　单击“流程演示”软键，无需进行其他设置便可直接模拟演示完整的机床上下料过程。“流程演示”功能如图 10.1.11 所示。

图 10.1.11　“流程演示”功能

（6）打开数据监控　单击“打开数据监控”软键，显示器左边显示相关的 PLC 输入输出信号状态，打开数据监控功能如图 10.1.12 所示，所显示的数控系统输入信号状态如图 10.1.13 所示；数控系统输出信号状态如图 10.1.14 所示。

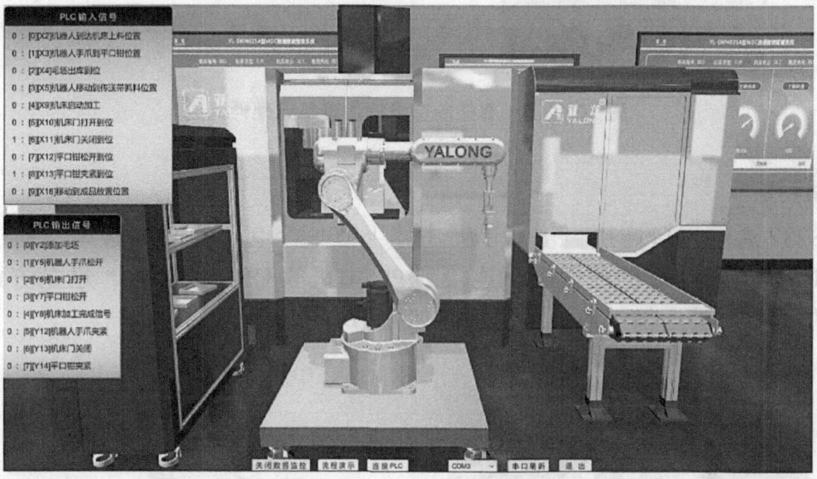

图 10.1.12　打开数据监控功能

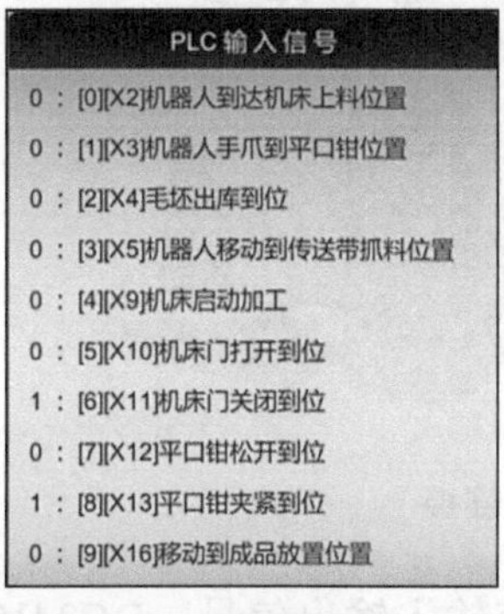

图 10.1.13　数控系统输入信号状态

图 10.1.14　数控系统输出信号状态

二、智能制造虚拟仿真单元硬件连接

YL-G15-0033 型智能制造虚拟仿真单元主要由硬件和软件两部分构成，硬件部分主要是建立仿真单元与 PC、数控系统通信和信号传递。

1. 硬件构成

智能制造虚拟仿真单元硬件主要由仿真单元主体、RS232-USB 电缆、输入输出信号接线端子等部分构成，如图 10.1.15 所示。

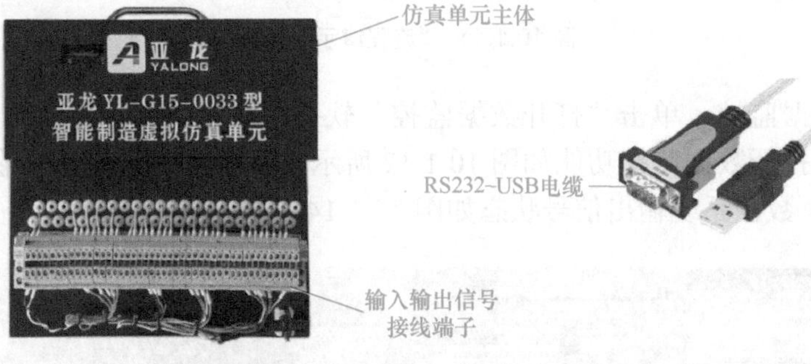

图 10.1.15 智能制造虚拟仿真单元硬件构成

2. 硬件连接

（1）RS232 通信接口连接　仿真单元主体上有一个 9 孔的 D 形接口，通过配备的一条 1.5m 的 USB 转 RS232 的通信线，连接到 PC 主机的 USB 接口上，建立仿真单元与安装在 PC 上仿真软件的通信，通信建立连接如图 10.1.16 所示。

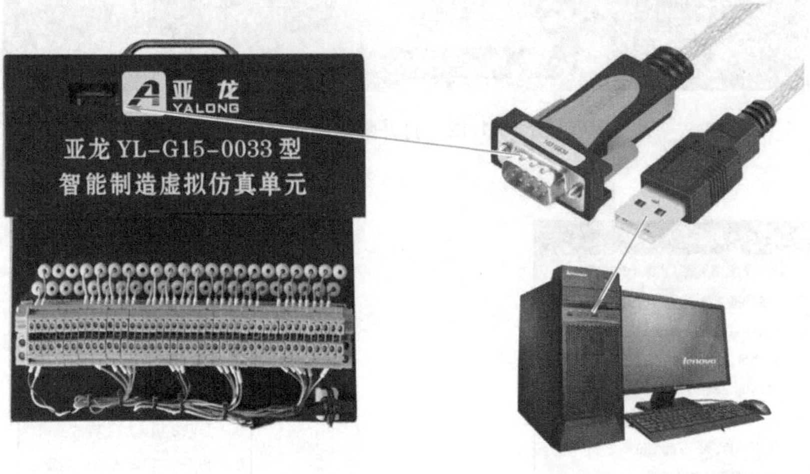

图 10.1.16 RS232 通信接口连接

（2）输入输出信号连接　仿真单元采集的数控系统输入输出信号、DC24V 工作电源通过端子排与数控机床控制柜继电器板 XT2 进行连接，再由继电器板和数控系统 I/O 模块连接，获得不同地址的输入信号和输出信号。仿真单元输入输出信号连接如图 10.1.17 所示。

（3）综合连接　智能制造虚拟仿真单元硬件综合连接如图 10.1.18 所示。

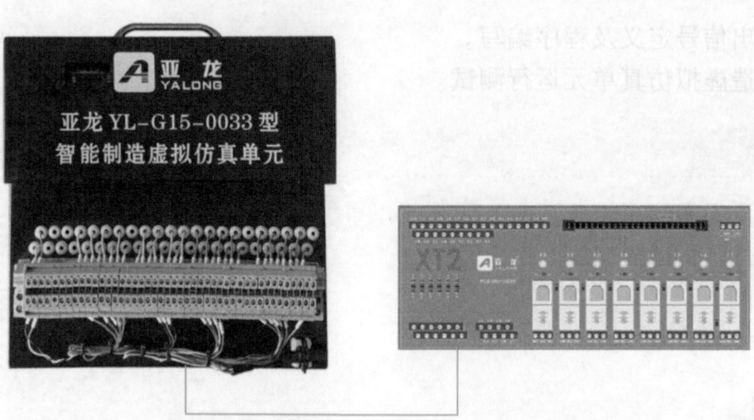

图 10.1.17　仿真单元输入输出信号连接

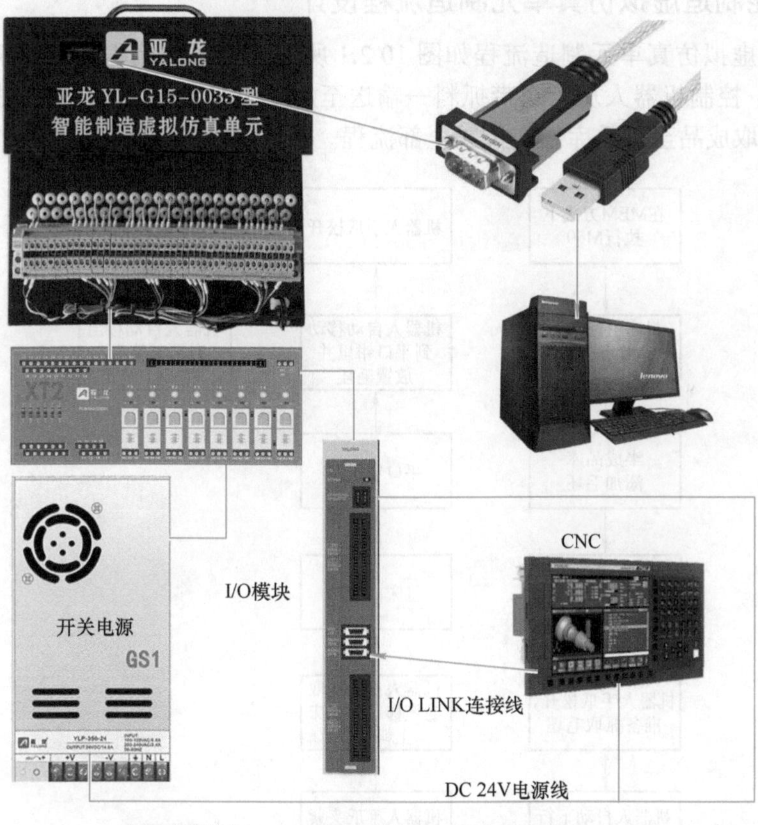

图 10.1.18　智能制造虚拟仿真单元硬件综合连接

10.2 智能制造虚拟仿真单元调试

学习内容

1. 智能制造虚拟仿真单元制造流程设计。

2. 输入输出信号定义及程序编写。

3. 智能制造虚拟仿真单元运行测试。

重点和难点

信号定义及程序编写。

10.2 智能制造虚拟仿真单元调试

建议学时

4 学时

相关知识

一、智能制造虚拟仿真单元制造流程设计

智能制造虚拟仿真单元制造流程如图 10.2.1 所示，根据该流程，通过编写 PLC 程序及 CNC 程序，控制机器人从传送带抓料→输送至加工中心夹具上夹紧→数控机床加工→工业机器人抓取成品至成品库指定位置全部流程。

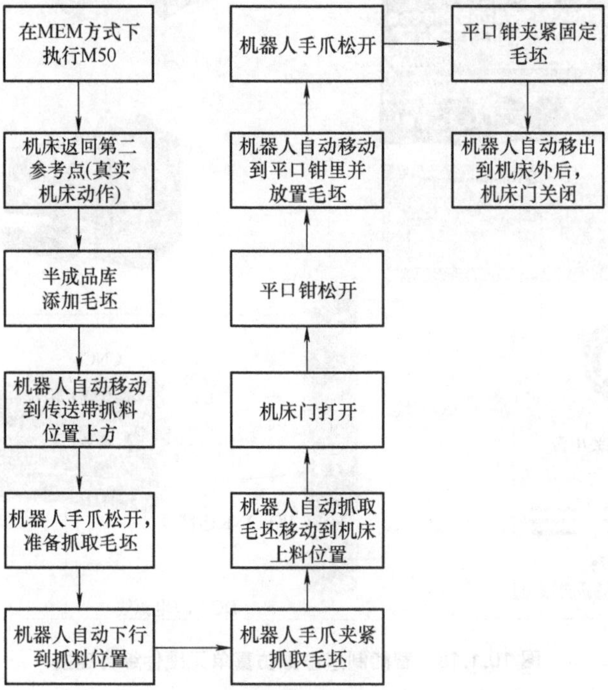

图 10.2.1 智能制造虚拟仿真单元制造流程

二、输入输出信号定义及程序编写

1. 输入输出信号定义

智能制造虚拟仿真单元和数控系统 I/O 模块之间有两组信号传递，分别是从仿真单元

输入到数控系统的 X 信号和从数控系统输出至仿真单元的 Y 信号，信号的线号、含义及地址见表 10.2.1，按照所给定的地址进行硬件连接和 PLC 程序编写。

表 10.2.1 智能制造虚拟仿真单元输入输出信号定义

线号	信号含义	仿真→数控系统信号地址	线号	信号含义	数控系统→仿真信号地址
X2	机器人到达机床上料位置	X24.0	Y2	添加毛坯	Y24.0
X3	机器人手爪到平口钳位置	X24.1	Y5	机器人手爪松开	Y24.1
X4	机器人移动到传送带抓料位置	X24.2	Y6	机床门打开	Y24.2
X5	毛坯出库到位	X24.3	Y7	平口钳松开	Y24.3
X9	机床启动加工	X24.4	Y8	机床加工完成信号	Y24.4
X10	机床门打开到位	X24.5	Y12	机器人手爪夹紧	Y24.5
X11	机床门关闭到位	X24.6	Y13	机床门关闭	Y24.6
X12	平口钳松开到位	X24.7	Y14	平口钳夹紧	Y24.7
X13	平口钳夹紧到位	X25.0			
X16	移动到成品放置位置	X25.1			

2. PLC 程序编写

（1）代码定义 执行智能制造虚拟仿真单元工作流程是通过 CNC 程序的 M 代码控制流程的，M 代码及其中间继电器地址定义见表 10.2.2。

表 10.2.2 M 代码及其中间继电器地址定义

仿真单元动作	定义 M 代码	中间继电器 R	仿真单元动作	定义 M 代码	中间继电器 R
断开加工完成信号	M300	R300.0	传送带抓料位置	M311	R310.1
添加毛坯	M301	R300.1	机床上料位置	M312	R310.2
手爪松开	M302	R300.2	平口钳位置	M313	R310.3
手爪夹紧	M303	R300.3	成品位置	M314	R310.4
平口钳松开	M304	R300.4	启动加工信号	M315	R310.5
平口钳夹紧	M305	R300.5	完成加工信号	M316	R310.6
机床门打开	M306	R300.6			
机床门关闭	M307	R300.7			

（2）M 代码译码 M 代码译码 PLC 程序如图 10.2.2 所示，通过 SUB25 译码指令，将 M300 ～ M307 译码至中间继电器 R300.0 ～ R300.7，M310 ～ M316 译码至中间继电器 R310.1 ～ R310.6。

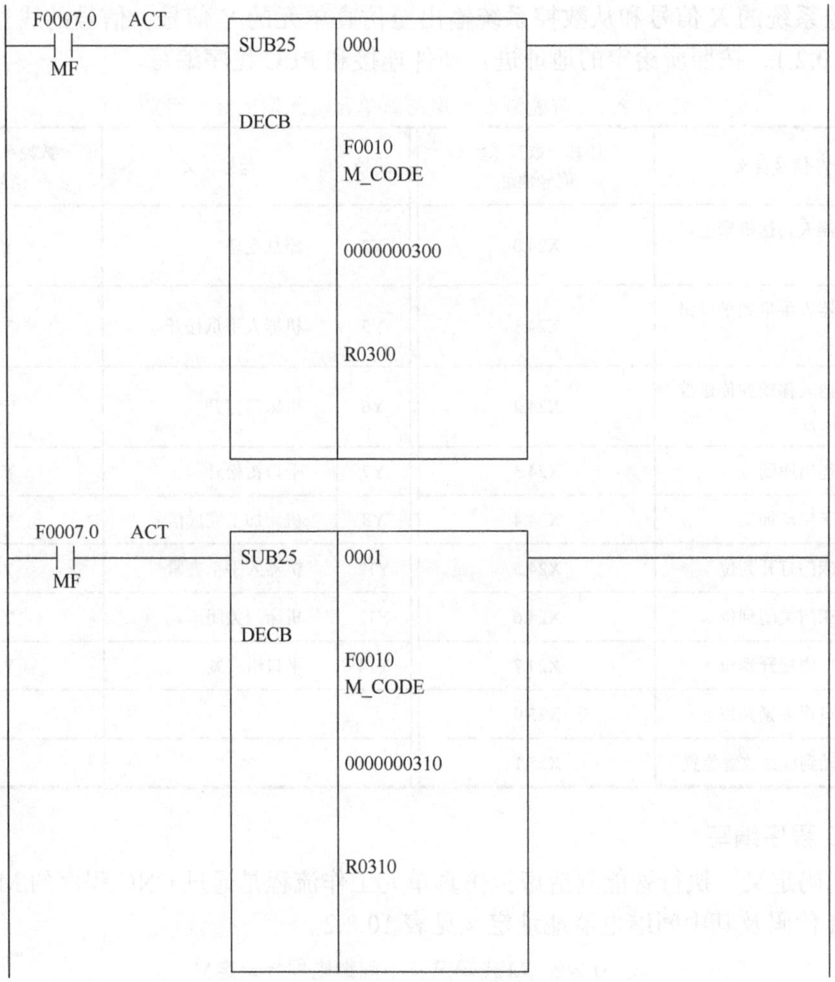

图 10.2.2　M 代码译码

（3）编写执行动作 PLC 程序　以添加毛坯为例，PLC 程序如图 10.2.3 所示，当 CNC 执行 M301 程序，由中继 R300.1 触发 Y24.0 添加毛坯信号，执行添加毛坯动作，M301 指令持续至毛坯出库到位信号 X24.3 到达位置，R310.0 为 M 代码完成信号中继；其他功能如手爪松开、手爪夹紧、平口钳松开、平口钳夹紧、机床门打开、机床门关闭按照此思路编写。

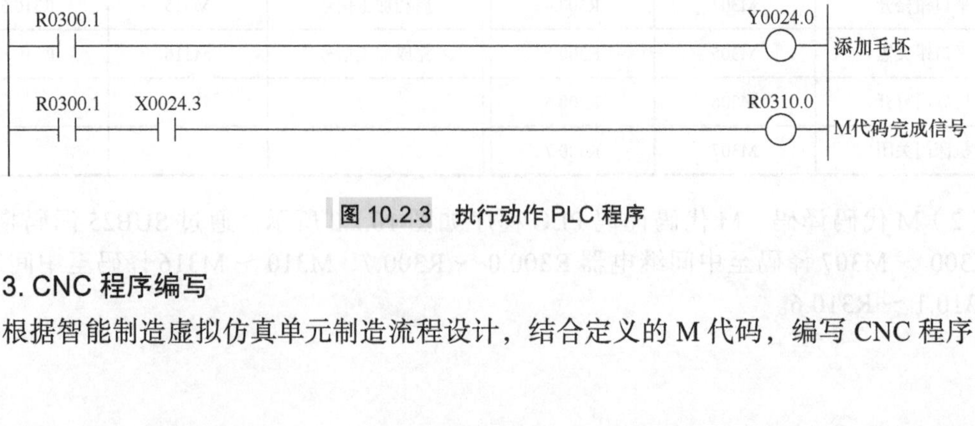

图 10.2.3　执行动作 PLC 程序

3. CNC 程序编写

根据智能制造虚拟仿真单元制造流程设计，结合定义的 M 代码，编写 CNC 程序，如

图 10.2.4 所示。其中 M60 为调用回参考点宏程序，在参数 6071 中设置调用程序号 9001 的子程序的 M 代码，子程序号为 O9001，内容为回参考点。

```
O0001
#502=0；/初始值
#503=3；
N10 M300；/结束完成信号
M60 ；/回参
M302；/手爪松
M301；/添加毛坯
M311；/抓料位置
M303；/手爪紧
M312；/上料位置
M306；/门开
M304；/夹具松
M313；/夹具位置
M302；/手爪松
M305；/夹具紧
M312；/上料位置
M307；/门关
M315；/启动信号
G03I-8.0F500.0；/真实机床加工
M316；/完成信号
#503=#503+1；/加工零件+1
M306；/门开
M313；/夹具位置
M303；/手爪紧
M304；/夹具松
M314；/成品位置
M302；/手爪松
IF[#502LT#503]GOTO10 ；/循环判断
M30；/程序结束
```

图 10.2.4 虚拟仿真单元 CNC 程序

三、智能制造虚拟仿真单元运行测试

数控系统程序编写完成后，自动模式下循环启动，同时在智能制造虚拟仿真软件界面打开数据监控软键，监控信号状态，此时虚拟仿真单元和数控机床同步动作，实现虚拟与现实的数字双胞胎调试，智能制造虚拟仿真单元运行如图 10.2.5 所示。

图 10.2.5 智能制造虚拟仿真单元运行测试

项目 11 工业机器人数据备份

项目引入

本项目给出了机器人数据的类型、备份及加载方法、操作步骤等内容。

项目目标

1. 掌握机器人的数据备份与加载。
2. 了解机器人设备端口的选择。
3. 掌握机器人数据备份的方法。
4. 了解机器人数据备份在实际运用中的意义。
5. 掌握机器人数据类型。

重点和难点

数据备份的数据类型。

11 工业机器人数据备份

建议学时

2 学时

相关知识

一、文件的备份与加载设备

机器人控制器可以使用的备份 / 加载设备有：

1）Memory Card（MC 卡），如图 11.1 所示。

2）U 盘，如图 11.2 所示。

3）PC，如图 11.3 所示。

二、类型

文件是数据在机器人控制柜存储器内的存储单元。控制柜主要使用的文件类型有：

图 11.1 MC 卡

图 11.2 U 盘

图 11.3 PC（个人计算机）

程序文件（*.TP）；默认的逻辑文件（*.DF）；系统文件（*.SV），用来保存系统设置；I/O 配置文件（*.I/O），用来保存 I/O 配置；数据文件（*.VR），用来保存诸如寄存器数据；记录文件（*.LS），用来保存操作和故障记录。

1. 程序文件（*.TP）

程序文件被自动存储于控制器的 CMOS（SRAM）中，通过 TP 上的【SELECT】键 → 按 F1 选择 TP Program 就可以显示程序文件目录，如图 11.4 所示。

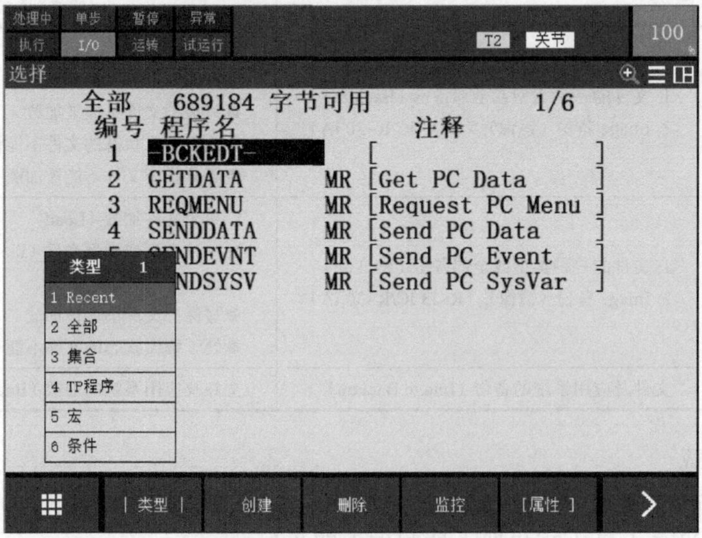

图 11.4 TP 文件目录类型选择

2. 默认的逻辑文件（*.DF）

默认的逻辑文件包括在程序编辑界面中各功能键（F1 ～ F4）所对应的默认逻辑结构的设置。

DEF_MOTNO.DF F1 键；DF_LOGI1.DF F2 键；DF_LOGI2.DF F3 键；DF_LOGI3.DF F4 键。

3. 系统文件（*.SV）

FRAMEVAR.SV，用来保存坐标参考点的设置；SYSDNET.SV，用来保存 DeviceNet

网络配置；SYSFRAME.SV，用来保存用户坐标系和工具坐标系的设置；SYSMAST.SV，用来保存 Mastering 数据；SYSMACRO.SV，用来保存宏命令设置；SYSPASS.SV，用来保存用户密码数据；SYSPRESS.SV，用来保存压力数据；SYSSERVO.SV，用来保存伺服参数；SYSVARS.SV，用来保存坐标、参考点、关节运动范围、抱闸控制等相关变量的设置。

4. I/O 配置文件

DIOCFGSV.IO，用来保存 I/O 配置数据。

5. 数据文件

NUNREG.VR，用来保存寄存器数据；POSREG.VR，用来保存位置寄存器数据；PALREG.VR，用来保存码垛寄存器数据。

6. 记录文件

ERRALL.LS，用来保存错误履历；LOGBOOK.LS，用来保存一段时间内的操作记录。

三、文件备份 / 加载方法的介绍

文件备份与加载方法见表 11.1。

表 11.1 文件备份与加载方法

	备份	加载 / 还原
一般模式	1. 文件的一种类型或全部备份（Backup） 2. Image 备份（镜像）；（R-J3 iC/R-30 iA）	单个文件加载（Load） 注意： ●写保护文件不能被加载 ●处于编辑状态的文件不能被加载 ●部分系统文件不能被加载
控制启动模式（Controlled Start）	1. 文件的一种类型或全部备份（Backup） 2. Image 备份（镜像）；（R-J3 iC/R-30 iA）	1. 单个文件加载（Load） 2. 一种类型或全部文件（Restore） 注意： ●写保护文件不能被加载 ●处于编辑状态的文件不能被加载
BOOT Monitor 模式	文件及应用系统的备份（Image Backup）	文件及应用系统的加载（Image Restore）

1. 备份 / 加载

如图 11.5 所示：将文件从机器人控制柜中导出到其他外部存储设备中即为备份；将文件从外部存储设备中导入到机器人控制柜中即为加载。

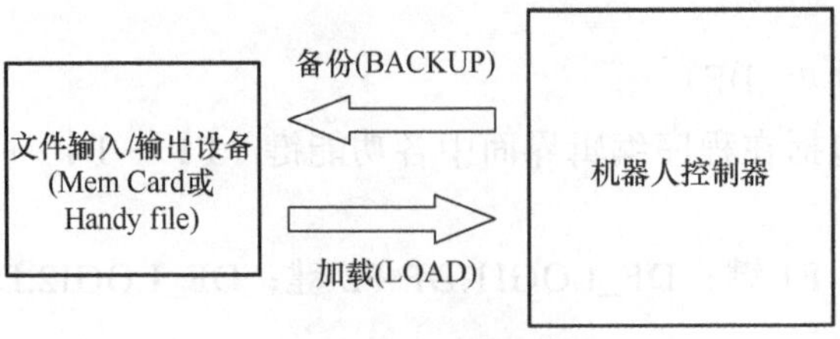

图 11.5 备份与加载

2. 一般模式下的备份 / 加载方法

1）一般模式下的备份。备份步骤：

第一步选择确定存储设备；

第二步在所选存储设备中创建文件夹；

第三步选择备份的类型并将文件备份到所创建的文件夹中。

样例演示：（以选择 Memory Card 为例）

① 按【MENU】（菜单）→【FILE】（文件）→选择第一项【文件】，出现图 11.6 所示界面。

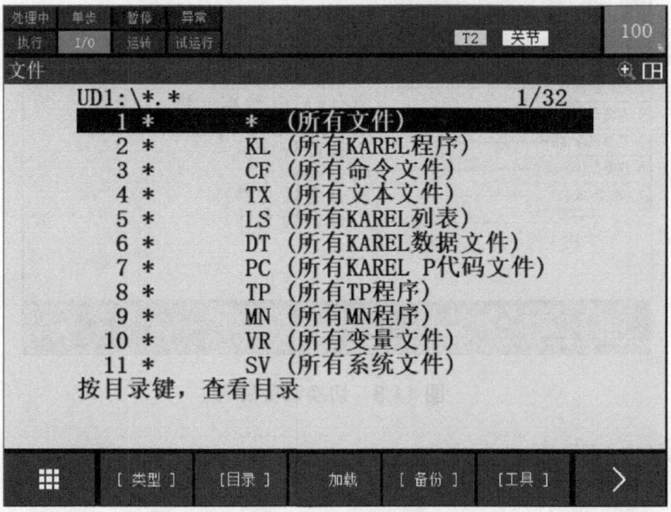

图 11.6 文件界面

如图 11.7 所示，按 F5【工具】→【切换设备】选择要进行的备份方式。

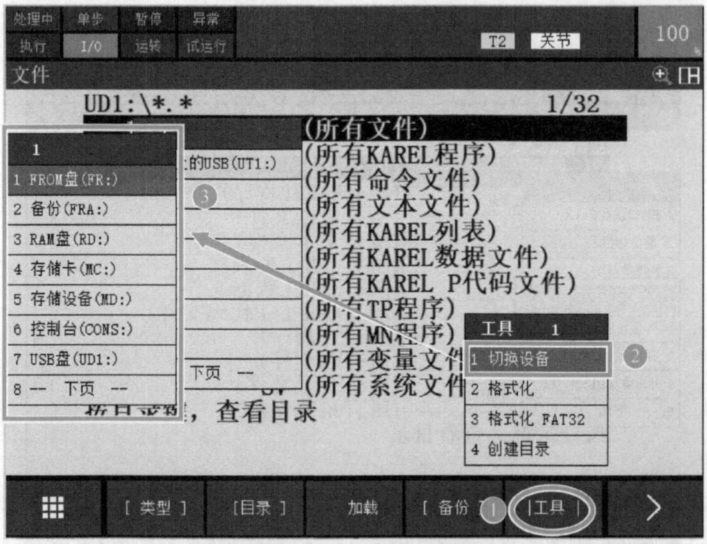

图 11.7 切换设备界面

Set Device（切换设备），存储设备设置。

Format（格式化），存储卡格式化。

Format FAT32（格式化 FAT32），存储卡格式化 FAT32。

Make DIR（制作目录），建立文件夹。

② 移动光标选择【 Set Device 】(切换设备)，按【 ENTER 】，出现图 11.8 所示界面：

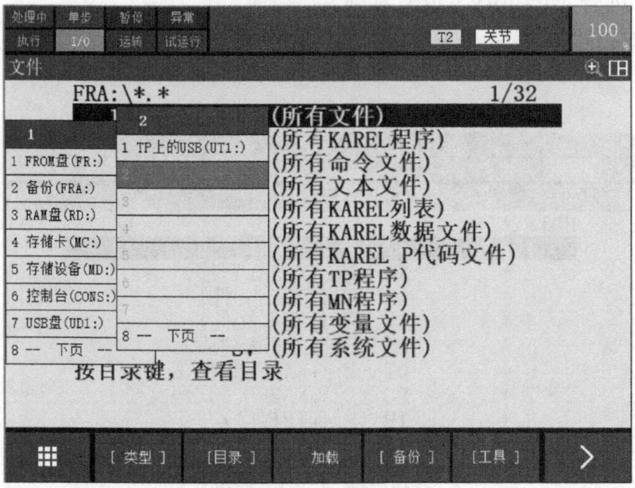

图 11.8 切换设备目录

Mem Card（MC），CF 卡。

Mem Device（MD），内部存储设备。

USB Disk（UD1），控制柜上的 USB 输出设备。

USB on TP（UT1），TP 上的 USB 输出设备。

③ 选择存储设备类型，如存储卡（MC），按【 ENTER 】，出现图 11.9 和图 11.10 所示界面。

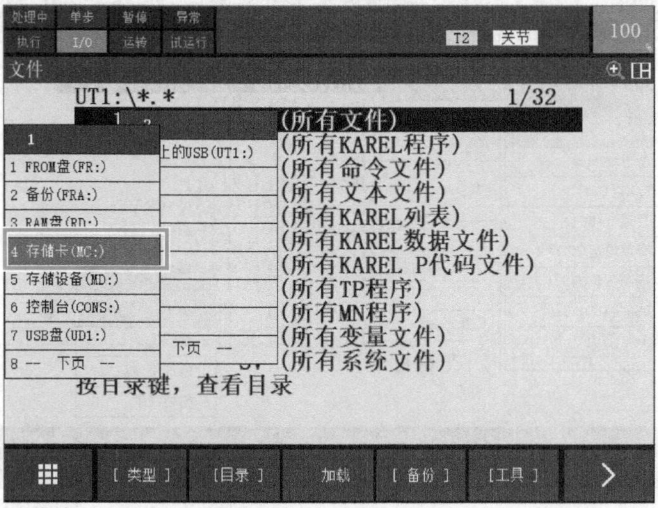

图 11.9 选择设备路径

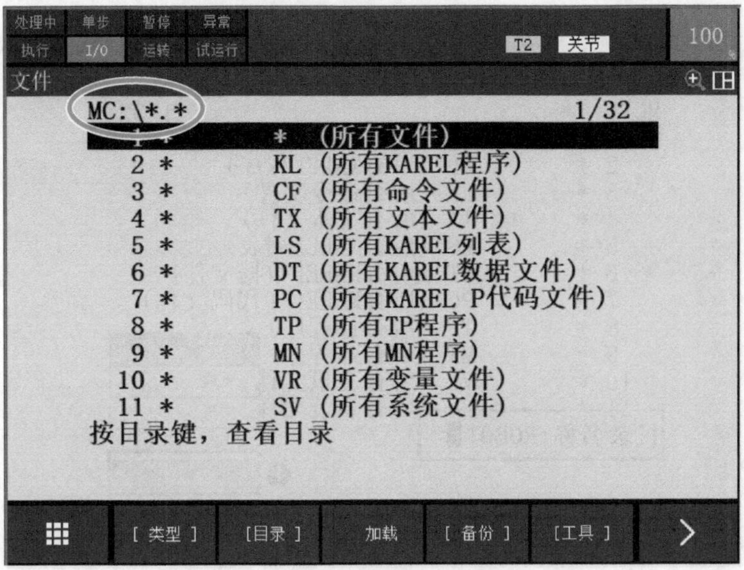

图 11.10　设备路径显示

④ 新建文件夹，按 F5【 UTIL 】功能，移动光标选择【 Make DIR 】(制作目录)，按【 ENTER 】，出现图 11.11 所示界面。

目录名称的创建可选择单词、大写、小写或使用键盘输入。以下以键盘输入为例。

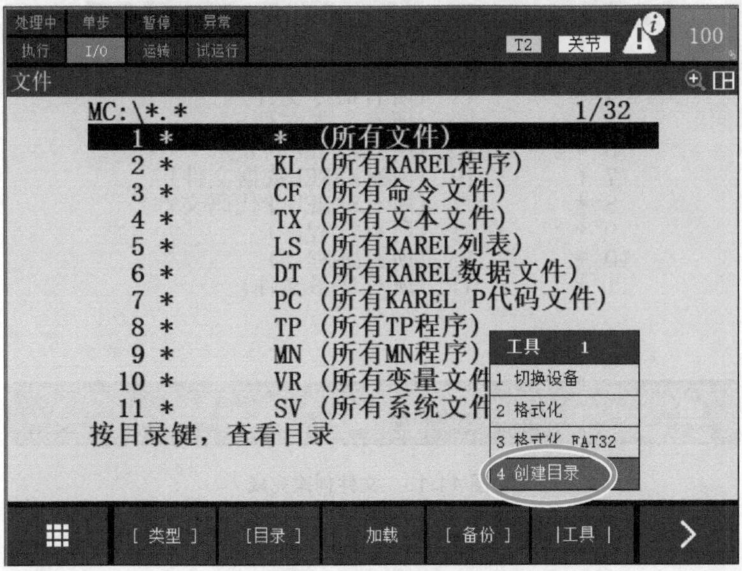

图 11.11　创建文件目录

⑤ 移动光标选择输入类型，用 F1 到 F5 或数字键输入文件夹名（Eg：ROBOT)，按【 ENTER 】，出现图 11.12 和图 11.13 所示界面。

目前路径为 MC:\ROBOT\，把光标移至 (Up one level(返回上目录) 行，按【 ENTER 】可退回前一个目录。

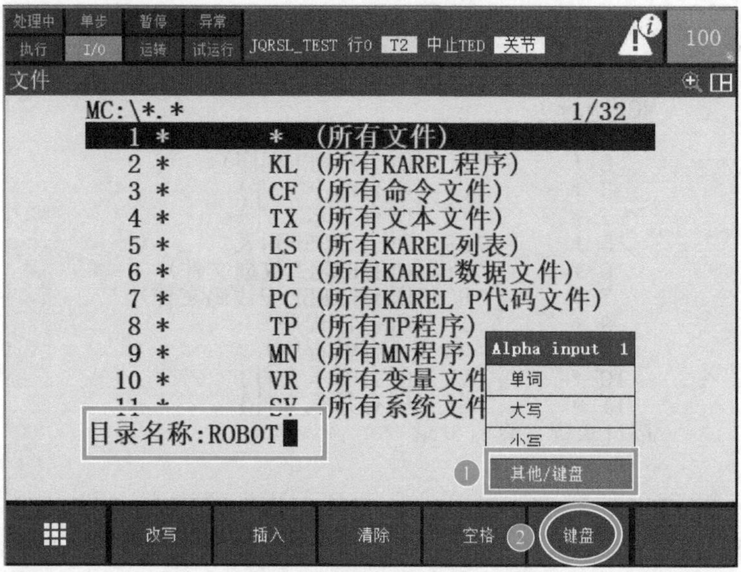

图 11.12 创建文件

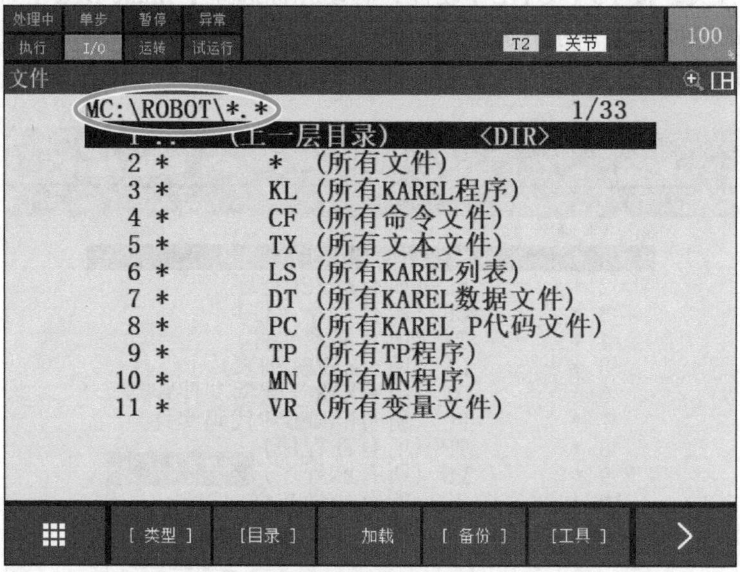

图 11.13 文件创建完成

⑥ 按 F4【 BACKUP 】(备份）出现图 11.14 所示界面。

System files（系统文件），系统文件。

TP programs（TP 程序），TP 程序。

Application（应用），应用文件。

Applic.–TP（应用 .–TP），TP 应用文件。

Error log（错误日志），报警文件。

Diagnastic（诊断），诊断文件。

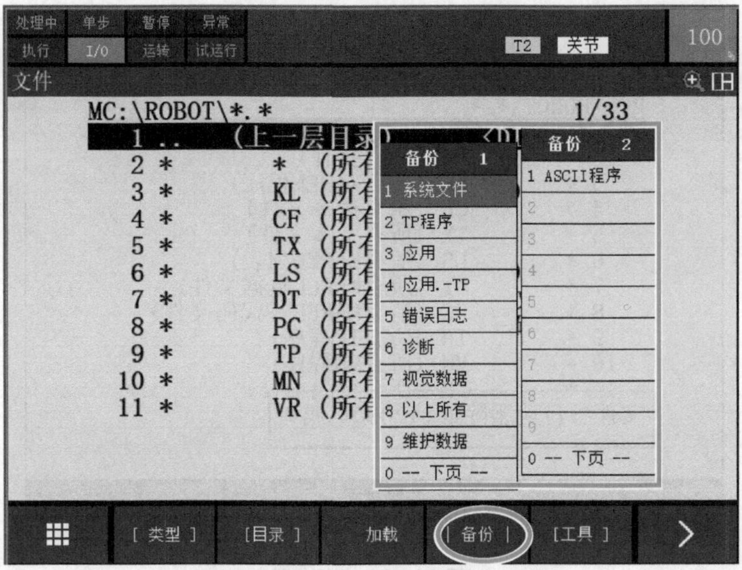

图 11.14　备份目录选择文件类型

Visiondata（视觉数据），视觉数据。

All of above（以上所有），全部数据。

Maintenancedata（维护数据），维护数据文件。

ASCII program（ASCII 程序），备份出来的文件均为 .LS 格式，可用记事本打开。

Image backup（镜像备份），只有 R–30iA、R - J3iC 控制柜才有这项。

⑦ 选择“以上所有”，按【ENTER】，显示图 11.15 和图 11.16 所示界面。

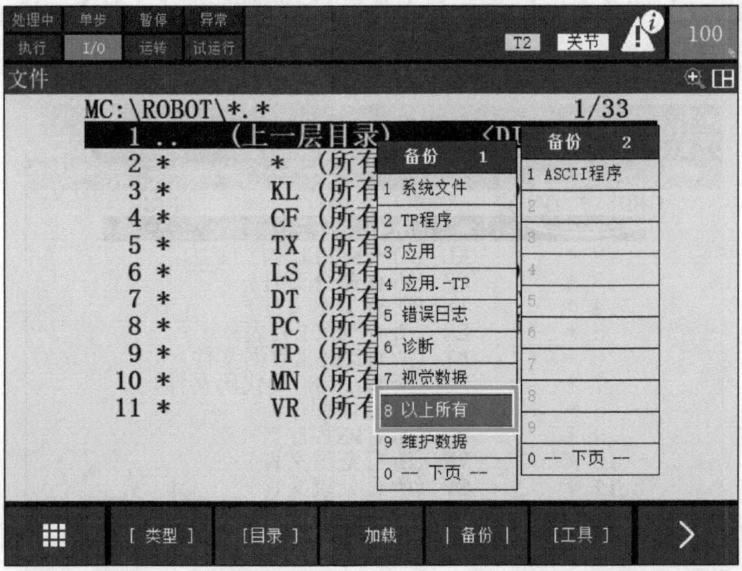

图 11.15　文件备份选择

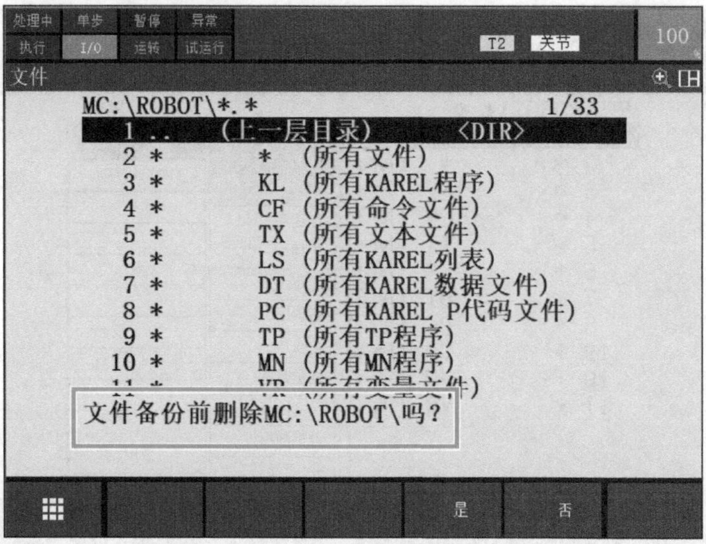

图 11.16 文件备份

首先会让你选择是否删除文件夹中的备份文件，然后才要求备份，连按两次 F4 即可。当屏幕显示文件保存成功，即备份完成。

2）单个文件的备份。备份步骤：

第一步确定机器人内部存储位置；

第二步从内部存储位置中找出所需备份的文件；

第三步选择将要存储的位置。

样例演示：(需要备份一个程序名为 JQRSL_TEST 的 TP 程序)

① 按【 MENU 】(菜单）→【 FILE 】(文件）→选择第一项【 文件 】→按【 Enter 】→ F5【 UTIL 】(工具）→切换设备→选择存储设备（MD：）设备，出现图 11.17 所示界面。

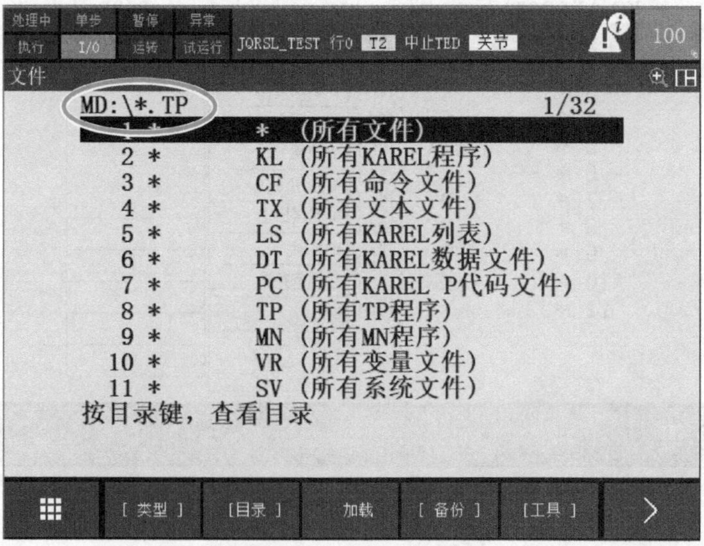

图 11.17 存储设备路径

② 选择文件，按 F2【DIR】，出现各种文件类型，如图 11.18 所示界面。

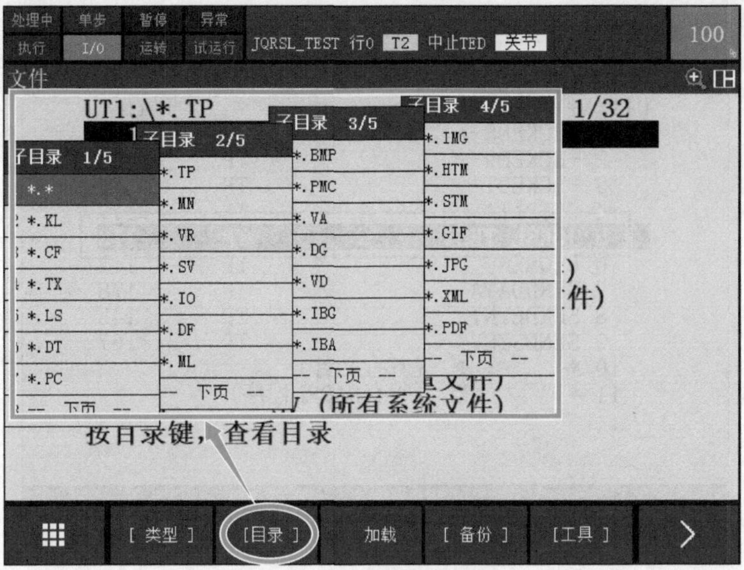

图 11.18 文件类型目录

③ 如图 11.19 所示，选择文件类型为 TP，按【ENTER】，并在界面中选中需要备份的文件。

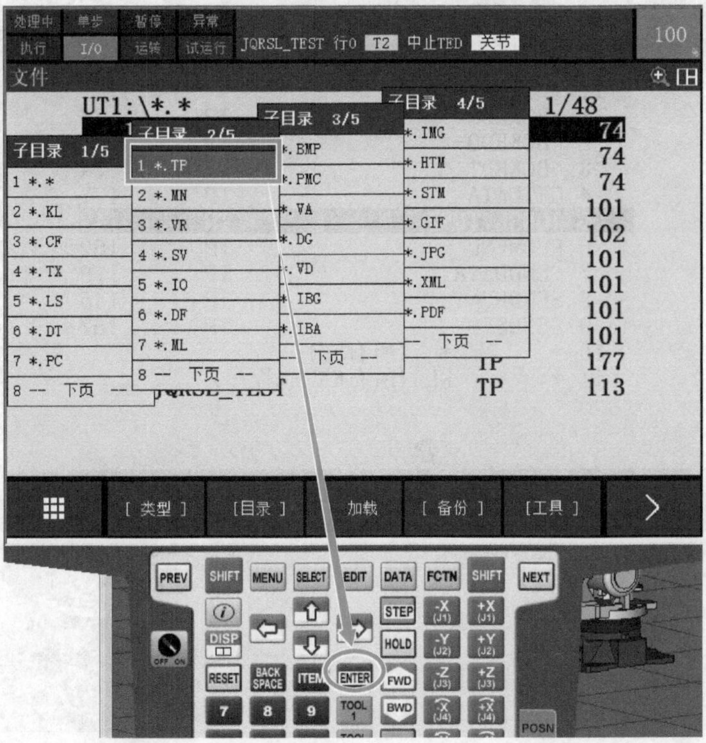

图 11.19 文件类型选择

④ 将光标移动到所需要备份的文件名上，如图 11.20 所示。

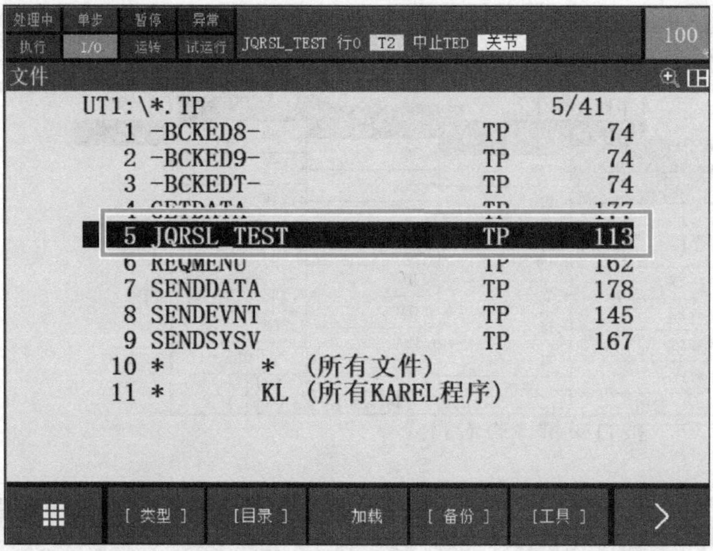

图 11.20 文件选择

⑤ 按下翻页【NEXT】，再按 F2【COPY】，出现图 11.21 和图 11.22 所示界面。文件复制界面含义如图 11.23 所示。

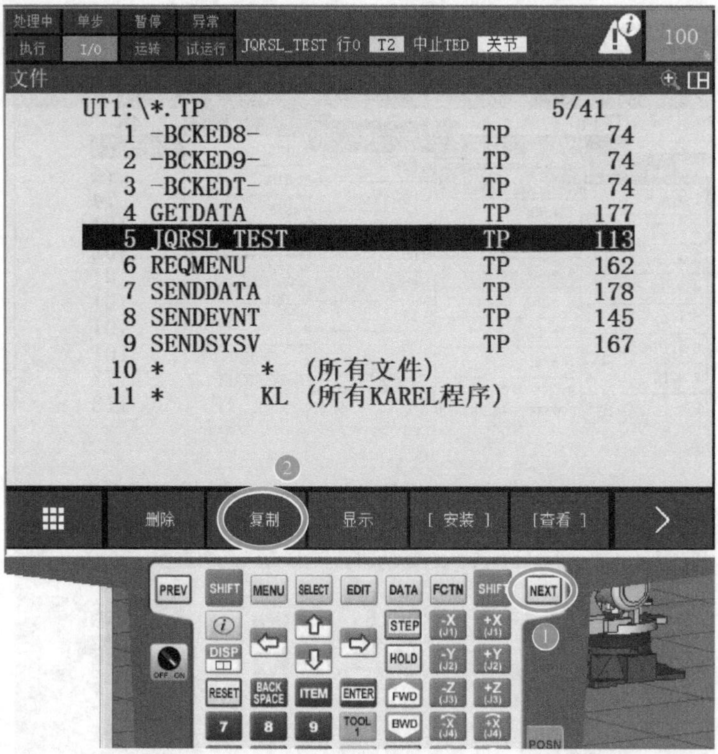

图 11.21 单个文件复制

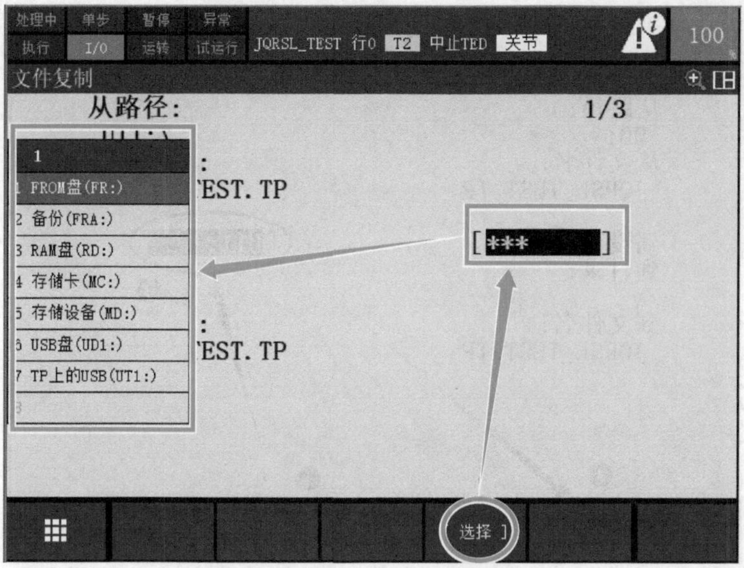

图 11.22 保存文件路径选择

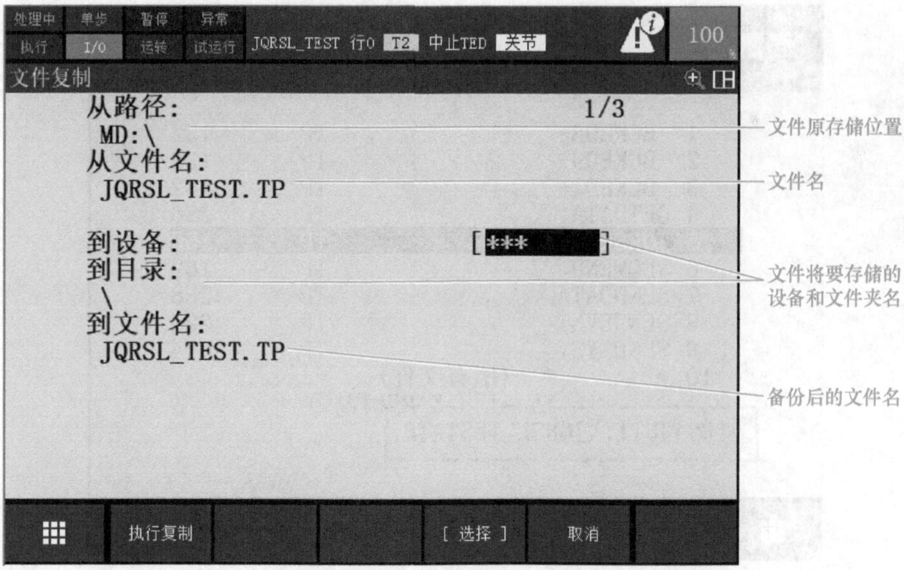

图 11.23 文件复制界面含义

⑥ 将文件将要存储的设备和文件夹名选好后，按 F1【 DO_COPY 】，出现图 11.24 和图 11.25 所示界面，即备份成功。

3）一般模式下的加载。

加载步骤：第一步选择需要加载的文件的外部存储设备；第二步从外部存储设备中找出所需加载的文件；第三步加载文件。样例演示：（以加载某个 TP 文件为例）

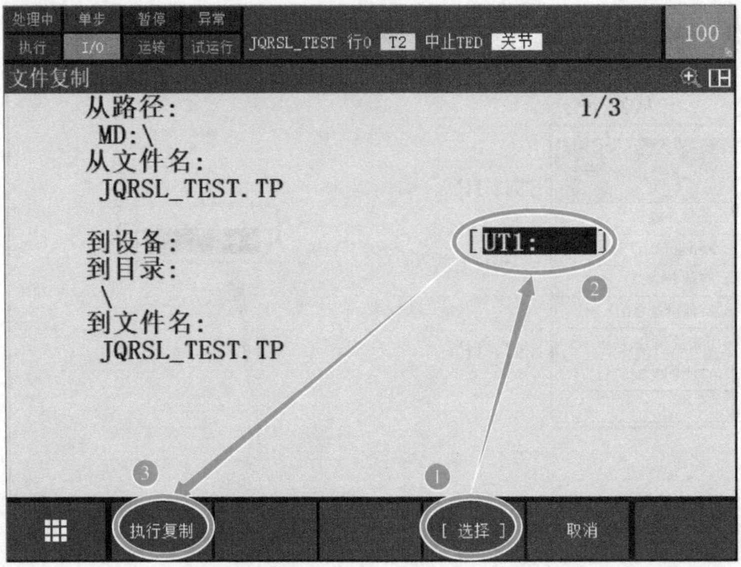

图 11.24 文件复制界面

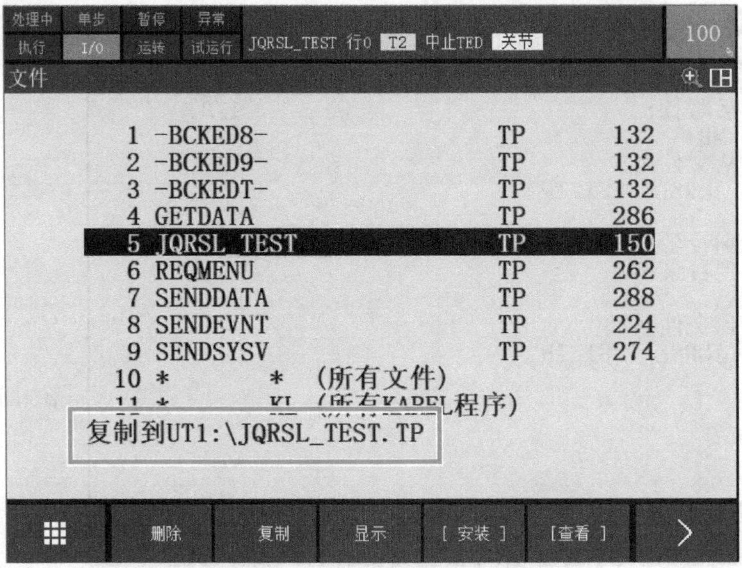

图 11.25 单个 TP 文件备份完成

① 按【 MENU 】(菜单) →【 FILE 】(文件) → F5【 UTIL 】(功能) 选择外部输入设备(如：MC)，出现图 11.26 所示界面。

② 选择文件，按 F2 “ DIR”，出现各种文件类型之后，选择 *.TP，按【 ENTER 】出现 TP 文件界面如图 11.27 所示。

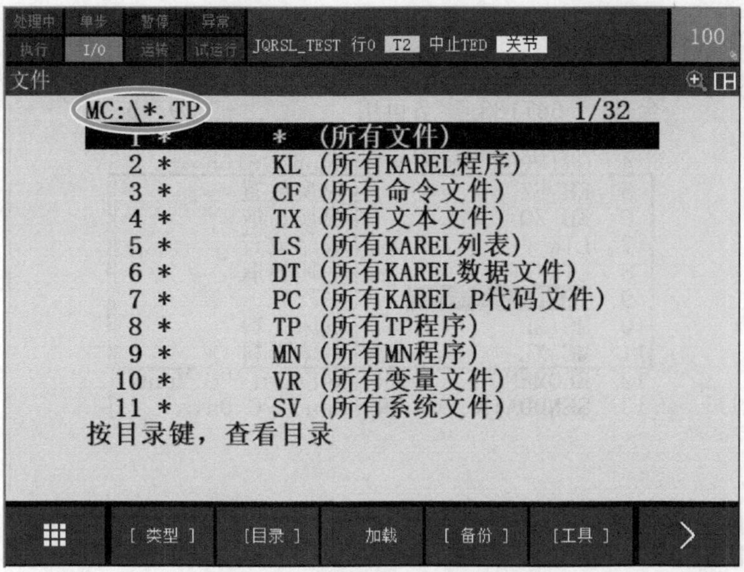

图 11.26 设备选择类型显示界面

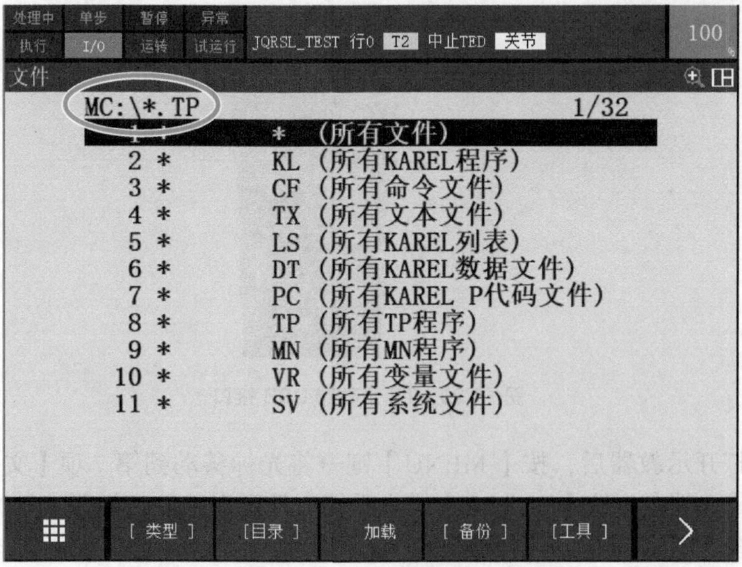

图 11.27 选择备份文件类型

任务实施

任务背景 1：有一台 FANUC 机器人，调试好后需要将程序批量调试，因此需要将调试好的机器人 TP 程序进行备份。

步骤一：需要确定所需的 TP 程序，如图 11.28 所示。

步骤二：将 U 盘插入 TP 示教器侧边的 USB 接口中，如图 11.29 所示。

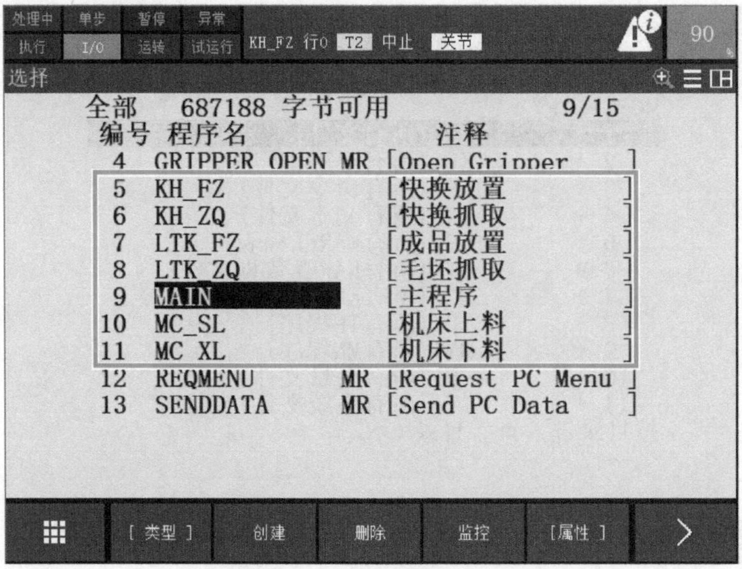

图 11.28 程序文件列表

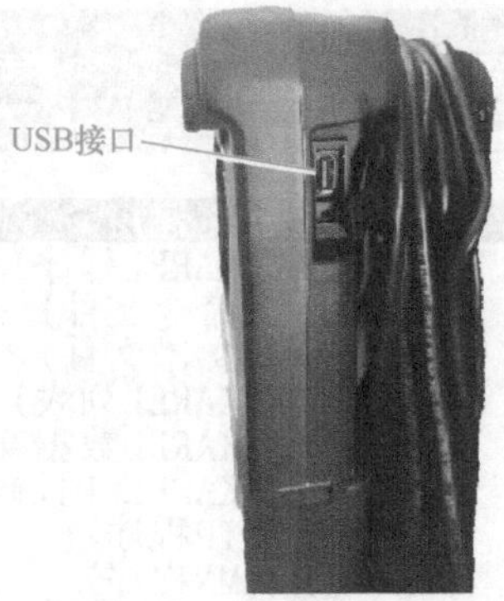

图 11.29 TP 示教器 USB 接口

步骤三：打开示教器后，按【MENU】键→将光标移动到第 7 项【文件】→光标右移选择第 1 项【文件】→按【ENTER】进入系统文件列表界面，如图 11.30 所示。

步骤四：按 F5【工具】→【切换设备】，选择 TP 上的 USB（UT1：），按【ENTER】进入 *.TP 文件列表界面，如图 11.31 所示。

步骤五：按 F5【工具】→【创建目录】（为了更好管理 TP 文件，建议备份时创建一个文件名），如图 11.32 所示，备份后的 TP 程序放置在 U 盘目录 ABC123 文件夹中。

步骤六：按 F4【备份】，弹出需要备份的文件类型，选择所需文件类型进行备份，此处选择“2 TP 程序”，如图 11.33 所示。

步骤七：按下【ENTER】键，出现图 11.34 所示界面，界面中有四个选项分别是“退出”“所有”“是”“否”。

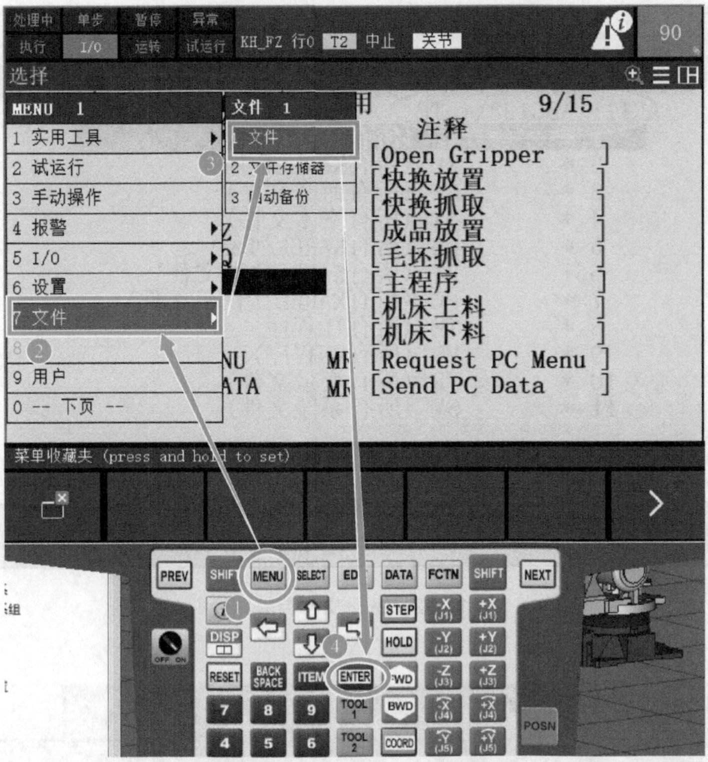

图 11.30 进入系统文件列表

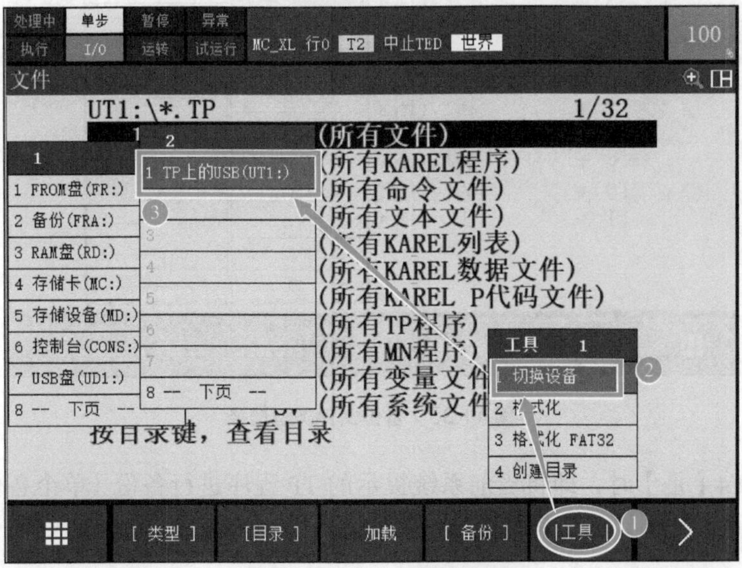

图 11.31 设备接口设置

—当选择 F2【退出】时，退出备份界面，即取消备份。

—当选择 F3【所有】时，即备份所有的 TP 程序。

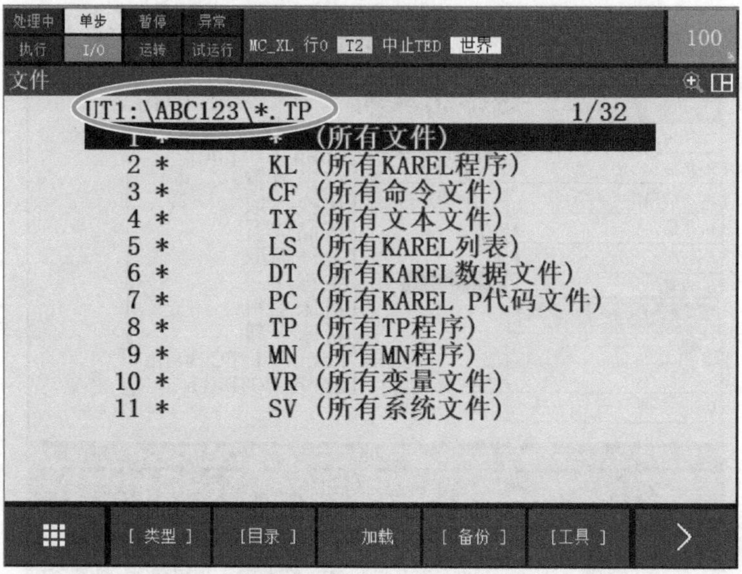

图 11.32 备份文件存放路径

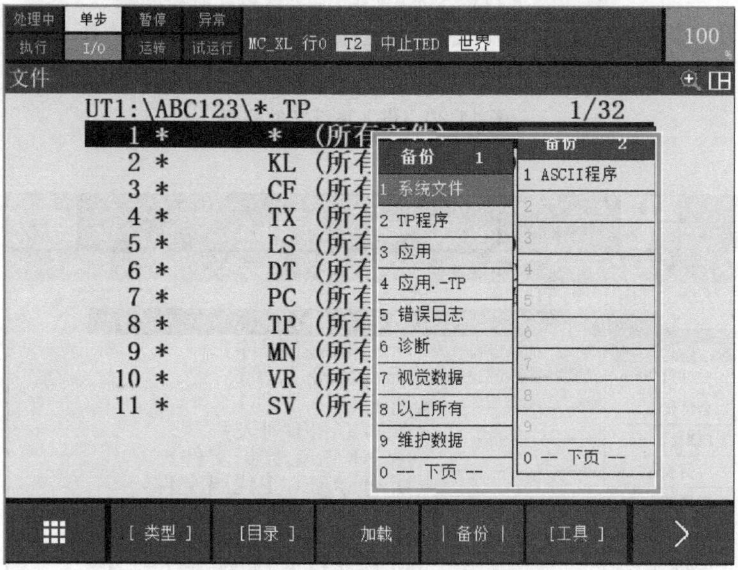

图 11.33 备份文件类型选择

—当选择 F4【是】时，即将当前系统提示的 TP 程序进行备份（单个备份）。

—当选择 F5【否】时，即跳过当前系统提示的 TP 程序，进入下一条程序，如图 11.35 所示。

步骤八：按 F3【所有】，即将所有 TP 程序文件复制到 U 盘目录下 ABC123 文件夹中，如图 11.36 所示。

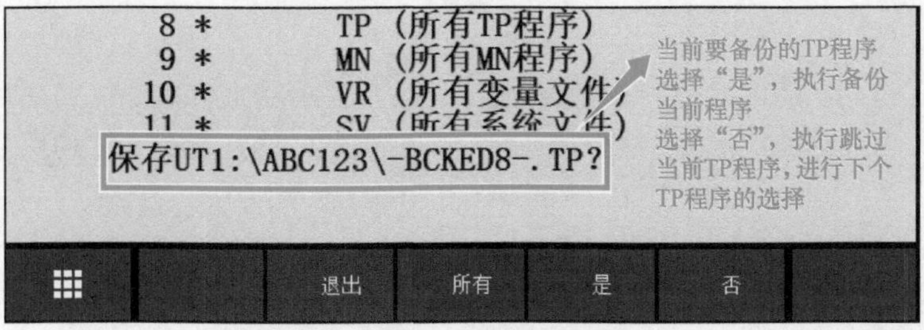

图 11.34 文件保存提示选择

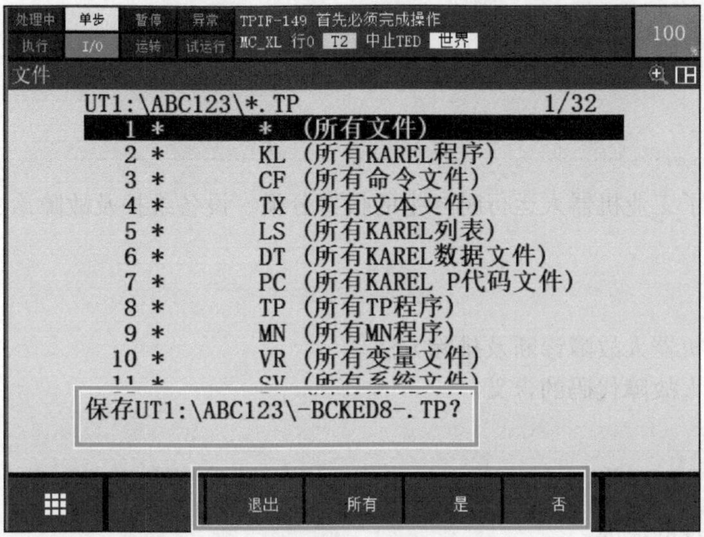

图 11.35 文件保存

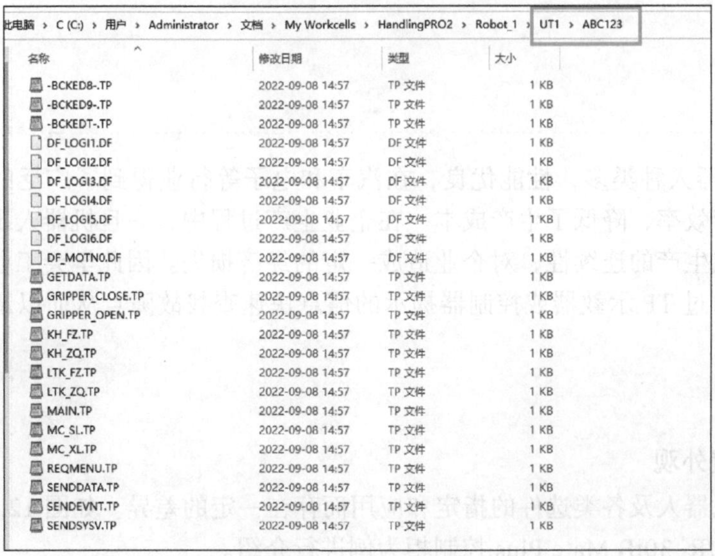

图 11.36 保存完成

项目 12

工业机器人故障诊断

项目引入

本项目给出了工业机器人运行时产生的报警分类、设备维护及故障诊断等内容。

项目目标

1. 掌握工业机器人故障诊断及排除方法。
2. 了解机器人故障代码的含义。

重点和难点

分析故障出现的原因。

12 工业机器人故障诊断

建议学时

4 学时

相关知识

FANUC 机器人种类多，性能优良，在汽车和电子等行业得到了广泛的应用，有效提升了企业的生产效率，降低了生产成本。在企业生产过程中，一旦机器人出现故障，就会影响整条生产线生产的连续性，对企业造成一定的经济损失。因此学会工业机器人故障诊断非常重要，通过 TP 示教器或控制器提示的信息快速查找故障点从而以最短的时间解决问题。

一、结构

1. 控制装置外观

因受控的机器人及各类选件的指定和应用而存在一定的差异。如图 12.1a、b、c 所示，以 R-30iB Mate/R-30iB Mate Plus 控制柜为例进行介绍。

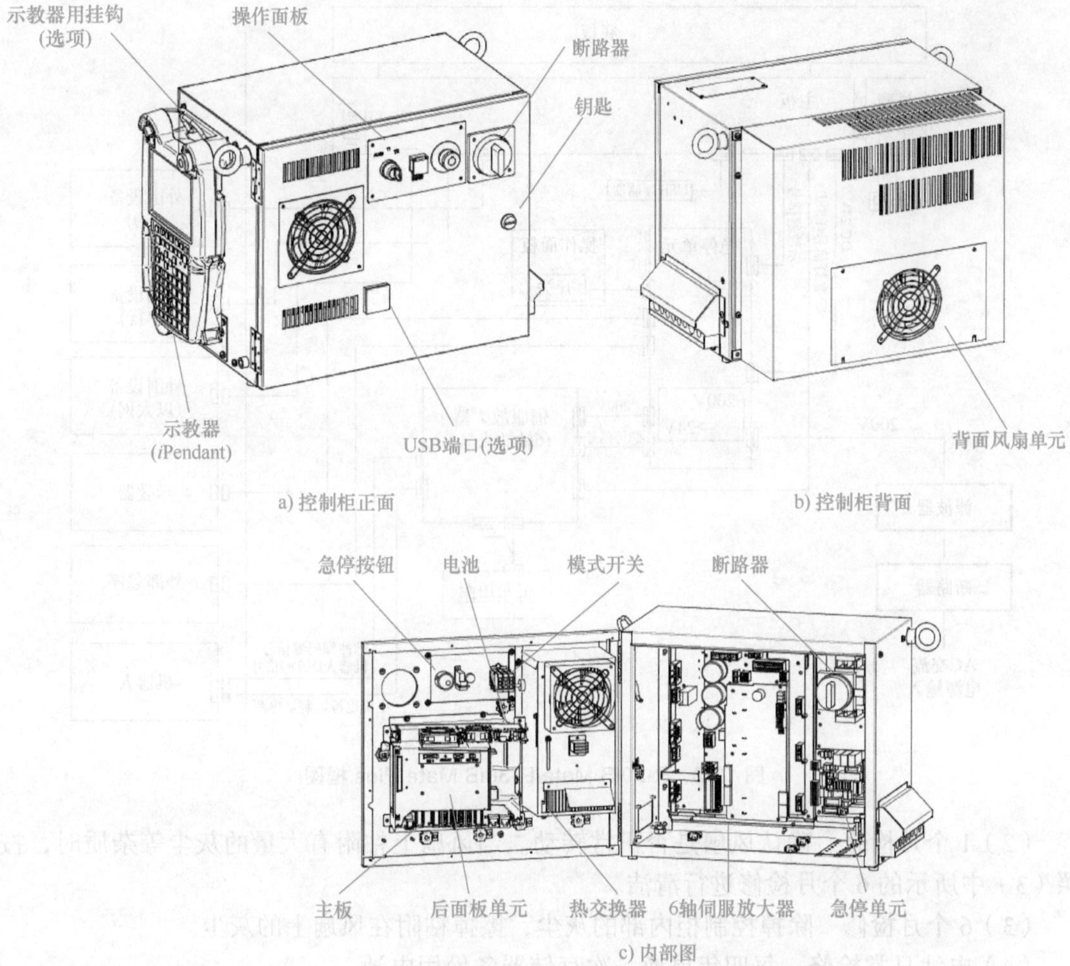

图 12.1 R-30iB Mate/R-30iB Mate Plus 控制柜

2. 构成单元的功能

图 12.2 所示为 R–30iB Mate/R–30iB Mate Plus 框图。

二、维护

通过进行日常检修、定期检修以及定期维修，可以将机器人的性能保持在长期稳定的状态。

（1）日常检修　在每天进行系统的运转时，对各部位进行清洁和维修，同时检查各部位有无龟裂或损坏，并就下事项，随时进行检修。

1）运转前。确认示教器连接电缆是否有过度的扭曲。确认控制装置以及外围设备是否有异常。

2）运转后。运转结束时，使机器人返回到适当的位置，并切断控制装置的电源。在进行各部位的清洁的同时，确认是否有龟裂或损坏。当控制装置的通风口上粘附有大量灰尘时，应将灰尘擦掉。

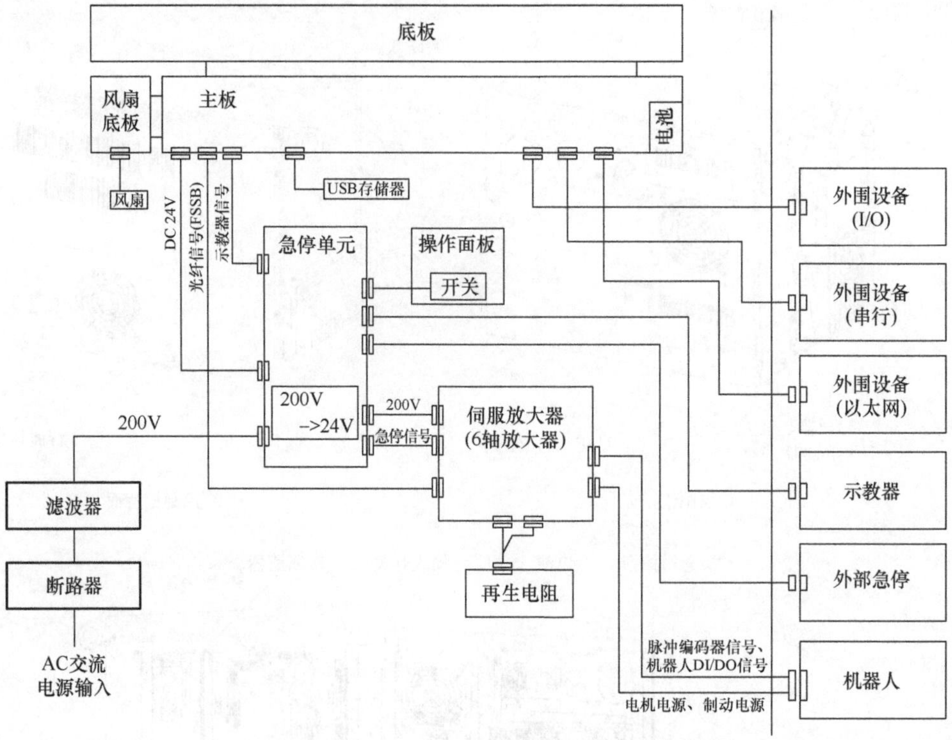

图 12.2 R-30iB Mate/R-30iB Mate Plus 框图

（2）1 个月检修　确认风扇是否正常转动。当风扇上粘附有大量的灰尘等杂质时，按照（3）中所示的 6 个月检修进行清洁。

（3）6 个月检修　除掉控制柜内部的灰尘，擦掉粘附在风扇上的灰尘。

（4）电池日常检修　每四年更换一次存储器备份用电池。

（5）自动备份　若将自动备份目的地指定为控制装置内 FROM 区域（FRA：），频繁地进行自动备份，恐会导致 FROM 破损，所以在频繁地进行自动备份时，请使用外部存储器。

三、报警代码查阅方法

报警代码显示有以下几种类型，如图 12.3 所示。

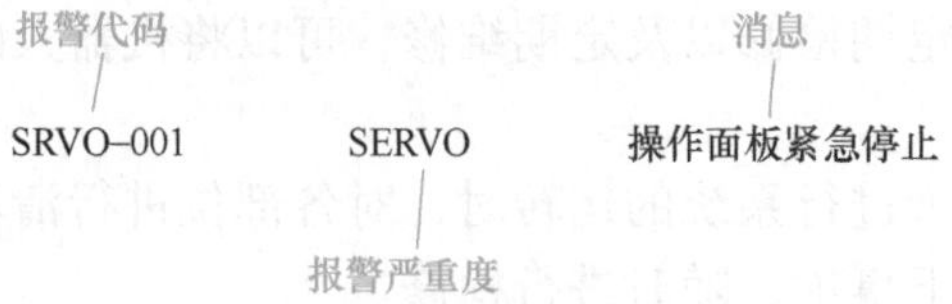

图 12.3 报警显示

1. 报警代码的显示

报警显示在 TP 示教器屏幕上方位置，如图 12.4 所示。

2. 报警的严重程度

报警发生原因不同，使程序或机器人停止的操作也不同。报警严重程度说明见表 12.1。

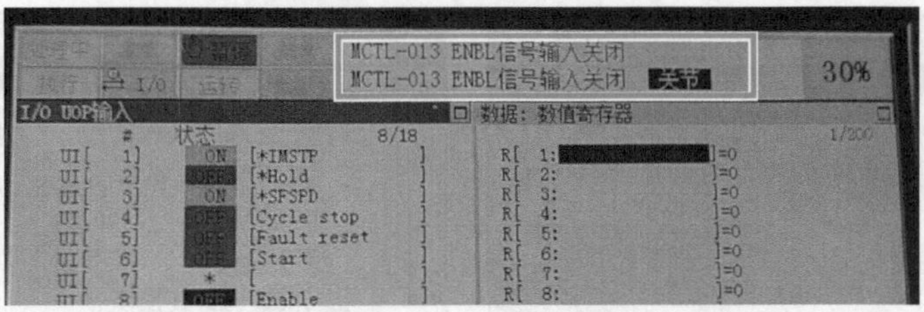

图 12.4　报警显示界面

表 12.1　报警严重程度说明

严重度	说明
WARN 报警	WARN 报警，警告操作者比较轻微的或非紧要的问题。WARN 报警对机器人的操作没有直接影响。示教器和操作面板的 LED 不会亮灯。为了预防今后有可能发生的问题，建议用户采取某种对策
PAUSE 报警	PAUSE 报警，中断程序的执行，在完成动作后使机器人的动作停止。执行前，需要采取针对报警的相应对策
STOP 报警	STOP 报警，中断程序的执行，使机器人的动作减速停止。执行前，需要采取针对报警的相应对策
SERVO 报警	SERVO 报警，切断伺服电源，使程序的执行中断，并使机器人的动作瞬时停止。SERVO 报警在发生与安全对策上的操作和机器人的动作相关的异常时发出
ABORT 报警	ABORT 报警，强制结束程序的执行，使机器人的动作减速停止
SERVO2 报警	SERVO2 报警，切断伺服电源，使程序的执行强制结束，并使机器人的动作瞬时停止
SYSTEM 报警	SYSTEM 报警，通常是发生在与系统相关的重大问题时引起的。SYSTEM 报警使机器人的所有操作都停止。在采取报警的应对措施后，再次通电

3. 报警履历查看步骤

当需要查看报警历史记录时，选择查看的报警类型，可进行报警履历的查询，图 12.5 为查看【报警日志】的操作界面。

方法：如图 12.5 和图 12.6 所示，按【MENU】菜单→【报警】→【报警日志】→【ENTER】→F3【履历】。

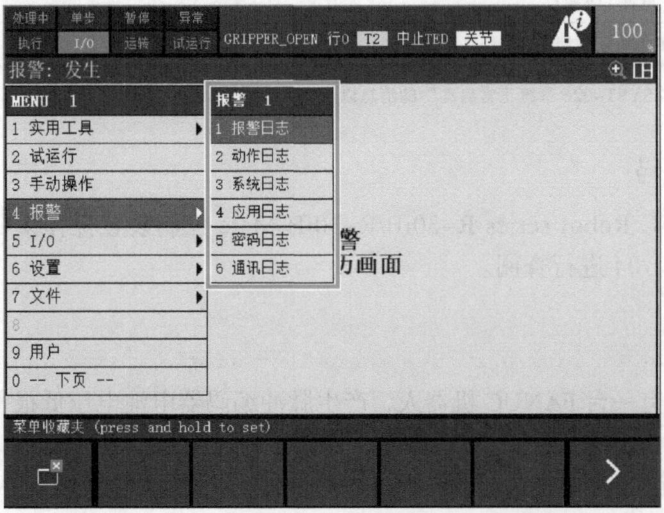

图 12.5　报警日志

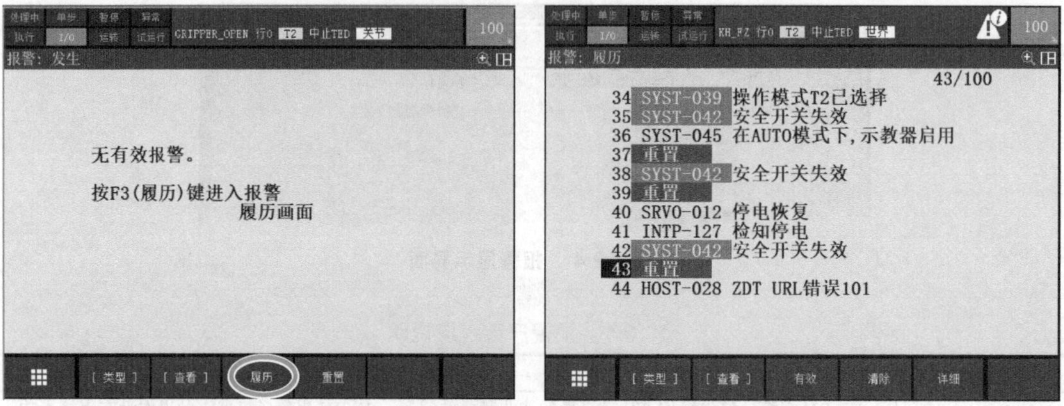

图 12.6 报警履历

报警严重度与颜色的关系见表 12.2。

表 12.2 报警严重度与颜色的关系

报警严重度	字体背景颜色
NONE WARN	无
PAUSE.L PAUSE.G	黄
STOP.L STOP.G	
SERVO SERVO2	红
ABORT.L ABORT.G	
SYSTEM	
重置（注释）	蓝
SYST-026 系统正常启动（注释）	

注：“重置”以及“SYST-026 系统正常启动”的消息以蓝色予以显示。

四、报警代码

可参照 FANUC Robot series R-30iB/R-30iB Mate 控制装置操作说明书（报警代码列表）B-83284CM-1/04 进行查阅。

任务实施

任务背景 1： 有一台 FANUC 机器人，产生脉冲编码器电池电压低报警提示，如图 12.7 所示。

1）一般若是机器人本体的备份电池电压低时，示教器上会出现 SRVO-065 报警，如图 12.8 所示。关于该报警的内容可以参考如下：

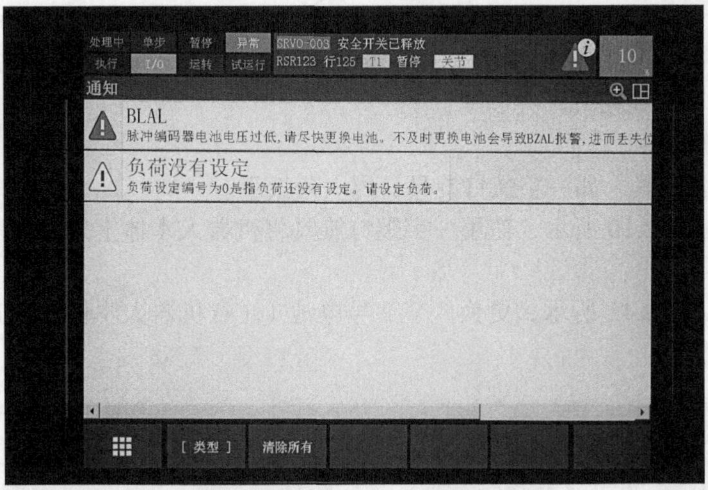

图 12.7 TP 示教器报警界面

SRVO–065 WARN BLAL 报警（G：IA：j）

原因：脉冲编码器的电池电压低于基准值。

图 12.8 报警履历

对策：更换机器人本体上的电池（4 节 2 号电池，1.5V），如图 12.9 所示。

图 12.9 机器人电池安装位置

注意：当发生此报警时，应尽快在通电状态下更换电池。如果没有及时更换电池且有 BZAL 报警发生时，会导致伺服电动机的位置数据丢失，则会出现 SRVO-062 BZAL 报警，此时机器人将不能动作。

2）电池更换步骤。

步骤 1：准备工具，如一字螺钉旋具、内六角扳手。

步骤 2：如图 12.10 所示，使用一字螺钉旋具将机器人本体上外层电池防护盖的两颗螺钉拆下。

步骤 3：如图 12.11 所示，更换 4 节 2 号电池（注意机器人本体上的正、负极标识），然后将盖子盖好。

图 12.10　机器人本体电池拆卸

图 12.11　机器人本体电池

任务背景 2：有一台 FANUC 机器人，产生 SRVO-062 BLAL 报警（G：IA：j）。机器人不能动作。

故障原因：脉冲编码器的绝对位置后备用电池尚未连接，或者电池耗尽。换上新电池后仍然发生该报警时，可能是由于机器人内的电池电缆断线等所致。

故障排除对策：1）更换机器人基座的电池盒内的电池。

2）更换已发生报警的轴的脉冲编码器。

3）确认向脉冲编码器供应来自电池的电源的机器人内部电缆没有断线或发生接地故障，若有异常则予以更换。

在排除报警的原因后，进行脉冲复位，并重新通电。然后，需要进行零点标定。脉冲复位有如下两种方法：

方法 1：

步骤 1：如图 12.12 所示，按【MENU】键进入菜单收藏夹界面。

步骤 2：如图 12.13 所示，在 TP 操作面板数字键盘上输入“0”或按 键，再按【ENTER】进入下一页。

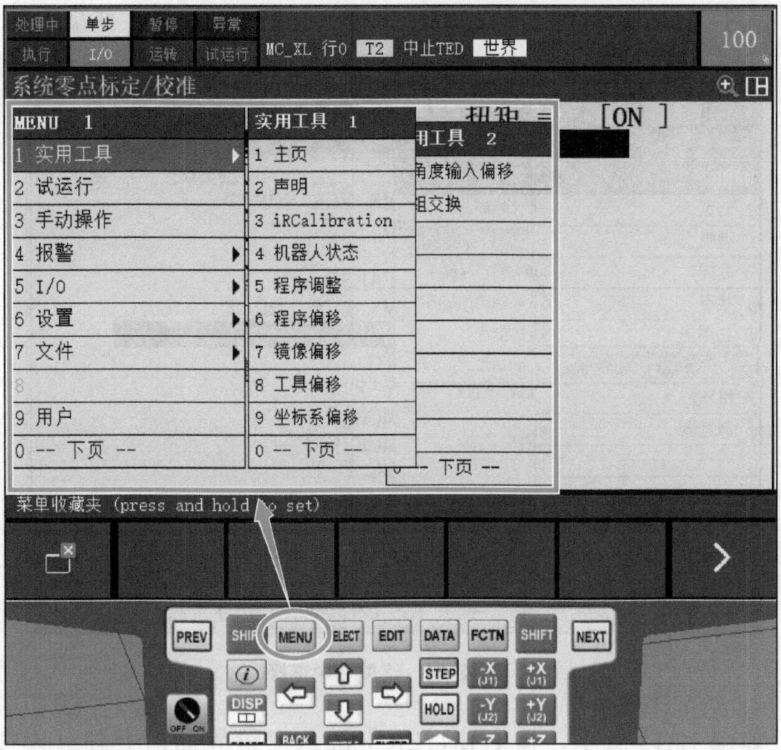

图 12.12　菜单选择

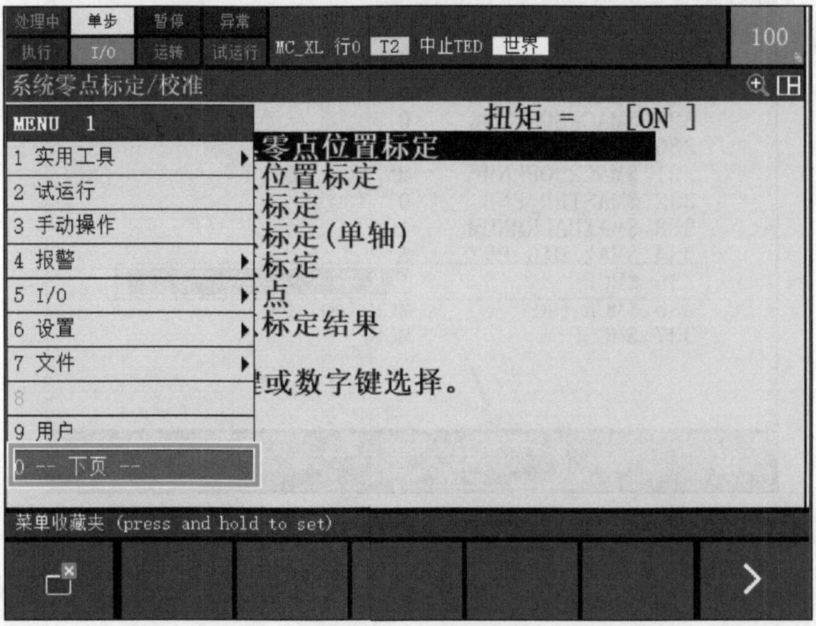

图 12.13　菜单 2 选择

步骤 3：如图 12.14 所示，选择“6 系统”项，光标右移选择【变量】。

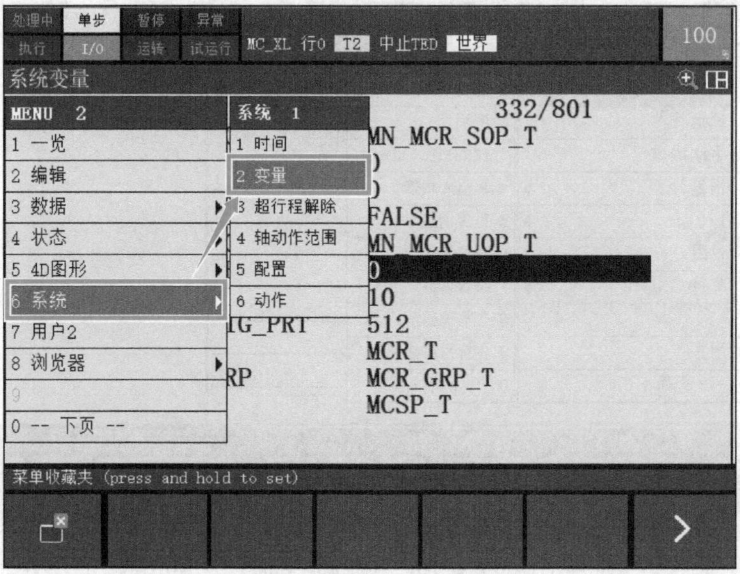

图 12.14 菜单 2 中选择

步骤 4：如图 12.15 所示，按【ENTER】进入变量界面；下翻页或搜索行号 335 $MCR。

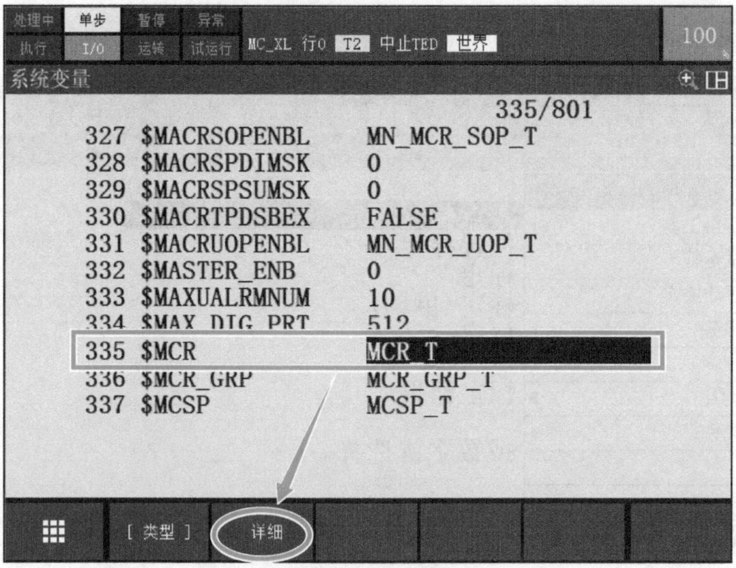

图 12.15 系统变量界面

步骤 5：如图 12.16 所示，按 F2【详细】进入 $MCR 的子菜单页面；找到 $SPC_RESET 项，按 F4【有效】，将之改为“TRUE”；该项在变为“TRUE”的瞬间自动变为“FALSE”。

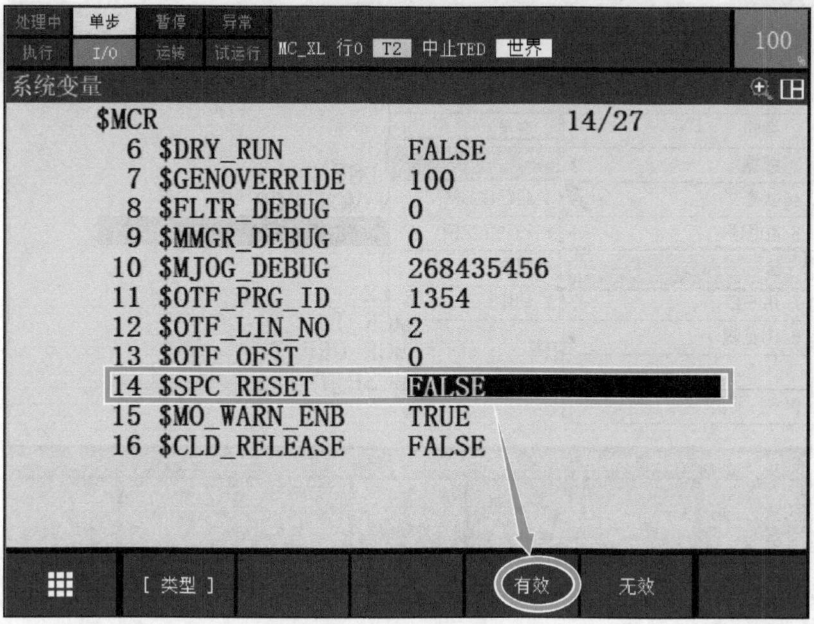

图 12.16　系统变量数据修改

步骤 6：如图 12.17 所示，设置完成后按【 RESET 】复位，再按【 PREV 】返回上一级菜单。

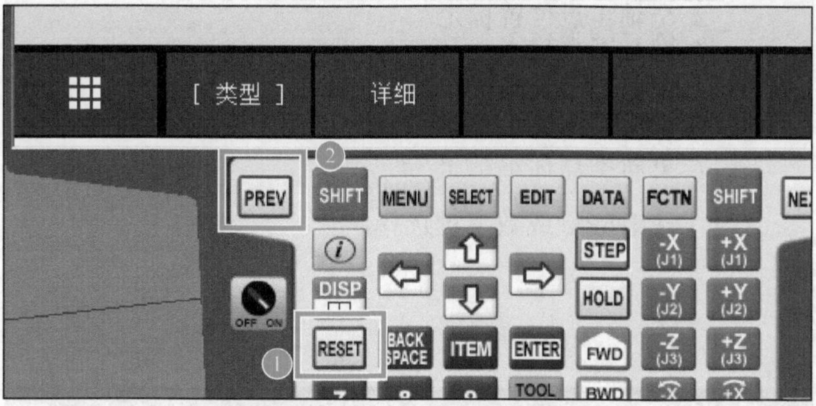

图 12.17　系统变量设置完成

方法 2：

步骤 1：如图 12.18 所示，在【零点标定 / 校准】界面按【 ENTER 】进入。

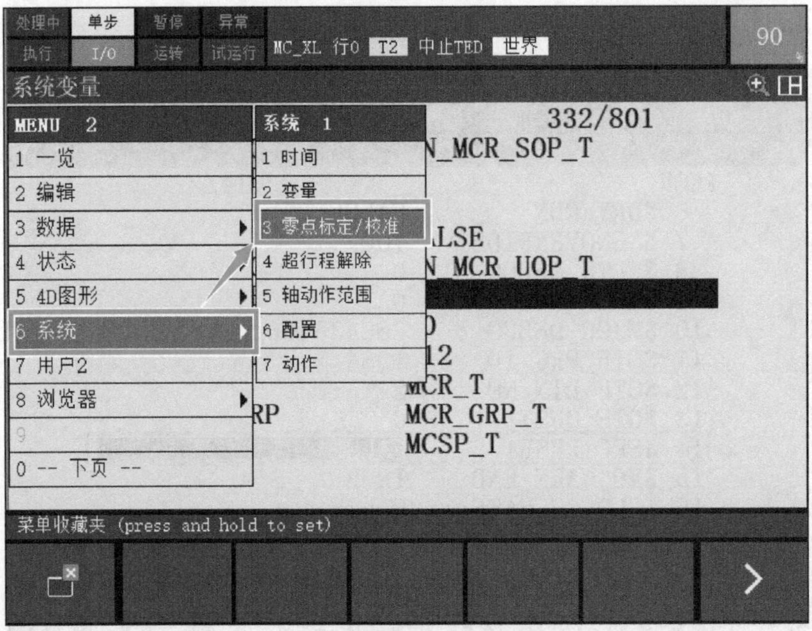

图 12.18　零点标定

步骤 2：进入系统零点标定 / 校准，如图 12.19 所示。

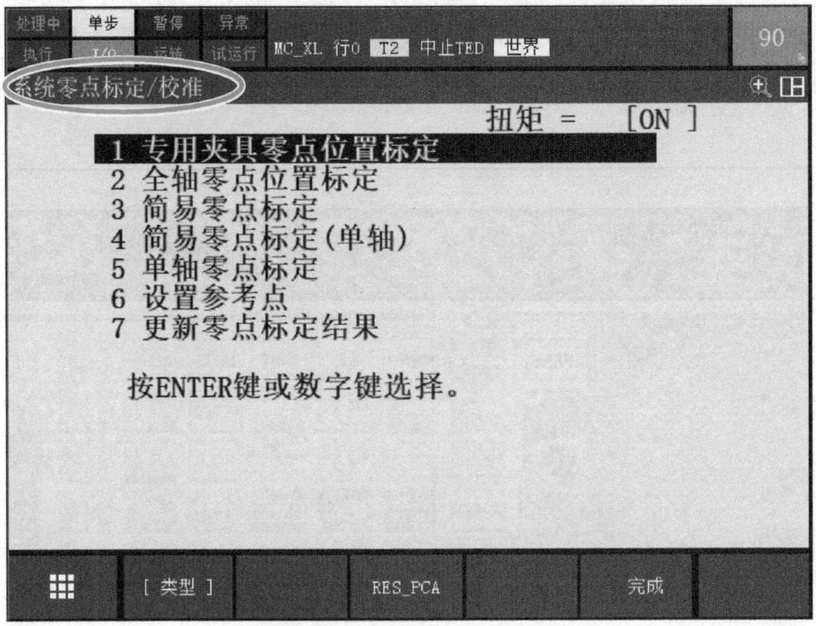

图 12.19　系统零点标定 / 校准

步骤 3：如图 12.20 所示，按 F3【 RES_PCA 】键，选择是否需要接触脉冲编码器报警。

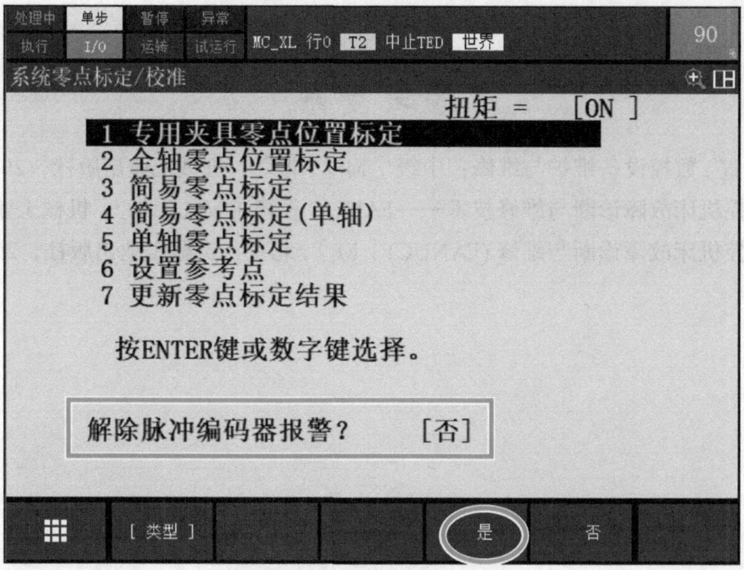

图 12.20 RES_PCA 设定

步骤 4：如图 12.21 所示，选择“是”后报警复位成功。

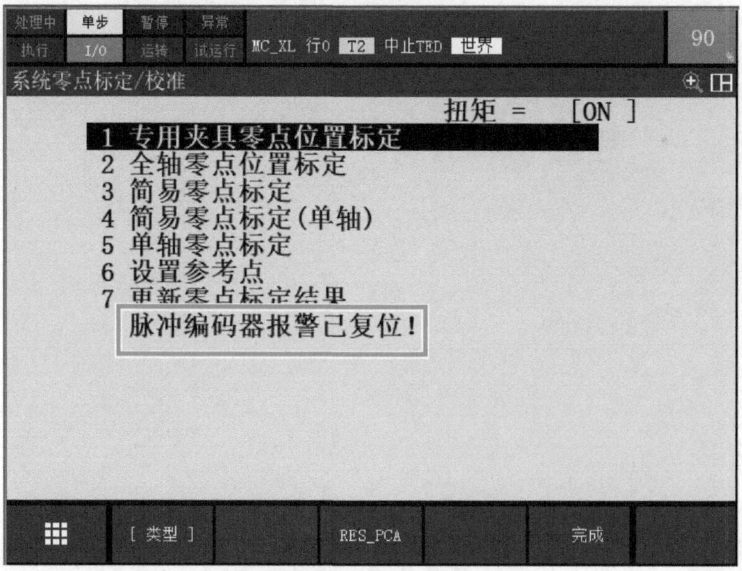

图 12.21 报警复位完成

参 考 文 献

[1] 周兰，赵小宣 . 数控设备维护与维修：中级 [M] . 北京：机械工业出版社，2021.

[2] 刘永久 . 数控机床故障诊断与维修技术——FANUC 系统 [M] . 北京：机械工业出版社，2019.

[3] 董晓岚 . 数控机床故障诊断与维修 (FANUC) [M] . 北京：机械工业出版社，2019.

高等职业教育智能制造领域人才培养系列教材

智能制造装备故障诊断与技术改造

任务书

周　兰　武　峰　吕　洋　编著

机 械 工 业 出 版 社

目录

实训任务 1.1

数控系统电源类故障诊断与排查任务书

班级____________　　姓名____________　　学号____________

一、实训任务

车间一台配置 0I–MF Plus 数控系统的亚龙 YL–569 型加工中心，针对数控系统电源类故障排查，完成下面任务：

1）数控系统电源电路检测及电压测量。

2）根据数控系统数码管指示找到故障原因。

3）进行数控系统黑屏故障排查。

4）通过引导界面进行故障排查。

二、实训能力目标

通过实训任务实施，达到以下能力目标：

1）能够进行数控系统电源类故障排查。

2）能够根据数控系统数码管显示进行故障排查。

3）能够排查数控系统黑屏故障。

4）能够根据数控系统引导界面进行故障排查。

三、实训设备

配置 0I–MF Plus 数控系统的亚龙 YL–569 型加工中心、万用表。

四、实训内容

1. 数控系统电源电路检测

根据数控系统电源电路图（图 1.1.2）、数控系统启停电路图（图 1.1.3），使用万用表，完成表 1.1.1（训）内容。

表 1.1.1（训）　数控系统电源电路检测

序号	工作任务	工作内容	完成情况
1	数控系统电源电路图检测	按照电路图顺次测试数控系统电源电路：	
2	数控系统启停电路检测	按照电路图顺次测试数控系统启停电路：	
3	接口 CP1 电压测量	拔下数控系统主板 CP1 电源接口，数控系统上电，测量引脚 1、引脚 2 电压：	
成绩评定 K1			

2. 数控系统数码管显示及故障排查

数控系统断电后拔下主轴放大器 JYA2 接口电缆，数控系统上电，完成表 1.1.2（训）内容。

表 1.1.2（训）　数控系统数码管显示及故障排查

序号	工作任务	工作内容	完成情况
1	记录数控系统主板 7 段数码管 LED 状态指示	7 段数码管 LED 状态指示：	
2	记录数控系统主板 ALM1、ALM2、ALM3 报警状态指示	ALM1、ALM2、ALM3 报警状态指示：	
3	查找维修说明书，分析可能的故障原因	可能的故障原因：	
成绩评定 K2			

3. 数控系统黑屏故障排查

模拟数控系统黑屏故障，脱开 XT1：39 上 12 号线，给数控系统上电，完成表 1.1.3（训）内容。

表 1.1.3（训） 数控系统黑屏故障排查

序号	工作任务	工作内容	完成情况
1	给数控系统上电	记录观察到的现象：	
2	排除是屏保故障	排除屏保故障方法：	
3	用万用表测量 CP1 电压	记录电压值：	
4	检查启停电路	1）检查启停电路，找到故障点： 2）排除故障：	
5	整理黑屏故障排查思路	故障排查思路：	
成绩评定 K3			

4. 数控系统通过引导界面进行故障排查

拔掉伺服放大器 X 轴电动机编码器反馈电缆，数控系统上电，完成表 1.1.4（训）内容。

表 1.1.4（训） 数控系统通过引导界面进行故障排查

序号	工作任务	工作内容	完成情况
1	进入引导界面	进入引导界面步骤：	
2	按照向导内容进行故障排查	记录故障排查过程：	
成绩评定 K4			

5. 工作过程记录

工作过程记录包括工作规范、工具使用、团队协作、个人能力等方面，完成表 1.1.5（训）内容。

表 1.1.5（训）职业素质训练

序号	评价指标	实训记录	实训完成情况
1	工作规范性		
2	工具、工具书使用		
3	团队协作		
4	工作态度及个人贡献		
5	解决问题能力及创新		
成绩评定 K5			

五、成绩评定

综合成绩评定见表 1.1.6（训）。

表 1.1.6（训）综合成绩评定

分项成绩	加权	加权后成绩
K1		K11
K2		K21
K3		K31
K4		K41
K5		K51
最终成绩 K		

实训任务 1.2

数控系统基于履历界面故障诊断应用任务书

班级____________ 姓名____________ 学号____________

一、实训任务

车间一台配置 0I-MF Plus 数控系统的亚龙 YL-569 型加工中心，针对数控系统操作履历功能，完成下面任务：

1）查看数控系统报警履历。

2）查看数控系统外部操作信息履历。

3）查看数控系统操作履历。

4）按照要求显示数控系统操作履历信息。

二、实训能力目标

通过实训任务实施，达到以下能力目标：

1）能够查看、分析数控系统报警履历。

2）能够查看、分析数控系统外部操作信息履历。

3）能够查看、分析数控系统操作履历。

4）能够在操作履历界面分析信号的变化，进行刀补变更履历文件输出。

三、实训设备

配置 0I-MF Plus 数控系统的亚龙 YL-569 型加工中心。

四、实训内容

1. 查看数控系统报警履历

查看数控系统报警履历，完成表 1.2.1（训）内容。

表 1.2.1（训）　查看数控系统报警履历

序号	工作任务	工作内容	完成情况
1	进入数控系统报警履历界面	写出操作步骤：	
2	查看数控系统报警履历内容	在最新的报警履历界面，举例说明某报警履历包含的内容：	
3	进入数控系统报警履历界面设置相关参数	相关参数设置：	
成绩评定 K1			

2. 查看数控系统外部操作信息履历

查看数控系统外部操作信息履历，完成表 1.2.2（训）内容。

表 1.2.2（训）　查看数控系统外部操作信息履历

序号	工作任务	工作内容	完成情况
1	进入数控系统外部操作信息履历界面	写出操作步骤：	
2	查看外部操作信息履历内容	在最新的外部操作信息履历界面，举例说明某报警履历包含的内容：	
3.	进入数控系统外部操作信息履历界面设置相关参数	相关参数设置：	
成绩评定 K2			

3. 查看数控系统操作履历

查看数控系统操作履历，完成表 1.2.3（训）内容。

表 1.2.3（训） 查看数控系统操作履历

序号	工作任务	工作内容	完成情况
1	进入数控系统操作履历界面	写出操作步骤：	
2	查看数控系统操作履历内容	在最新的操作履历界面，举例说明某报警履历包含的内容：	
3	进入数控系统操作履历界面设置相关参数	相关参数设置：	
		成绩评定 K3	

4. 数控系统操作履历信息显示

进行数控系统信号变化、刀偏数据变更记录，完成表 1.2.4（训）内容。

表 1.2.4（训） 数控系统操作履历信息显示

序号	工作任务	工作内容	完成情况
1	在操作履历界面记录空运行 G46.1 信号的变化	1）在操作履历信号选择界面进行 G46.1 信号设定： 2）通过机床操作面板进行空运行选择操作： 3）进入操作履历界面，G46.1 信号变化截屏：	
2	在操作履历界面进行刀补数据输出	1）将 2 号刀具半径补偿设置为 4： 2）将刀具补偿数据变更记录输出至 PC：	
		成绩评定 K4	

5. 工作过程记录

工作过程记录包括工作规范、工具使用、团队协作、个人能力等方面，完成表 1.2.5（训）内容。

表 1.2.5（训）　职业素质训练

序号	评价指标	实训记录	实训完成情况
1	工作规范性		
2	工具、工具书使用		
3	团队协作		
4	工作态度及个人贡献		
5	解决问题能力及创新		
		成绩评定 K5	

五、成绩评定

综合成绩评定见表 1.2.6（训）。

表 1.2.6（训）　综合成绩评定

分项成绩	加权	加权后成绩
K1		K11
K2		K21
K3		K31
K4		K41
K5		K51
最终成绩 K		

实训任务 2.1

伺服驱动器故障诊断与排查任务书

班级____________　　姓名____________　　学号____________

一、实训任务

车间一台配置 0I–MF Plus 数控系统的亚龙 YL–569 型加工中心，根据数控系统显示伺服驱动报警及伺服驱动器数码管显示报警，完成下面任务：

1）伺服驱动器基于 LED 数码管指示故障诊断与排查。

2）数控系统电源模块 MCC 控制回路故障诊断与排查。

二、实训能力目标

通过实训任务实施，达到以下能力目标：

1）具备根据伺服报警号和伺服数码管显示进行故障分析和故障排查的能力。

2）具备根据伺服报警进行维修说明书查阅及分析的能力。

3）具备伺服驱动电气线路检查及故障排查的能力。

三、实训设备

配置 0I–MF Plus 数控系统的亚龙 YL–569 型加工中心。

四、实训内容

1. 伺服驱动器基于 LED 数码管指示故障诊断与排查

观察伺服驱动器 LED 数码管显示状态，完成表 2.1.1（训）内容。

表 2.1.1（训）　伺服驱动器数码管显示与故障排查

序号	工作任务	工作内容	完成情况
1	数控系统上电无报警，记录数控系统正常运行时伺服驱动器数码管指示状态	数控系统正常运行时伺服驱动器数码管指示：	

（续）

序号	工作任务	工作内容	完成情况
2	拔掉 X 轴 JF1 编码器反馈电缆	1）记录数控系统报警显示内容： 2）记录伺服驱动器数码管显示状态： 3）查看维修说明书，分析可能的故障原因： 4）排除故障，断电连接 JF1 接口	
成绩评定 K1			

2. 数控系统电源模块 MCC 控制回路故障诊断与排查

对于数控系统电源模块 MCC 控制回路，脱开电气控制柜 XT1：20 端子上 3 号线，完成表 2.1.2（训）内容。

表 2.1.2（训） 数控系统电源模块 MCC 控制回路故障诊断排查

序号	工作任务	工作内容	完成情况
1	记录故障现象	1）数控系统报警号及报警内容： 2）记录电源模块、伺服驱动模块数码管显示状态：	
2	观察交流接触器 KM1 状态	1）检查交流接触器 KM1 常开触点吸合情况： 2）用万用表测量交流接触器 KM1 线圈电压： 3）数控系统断电，用万用表测试 MCC 控制回路，找到故障点： 4）排除故障：连接好电气控制柜 XT1：20 端子上 3 号线	
成绩评定 K2			

3. 工作过程记录

工作过程记录包括工作规范、工具使用、团队协作、个人能力等方面，完成表 2.1.3（训）内容。

表 2.1.3（训） 职业素质训练

序号	评价指标	实训记录	实训完成情况
1	工作规范性		
2	工具、工具书使用		
3	团队协作		
4	工作态度及个人贡献		
5	解决问题能力及创新		
成绩评定 K3			

五、成绩评定

综合成绩评定见表 2.1.4（训）。

表 2.1.4（训） 综合成绩评定

分项成绩	加权	加权后成绩
K1		K11
K2		K21
K3		K31
最终成绩 K		

实训任务 2.2

主轴驱动器故障诊断与排查任务书

班级____________ 姓名____________ 学号____________

一、实训任务

车间一台配置 0I-MF Plus 数控系统的亚龙 YL-569 型加工中心，通过数控系统显示主轴报警及主轴驱动器数码管显示报警，完成下面任务：

1）进行数控系统串行主轴驱动器硬件连接。

2）根据主轴驱动器数码管报警进行故障排查。

二、实训能力目标

通过实训任务实施，达到以下能力目标：

1）具备数控系统主轴驱动器硬件连接能力。

2）具备根据主轴报警进行维修说明书查阅及分析能力。

3）具备基于数控系统主轴报警及主轴驱动器数码管报警故障排查能力。

三、实训设备

配置 0I-MF Plus 数控系统的亚龙 YL-569 型加工中心。

四、实训内容

1. 数控系统串行主轴硬件连接

根据加工中心数控系统配置，完成表 2.2.1（训）内容。

表 2.2.1（训） 主轴驱动器硬件连接与数码管显示

序号	工作任务	工作内容	完成情况
1	数控系统主轴驱动器硬件连接	画出数控系统主轴驱动器硬件连接图：	
2	数控系统上电无报警	记录电源模块、主轴驱动器模块、伺服驱动器模块 LED 数码管显示：	
3	拔掉主轴驱动器上 CXA2B 电缆，数控系统上电	记录电源模块、主轴驱动器模块、伺服驱动器模块 LED 数码管显示：	
		成绩评定 K1	

2. 主轴驱动器数码管报警与故障排查

数控系统显示主轴电动机传感器断线报警，完成表 2.2.2（训）内容。

表 2.2.2（训） 主轴电动机传感器断线报警诊断排查

序号	工作任务	工作内容	完成情况
1	拔掉主轴驱动器上 JYA2 接口，数控系统上电	1）记录数控系统报警内容： 2）记录主轴驱动器数码管报警号：	
2	查找维修说明书，分析故障原因	1）根据 SP 报警及数码管显示报警，查找维修说明书 2）列出可能的故障原因 3）数控系统断电，恢复 JYA2 连接	
		成绩评定 K2	

3. 工作过程记录

工作过程记录包括工作规范、工具使用、团队协作、个人能力等方面，完成表 2.2.3（训）内容。

表 2.2.3（训）　职业素质训练

序号	评价指标	实训记录	实训完成情况
1	工作规范性		
2	工具、工具书使用		
3	团队协作		
4	工作态度及个人贡献		
5	解决问题能力及创新		
成绩评定 K3			

五、成绩评定

综合成绩评定见表 2.2.4（训）。

表 2.2.4（训）　综合成绩评定

分项成绩	加权	加权后成绩
K1		K11
K2		K21
K3		K31
最终成绩 K		

实训任务 3.1
数控机床 PMC 信号诊断与强制任务书

班级________ 姓名________ 学号________

一、实训任务

车间一台配置 0I–MF Plus 数控系统的亚龙 YL–569 型加工中心，借助于数控系统信号诊断与强制功能进行故障诊断与故障分析，完成下面任务：

1）进行工作方式选择信号状态诊断。

2）完成排屑正转输出信号强制。

二、实训能力目标

通过实训任务实施，达到以下能力目标：

1）具备信号状态诊断能力。

2）具备对输入信号、输出信号强制能力。

三、实训设备

配置 0I–MF Plus 数控系统的亚龙 YL–569 型加工中心。

四、实训内容

1. 工作方式选择信号诊断

对数控机床操作面板工作方式选择信号进行监控，完成表 3.1.1（训）内容。

表 3.1.1（训） 查看数控系统报警履历

序号	工作任务	工作内容	完成情况
1	进入数控系统信号状态界面	写出操作步骤：	

（续）

序号	工作任务	工作内容	完成情况
2	对工作方式选择信号 G43 进行状态监控	依次按下自动、编辑等按键，记录信号状态： G43.7　G43.5　G43.2　G43.1　G43.0 AUTO EDIT MDI JOG HND REF	
成绩评定 K1			

2. 排屑正转输出信号强制

数控机床排屑正转输出信号为 Y10.5，完成表 3.1.2（训）内容。

表 3.1.2（训）PMC 信号强制

序号	工作任务	工作内容	完成情况
1	对 PMC 进行设定，使信号强制功能有效	PMC 设定截屏：	
2	使 PMC 程序处于停止状态	停止 PMC 程序运行操作步骤：	
3.	强制数控机床排屑正转输出信号为 Y10.5	1）写出信号强制操作步骤： 2）查看 Y10.5 强制后信号状态：	
成绩评定 K2			

3. 工作过程记录

工作过程记录包括工作规范、工具使用、团队协作、个人能力等方面，完成表 3.1.3（训）内容。

表 3.1.3（训）职业素质训练

序号	评价指标	实训记录	实训完成情况
1	工作规范性		
2	工具、工具书使用		
3	团队协作		

（续）

序号	评价指标	实训记录	实训完成情况
4	工作态度及个人贡献		
5	解决问题能力及创新		
成绩评定 K3			

五、成绩评定

综合成绩评定见表 3.1.4（训）。

表 3.1.4（训） 综合成绩评定

分项成绩	加权	加权后成绩
K1		K11
K2		K21
K3		K31
最终成绩 K		

实训任务 3.2
数控机床 PMC 信号跟踪及状态分析任务书

班级________ 姓名________ 学号________

一、实训任务

车间一台配置 0I-MF Plus 数控系统的亚龙 YL-569 型加工中心，借助于数控系统信号跟踪功能进行故障诊断与故障分析，完成下面任务：

1）指定信号跟踪参数设定。

2）指定信号跟踪与分析。

二、实训能力目标

通过实训任务实施，达到以下能力目标：

1）具备信号跟踪参数设定能力。

2）具备信号跟踪与分析能力。

三、实训设备

配置 0I-MF Plus 数控系统的亚龙 YL-569 型加工中心。

四、实训内容

1. 跟踪参数设定

对脉冲信号 R9091.5、R9091.6 进行信号跟踪参数设定，完成表 3.2.1（训）内容。

表 3.2.1（训） 跟踪参数设定

序号	工作任务	工作内容	完成情况
1	进入数控系统信号跟踪界面	写出操作步骤：	

（续）

序号	工作任务	工作内容	完成情况
2	跟踪参数设定：采样周期为 8ms “循环暂停”键松开后停止信号追踪	跟踪方式设定界面截屏：	
3	跟踪地址设定： 跟踪信号 R9091.5、R9091.6	跟踪地址设定界面截屏：	
		成绩评定 K1	

2. 信号跟踪与分析

对脉冲信号 R9091.5、R9091.6 进行信号跟踪，，完成表 3.2.2（训）内容。

表 3.2.2（训） 信号跟踪与分析

序号	工作任务	工作内容	完成情况
1	对信号 R9091.5、R9091.6 进行跟踪信号	信号跟踪截屏：	
2	通过标记方式计算 R9091.5 和 R9091.6 信号周期	R9091.5 和 R9091.6 信号周期：	
		成绩评定 K2	

3. 工作过程记录

工作过程记录包括工作规范、工具使用、团队协作、个人能力等方面，完成表 3.2.3（训）内容。

表 3.2.3（训） 职业素质训练

序号	评价指标	实训记录	实训完成情况
1	工作规范性		
2	工具、工具书使用		
3	团队协作		
4	工作态度及个人贡献		
5	解决问题能力及创新		
		成绩评定 K3	

五、成绩评定

综合成绩评定见表 3.2.4（训）。

表 3.2.4（训）　综合成绩评定

分项成绩	加权	加权后成绩
K1		K11
K2		K21
K3		K31
最终成绩 K		

实训任务 4.1

I/O Link i 功能测试与故障排查任务书

班级____________　　姓名____________　　学号____________

一、实训任务

车间一台配置 0I–MF Plus 数控系统的亚龙 YL–569 型加工中心进行检修，针对 I/O 模块部分完成下面任务：

1）查看 I/O 模块型号，检查 I/O 模块硬件连接。

2）查看 I/O 模块参数设置与地址分配。

3）进行 I/O 模块故障排查。

二、实训能力目标

通过实训任务实施，达到以下能力目标：

1）能识别 I/O 模块型号，能正确进行 I/O 模块硬件连接与 I/O 模块更换。

2）能正确设置 I/O 模块通信参数。

3）能对 I/O 模块及手轮进行地址分配。

4）能排查 I/O 模块硬件、电气及其他故障。

5）能正确使用电工工具、仪表。

6）提升观察能力和逻辑分析能力。

三、实训设备

配置 0I–MF Plus 数控系统的亚龙 YL–569 型加工中心。

四、实训内容

1. 查看 I/O 模块型号及硬件连接

查看并列出加工中心配置数控系统 I/O 模块型号，查看并画出 I/O 模块硬件连接图，完成表 4.1.1（训）内容。

表 4.1.1（训） I/O 模块硬件连接

序号	实训任务	实训记录	实训完成情况
1	记录 I/O 模块型号		
2	根据数控系统 I/O 模块实际连接情况画出 I/O 模块硬件连接图		
成绩评定 K1			

2. I/O 模块地址分配

进入 I/O 模块地址分配界面，根据界面显示完成表 4.1.2（训）内容。

表 4.1.2（训） I/O 模块地址分配

模块	起始地址	占据字节数	最末地址	完成情况
I/O 模块第 0 组				
I/O 模块第 1 组				
手轮				
成绩评定 K2				

3. I/O 模块故障排查

数控系统断电，拔掉 I/O 模块第 0 组输出接口 JD1A 电缆，数控系统上电，完成表 4.1.3（训）内容。

表 4.1.3（训） I/O 模块故障排查

序号	实训任务	实训记录	实训完成情况
1	记录数控系统报警		
2	检查数控机床操作面板按键及指示灯是否起作用		
3	按下 [PMC 配置] 软键 – 按下 [I/O Link i] 软键，进入 I/O 模块地址分配界面，查看并记录地址分配情况		

（续）

序号	实训任务	实训记录	实训完成情况
4	按下 [PMC 维护] 软键 – 按下 [I/O 设备] 软键，在线诊断并记录 I/O 模块连接状态		
5	根据以上故障分析，得出故障原因分析结论		
成绩评定 K3			

4. 工作过程记录

工作过程记录包括工作规范、工具使用、团队协作、个人能力等方面，完成表 4.1.4（训）内容。

表 4.1.4（训） 职业素质训练

序号	评价指标	实训记录	实训完成情况
1	工作规范性		
2	工具、工具书使用		
3	团队协作		
4	工作态度及个人贡献		
5	解决问题能力及创新		
成绩评定 K4			

五、成绩评定

综合成绩评定见表 4.1.5（训）。

表 4.1.5（训）　综合成绩评定

分项成绩	加权	加权后成绩
K1		K11
K2		K21
K3		K31
K4		K41
最终成绩 K		

实训任务 4.2

急停功能测试与故障排查任务书

班级____________ 姓名____________ 学号____________

一、实训任务

车间一台配置 0I-MF Plus 数控系统的亚龙 YL-569 型加工中心，针对急停部分，完成下面任务：

1）进行急停线路检查。

2）查看急停相关信号。

3）急停相关故障排查。

二、实训能力目标

通过实训任务实施，达到以下能力目标：

1）能够识读急停控制电气原理图及接线图。

2）能够检测急停控制回路。

3）能够查看急停信号状态。

4）能够编写及查看急停功能 PMC 程序。

5）能够分析及排查急停相关报警。

6）能正确使用电工工具、仪表。

7）提升观察能力和逻辑分析能力。

三、实训设备

配置 0I-MF Plus 数控系统的亚龙 YL-569 型加工中心。

四、实训内容

1.检测急停控制电路

按照图 4.2.1 所示急停控制回路，在数控系统上电的情况下，检测急停控制电路，完成表 4.2.1（训）内容。

表 4.2.1（训） 急停控制电路检测

序号	实训任务	实训记录	实训完成情况
1	XT1：30/XT1：31 为急停控制回路提供电压，测量电压大小		
2	拍下急停及松开急停，分别测量中间继电器 KA10 线圈电压		
3	拍下急停及松开急停，观察中间继电器 KA10 指示灯状态		
成绩评定 K1			

2. 查看急停信号状态

图 4.2.3 所示为急停信号与 I/O 模块连接原理图，急停信号中间继电器 KA10 常开触点通过 XT2：25 号端子转接到 I/O 模块 CB106 的 A08 引脚上。根据原理图完成表 4.2.2（训）内容。

表 4.2.2（训） 查看急停信号状态

序号	实训任务	实训记录	实训完成情况
1	按照路径［PMC 维护］→［信号状态］，进入信号状态界面，拍下及松开急停按钮，检查信号 X11.4 状态		
2	按照路径［PMC 维护］→［信号状态］，进入信号状态界面，拍下及松开急停按钮，检查信号 G8.4 状态		
3	进入梯形图界面，拍下及松开急停按钮，查看信号 G8.4 状态		
成绩评定 K2			

3. 急停控制故障排查

图 4.2.1（训）所示为急停信号与伺服放大器电源模块 CX4 接口连接示意图，脱开端子排 XT1：24 上线号为 14 的连线，数控系统上电，完成表 4.2.3（训）内容。

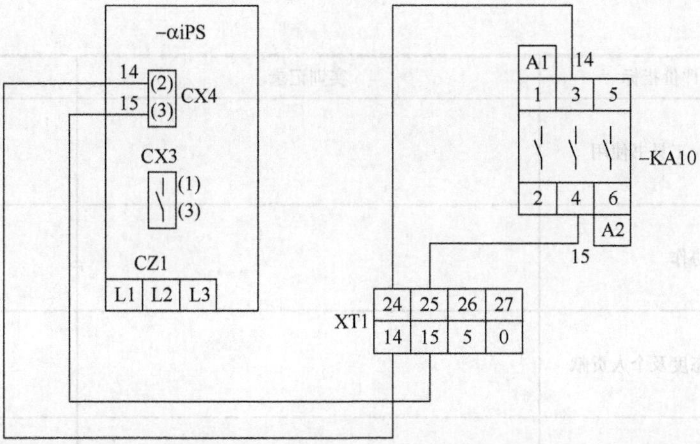

图 4.2.1（训） 急停信号与伺服放大器电源模块 CX4 接口连接示意图

表 4.2.3（训） I/O 模块故障排查

序号	实训任务	实训记录	实训完成情况
1	记录数控系统报警（截屏）		
2	按照图 4.2.1（训）进行线路检查，说明如何找到故障点		
3	按下急停及松开急停，查看信号 G8.4 状态		
成绩评定 K3			

4. 工作过程记录

工作过程记录包括工作规范、工具使用、团队协作、个人能力等方面，完成表 4.2.4（训）内容。

表 4.2.4（训） 职业素质训练

序号	评价指标	实训记录	实训完成情况
1	工作规范性		

（续）

序号	评价指标	实训记录	实训完成情况
2	工具、工具书使用		
3	团队协作		
4	工作态度及个人贡献		
5	解决问题能力及创新		
成绩评定 K4			

五、成绩评定

综合成绩评定见表 4.2.5（训）。

表 4.2.5（训） 综合成绩评定

分项成绩	加权	加权后成绩
K1		K11
K2		K21
K3		K31
K4		K41
最终成绩 K		

实训任务 4.3

工作方式选择功能测试与故障排查任务书

班级____________ 姓名____________ 学号____________

一、实训任务

车间一台配置 0I–MF Plus 数控系统的亚龙 YL–569 型加工中心，针对工作方式选择部分完成下面任务：

1）能够查看工作方式选择信号状态。

2）能够编写、查看工作方式选择 PMC 程序。

3）能够进行工作方式选择功能验证与故障排查。

二、实训能力目标

通过实训任务实施，达到以下能力目标：

1）能够进行数控机床操作面板硬件连接线路检查。

2）能够查看工作方式选择对应 G43 信号位状态。

3）能够编写、查看工作方式选择 PMC 程序。

4）能够进行工作方式选择功能验证。

5）能够进行工作方式选择故障诊断与排查。

6）提升观察能力和逻辑分析能力。

三、实训设备

配置 0I–MF Plus 数控系统的亚龙 YL–569 型加工中心。

四、实训内容

1. 工作方式选择信号查看

数控系统上电，按照路径［ PMC 维护 ］→［信号状态］进入信号状态显示界面，依次按下工作方式选择按键，查看信号状态，完成表 4.3.1（训）内容。

表 4.3.1（训）　工作方式选择信号状态

序号	工作方式选择	G43 信号状态					F 信号		完成情况
		ZRN	DNC1	MD4	MD2	MD1	符号	地址	
1	编辑（EDIT）						MEDT		
2	存储器运行（MEM）						MMEM		
3	手动数据输入（MDI）						MMDI		
4	手轮 / 增量进给（HND/INC）						MH/MINC		
5	手动连续进给（JOG）						MJ		
6	手轮示教（THND）						MTCHIN		
7	手动连续示教（TJOG）						—		
8	DNC 运行（RMT）						MRMT		
9	手动返回参考点（REF）						MREF		
成绩评定 K1									

2. 编写工作方式选择 PMC 程序

根据工作方式选择按键映射地址，按照表 4.3.2（训）要求编写 PMC 程序。

表 4.3.2（训）　按照要求编写 PMC 程序

序号	实训任务	实训记录	实训完成情况
1	编写 JOG 方式 PMC 程序		
2	编写回参考点方式 PMC 程序		
成绩评定 K2			

3. 工作方式选择功能测试

对数控机床操作面板进行功能测试，按照要求完成表 4.3.3（训）内容。

表 4.3.3（训） 工作方式选择功能测试

序号	实训任务	实训记录	实训完成情况
1	自动方式	示例： 1）数控系统状态显示 2）G43 信号查看 3）功能测试	
2	编辑方式		
3	MDI 方式		
4	REMOTE 方式		
5	回参考点方式		
6	JOG 方式		
7	步进方式		
8	手轮方式		
成绩评定 K3			

4. 工作过程记录

工作过程记录包括工作规范、工具使用、团队协作、个人能力等方面，完成表 4.3.4（训）内容。

表 4.3.4（训） 职业素质训练

序号	评价指标	实训记录	实训完成情况
1	工作规范性		
2	工具、工具书使用		
3	团队协作		

（续）

序号	评价指标	实训记录	实训完成情况
4	工作态度及个人贡献		
5	解决问题能力及创新		
成绩评定 K4			

五、成绩评定

综合成绩评定见表 4.3.5（训）。

表 4.3.5（训）综合成绩评定

分项成绩	加权	加权后成绩
K1		K11
K2		K21
K3		K31
K4		K41
最终成绩 K		

实训任务 4.4

进给运动功能测试与故障排查任务书

班级______________ 姓名______________ 学号______________

一、实训任务

车间一台配置 0I-MF Plus 数控系统的亚龙 YL-569 型加工中心，针对进给运动部分完成下面任务：

1）查看进给运动关联信号状态。

2）设定进给运动速度参数。

3）监视进给运动 PMC 程序状态并进行逻辑分析。

二、实训能力目标

通过实训任务实施，达到以下能力目标：

1）掌握进给运动关联信号的含义及其应用。

2）掌握进给运动关联参数的含义及其设定。

3）理解进给运动 PMC 程序控制逻辑。

三、实训设备

配置 0I-MF Plus 数控系统的亚龙 YL-569 型加工中心。

四、实训内容

1.查看进给运动关联信号状态

数控系统上电，按照要求进行相关操作，完成表 4.4.1（训）内容。

表 4.4.1（训） 查看进给运动关联信号状态

序号	实训任务	实训记录	实训完成情况
1	JOG方式下正方向移动X轴，记录信号G100.0信号状态		
2	旋转进给倍率开关，记录G10、G11信号状态		
3	分别按下F0、25%、50%和100%按键，查看信号G14.1、G14.0信号状态		
成绩评定 K1			

2.设定进给运动速度参数

加工中心X、Y、Z轴切削进给速度范围为1～10000mm/min，最大快速移动速度为48m/min，请根据工作要求完成表4.4.2（训）内容。

表 4.4.2（训） 设定并查看进给运动速度参数

序号	实训任务	实训记录	实训完成情况
1	设定并记录X、Y、Z轴JOG速度		
2	JOG方式下移动坐标轴，同时旋转进给倍率开关： 1）记录每个档位对应的速度值 2）核定显示速度值与档位是否一致		
3	设定并记录X、Y、Z轴JOG快移速度		
4	JOG方式下快移X、Y、Z轴： 1）旋转进给倍率开关，观察并记录快移速度变化 2）分别按下F0、25%、50%和100%按键，观察快移速度变化 3）得出结论：快移速度通过什么类型倍率开关进行控制		
成绩评定 K2			

3. 监视进给运动PMC程序状态并进行逻辑分析

按照以下步骤对进给运动相关信号进行集中监控，完成表4.4.3（训）内容。

［PMC梯图］软键→［梯形图］软键→［（操作）］软键→［搜索菜单］软键→输入待

监控的地址如 G100.0 →［搜索］软键→［读取］软键，这时在待监控的梯形图网格左边显示放大镜的监控标记，如果还有其他需要监控的逻辑，继续进行该操作→［转换］软键，切换到梯形图“选择监测”界面。

表 4.4.3（训） X 轴相关信号状态监控及逻辑分析

序号	实训任务	实训记录	实训完成情况
1	根据手动方式下进给运动逻辑监控以下信号梯形图网格： 1）轴选中继信号 R0202.5 2）轴选上升沿信号 R0202.6 3）X 轴选自锁信号 R0203.1 4）X 轴正向移动信号 G0100.0	操作步骤及监控截屏：	
2	JOG 方式下正向移动 X 轴，通过监控界面分析各信号之间逻辑关系		
成绩评定 K3			

4. 工作过程记录

工作过程记录包括工作规范、工具使用、团队协作、个人能力等方面，完成表 4.4.4（训）内容。

表 4.4.4（训） 职业素质训练

序号	评价指标	实训记录	实训完成情况
1	工作规范性		
2	工具、工具书使用		
3	团队协作		
4	工作态度及个人贡献		
5	解决问题能力及创新		
成绩评定 K4			

五、成绩评定

综合成绩评定见表 4.4.5（训）。

表 4.4.5（训）　综合成绩评定

分项成绩	加权	加权后成绩
K1		K11
K2		K21
K3		K31
K4		K41
最终成绩 K		

实训任务 4.5

主轴旋转运动功能测试与故障排查任务书

班级____________　　姓名____________　　学号____________

一、实训任务

车间一台配置 0I-MF Plus 数控系统的亚龙 YL-569 型加工中心，针对主轴旋转运动部分完成下面任务：

1）监控主轴旋转运动关联信号状态。

2）正确设定主轴旋转运动速度参数。

3）监控主轴旋转运动 PMC 程序并进行逻辑分析。

二、实训能力目标

通过实训任务实施，达到以下能力目标：

1）掌握主轴旋转运动关联信号含义及其应用。

2）掌握主轴旋转运动关联参数含义及其设定。

3）理解主轴旋转运动 PMC 程序控制逻辑。

三、实训设备

配置 0I-MF Plus 数控系统的亚龙 YL-569 型加工中心。

四、实训内容

1. 监控主轴旋转运动关联信号状态

按照要求进行相关操作，完成表 4.5.1（训）内容。

表 4.5.1（训）监控主轴旋转运动关联信号状态

序号	实训任务	实训记录	实训完成情况
1	MDI 方式下运行程序“M03 S1000；”，查看及分析信号 G70.5、G70.4 梯形图网格状态	相关梯形图截屏及逻辑分析：	
2	MDI 方式下运行程序“M04 S1000；”，看信号 G70.5、G70.4 梯形图网格状态	相关梯形图截屏及逻辑分析：	
3	旋转主轴速度倍率开关档位，记录 SUB27 中 G30 表值的变化	列出主轴倍率开关档位值与 G30 表值对应关系：	
成绩评定 K1			

2. 主轴旋转运动速度参数设定

加工中心主轴速度关联参数设定不正确，会对主轴运动产生影响，按照要求完成表 4.5.2（训）内容。

表 4.5.2（训）主轴旋转运动速度参数设定

序号	实训任务	实训记录	实训完成情况
1	1）将参数 3736 设定为 0，MDI 方式下运行主轴 2）恢复参数 3736 设定值	观察到的现象及结论：	
2	1）将参数 3741 设定为 0，MDI 方式下运行主轴 2）恢复参数 3741 设定值	观察到的现象及结论：	
3	1）将参数 3772 设定为 10，MDI 方式下运行程序“M03 S1000;” 2）恢复参数 3772 设定值	观察到的现象及结论：	
成绩评定 K2			

3. 监控主轴旋转运动 PMC 程序并进行逻辑分析

进入数控系统梯形图界面，监控数控机床主轴旋转运动相关 PMC 程序状态，完成表 4.5.3（训）内容。

表 4.5.3（训） 主轴旋转运动 PMC 程序监控

序号	实训任务	实训记录	实训完成情况
1	1）按下机床操作面板急停按钮，查看信号 G70.7、G71.1 梯形图网格状态 2）松开急停按钮	相关梯形图监控界面截屏及状态分析：	
2	MDI 方式下运行程序“M04 S1000；”，以 SUB25 F10 传递给 R10 为逻辑起点，按照自动方式下主轴反转控制逻辑顺次查看相关梯形图网格，直至主轴反转信号 G70.4 梯形图网格	相关梯形图监控界面截屏及状态分析：	
3	手动方式下按下主轴反转按钮，以机床操作面板主轴反转按钮映射地址信号 R0907.2 为逻辑起点，按照手动方式下主轴反转控制逻辑顺次查看相关梯形图网格，直至主轴反转信号 G70.4 梯形图网格	相关梯形图监控界面截屏及状态分析：	
成绩评定 K3			

4. 工作过程记录

工作过程记录包括工作规范、工具使用、团队协作、个人能力等方面，完成表 4.5.4（训）内容。

表 4.5.4（训） 职业素质训练

序号	评价指标	实训记录	实训完成情况
1	工作规范性		
2	工具、工具书使用		
3	团队协作		
4	工作态度及个人贡献		
5	解决问题能力及创新		
成绩评定 K4			

五、成绩评定

综合成绩评定见表 4.5.5（训）。

表 4.5.5（训）　综合成绩评定

分项成绩	加权	加权后成绩
K1		K11
K2		K21
K3		K31
K4		K41
最终成绩 K		

实训任务 4.6 主轴定向功能测试与故障排查任务书

班级＿＿＿＿＿＿ 姓名＿＿＿＿＿＿ 学号＿＿＿＿＿＿

一、实训任务

车间一台配置 0I–MF Plus 数控系统的亚龙 YL–569 型加工中心，针对主轴定向功能部分完成下面任务：

1）检查并确认主轴位置控制传感器连接方式及相关参数设定。

2）监控主轴定向 PMC 程序。

3）完成主轴指定位置定向设定。

二、实训能力目标

通过实训任务实施，达到以下能力目标：

1）掌握主轴位置检测装置连接与参数设定方法。

2）能够编写及监控主轴定向 PMC 程序。

3）能够进行主轴定向位置设定与功能测试。

4）能够进行主轴定向故障排查。

三、实训设备

配置 0I–MF Plus 数控系统的亚龙 YL–569 型加工中心。

四、实训内容

1. 检查并确认主轴位置控制传感器连接方式及相关参数设定

检查主轴位置控制传感器连接情况，按照要求进行相关操作，完成表 4.6.1（训）内容。

表 4.6.1（训） 主轴位置控制传感器连接方式及相关参数设定

<table>
<tr><th>序号</th><th>实训任务</th><th colspan="2">实训记录</th><th>实训完成情况</th></tr>
<tr><td>1</td><td>画出实训室加工中心主轴定向传感器与主轴放大器硬件连接示意图</td><td colspan="2"></td><td rowspan="9"></td></tr>
<tr><td rowspan="8">2</td><td rowspan="8">查看主轴位置传感器相关参数设定</td><td>参数号</td><td>设定值</td></tr>
<tr><td>4000#0</td><td></td></tr>
<tr><td>4002#3，2，1，0</td><td></td></tr>
<tr><td>4003#7，6，5，4</td><td></td></tr>
<tr><td>4010#2，1，0</td><td></td></tr>
<tr><td>4011#2，1，0</td><td></td></tr>
<tr><td>4015#0</td><td></td></tr>
<tr><td>4056–4059</td><td></td></tr>
<tr><td colspan="5">成绩评定 K1</td></tr>
</table>

2.监控主轴定向 PMC 程序

MDI 方式下运行主轴定向指令，监控 G70.6 梯形图网格状态，完成表 4.6.2（训）内容。

表 4.6.2（训） 监控主轴定向 PMC 程序

序号	实训任务	实训记录	实训完成情况
1	编写并运行主轴定向指令	主轴定向指令：	
2	监控 G70.6 梯形图网格状态	梯形图截屏：	
成绩评定 K2			

3. 完成主轴指定位置定向设定

根据给定的主轴定向位置，完成表 4.6.3（训）内容。

表 4.6.3（训） 主轴定向设定与测试

序号	实训任务	实训记录	实训完成情况
1	进行给定位置主轴定向设定	写出主轴定向设定操作步骤：	
2	主轴定向功能测试	1）运行主轴定向指令： 2）检查主轴定向位置是否准确：	
		成绩评定 K3	

4. 工作过程记录

工作过程记录包括工作规范、工具使用、团队协作、个人能力等方面，完成表 4.6.4（训）内容。

表 4.6.4（训） 职业素质训练

序号	评价指标	实训记录	实训完成情况
1	工作规范性		
2	工具、工具书使用		
3	团队协作		
4	工作态度及个人贡献		
5	解决问题能力及创新		
		成绩评定 K4	

五、成绩评定

综合成绩评定见表 4.6.5（训）。

表 4.6.5（训）　综合成绩评定

分项成绩	加权	加权后成绩
K1		K11
K2		K21
K3		K31
K4		K41
最终成绩 K		

实训任务 4.7

手轮功能测试与故障排查
任务书

班级____________ 姓名____________ 学号____________

一、实训任务

车间一台配置 0I–MF Plus 数控系统的亚龙 YL–569 型加工中心，针对手轮控制部分完成下面任务：

1）对手轮各信号电缆进行正确连接与检查。

2）查看并记录手轮信号状态。

3）查看并记录手轮轴选、倍率信号梯形图网格。

二、实训能力目标

通过实训任务实施，达到以下能力目标：

1）能够进行手轮硬件连接及参数设定。

2）能够查看手轮信号状态。

3）能够查看手轮 PMC 程序状态。

三、实训设备

配置 0I–MF Plus 数控系统的亚龙 YL–569 型加工中心。

四、实训内容

1. 检查手轮脉冲信号电缆、轴选和手轮倍率信号电缆与数控机床操作面板、I/O 模块相应接口的连接情况，按照要求完成表 4.7.1（训）内容。

表 4.7.1（训）　检查手轮硬件连接

序号	实训任务	实训记录	实训完成情况
1	手轮相关硬件布局	画出实训室加工中心手轮、机床操作面板、I/O 模块布局图：	
2	手轮硬件连接	将手轮信号电缆进行正确连接：	
3	手轮地址标注	在图中标明各信号地址：	
成绩评定 K1			

2. 查看并记录手轮信号状态，按照要求完成表 4.7.2（训）内容。

表 4.7.2（训）　查看并记录手轮信号状态

<table>
<tr><th>序号</th><th>实训任务</th><th colspan="4">实训记录</th><th>实训完成情况</th></tr>
<tr><td rowspan="5">1</td><td rowspan="5">依次选择手轮轴选择旋钮，进入信号状态界面，记录轴选择信号状态</td><td>G18.2</td><td>G18.1</td><td>G18.0</td><td>选择轴</td><td rowspan="9"></td></tr>
<tr><td></td><td></td><td></td><td>X 轴</td></tr>
<tr><td></td><td></td><td></td><td>Y 轴</td></tr>
<tr><td></td><td></td><td></td><td>Z 轴</td></tr>
<tr><td></td><td></td><td></td><td>4 轴</td></tr>
<tr><td rowspan="4">2</td><td rowspan="4">依次选择手轮倍率选择旋钮，进入信号状态界面，记录倍率选择信号状态</td><td>G19.5</td><td>G19.4</td><td colspan="2">倍率</td></tr>
<tr><td></td><td></td><td colspan="2">×1</td></tr>
<tr><td></td><td></td><td colspan="2">×10</td></tr>
<tr><td></td><td></td><td colspan="2">×100</td></tr>
<tr><td colspan="6">成绩评定 K2</td><td></td></tr>
</table>

3. 在手轮上选择 Y 轴、×100 倍率，进入梯形图界面，按照要求完成表 4.7.3（训）内容。

表 4.7.3（训） 查看并记录手轮相关梯形图网格

序号	实训任务	实训记录	实训完成情况
1	查看并记录 Y 轴选择信号 G18 梯形图网格		
2	查看并记录 ×100 倍率信号 G19.5、G19.4 梯形图网格		
成绩评定 K3			

4. 工作过程记录。

工作过程记录包括工作规范、工具使用、团队协作、个人能力等方面，完成表 4.7.4（训）内容。

表 4.7.4（训） 职业素质训练

序号	评价指标	实训记录	实训完成情况
1	工作规范性		
2	工具、工具书使用		
3	团队协作		
4	工作态度及个人贡献		
5	解决问题能力及创新		
成绩评定 K4			

五、成绩评定

综合成绩评定见表 4.7.5（训）。

表 4.7.5（训）　综合成绩评定

分项成绩	加权	加权后成绩
K1		K11
K2		K21
K3		K31
K4		K41
最终成绩 K		

实训任务 4.8 数控机床辅助功能测试与故障排查任务书

班级＿＿＿＿＿＿　姓名＿＿＿＿＿＿　学号＿＿＿＿＿＿

一、实训任务

车间一台配置 0I–MF Plus 数控系统的亚龙 YL–569 型加工中心，针对数控机床辅助装置部分完成下面任务：

1）对数控机床辅助装置进行电路检查。

2）对数控机床辅助装置进行 PMC 程序监控。

二、实训能力目标

通过实训任务实施，达到以下能力目标：

1）能够对数控机床辅助装置电气控制电路进行检查。

2）能够编写、识读、监控数控机床辅助装置 PMC 程序。

3）能够排查数控机床辅助装置常见故障。

三、实训设备

配置 0I–MF Plus 数控系统的亚龙 YL–569 型加工中心。

四、实训内容

1. 数控机床辅助装置电路检查

根据实训室加工中心电气控制原理图，对冷却装置、润滑装置进行电路检查，按照要求完成表 4.8.1（训）内容。

表 4.8.1（训）　数控机床辅助装置电路检查

序号	实训任务	实训记录	实训完成情况
1	数控机床冷却装置电路检查	按下机床操作面板【冷却】按键： 1）记录机床电气控制柜继电器板 XT5 上中间继电器 KA15 指示灯状态，检查继电器常开触点状态 2）用万用表测量气冷电磁阀 YV4 线圈电压大小，判断电压是否正常	
2	数控机床润滑装置电路检查	按下机床操作面板【润滑】按键： 1）记录机床电气控制柜继电器板 XT5 上中间继电器 KA14 指示灯状态，检查继电器常开触点状态 2）用万用表测量润滑泵电动机输入电压大小，判断电压是否正常	
成绩评定 K1			

2. 数控机床辅助装置 PMC 控制

查看数控机床辅助装置 PMC 程序，按照要求完成表 4.8.2（训）内容。

表 4.8.2（训）　数控机床辅助装置 PMC 控制

序号	实训任务	实训记录	实训完成情况
1	数控机床冷却装置 PMC 程序监控	按下机床操作面板【冷却】按键： 记录冷却时梯形图网格 Y10.4 的状态	
2	数控机床润滑装置 PMC 程序监控	按下机床操作面板【润滑】按键： 记录润滑时梯形图网格 Y10.3 的状态	
成绩评定 K2			

3. 工作过程记录

工作过程记录包括工作规范、工具使用、团队协作、个人能力等方面，完成表 4.8.3（训）内容。

表 4.8.3（训） 职业素质训练

序号	评价指标	实训记录	实训完成情况
1	工作规范性		
2	工具、工具书使用		
3	团队协作		
4	工作态度及个人贡献		
5	解决问题能力及创新		
成绩评定 K3			

五、成绩评定

综合成绩评定见表 4.8.4（训）。

表 4.8.4（训） 综合成绩评定

分项成绩	加权	加权后成绩
K1		K11
K2		K21
K3		K31
最终成绩 K		

实训任务 4.9

数控机床外部报警故障排查任务书

班级____________ 姓名____________ 学号____________

一、实训任务

车间一台配置 0I–MF Plus 数控系统的亚龙 YL–569 型加工中心，针对数控机床外部报警故障排查部分完成下面任务：

1）完成数控机床刀库缩回外部报警信息编辑。

2）查看刀库缩回相关信号状态。

3）编写刀库缩回 PMC 程序。

4）排查刀库缩回外部报警。

二、实训能力目标

通过实训任务实施，达到以下能力目标：

1）数控机床外部报警信息编辑能力。

2）数控机床外部报警相关信号监控能力。

3）数控机床外部报警 PMC 程序编写能力。

4）数控机床外部报警常见故障排查能力。

三、实训设备

配置 0I–MF Plus 数控系统的亚龙 YL–569 型加工中心。

四、实训内容

1. 编辑数控机床外部报警信息

编辑加工中心刀库缩回故障外部报警信息，按照要求完成表 4.9.1（训）内容。

表 4.9.1（训） 刀库缩回故障外部报警信息编辑

序号	实训任务	实训记录	实训完成情况
1	写出进入数控系统外部报警“PMC 信息数据编辑”界面操作步骤		
2	编辑外部报警信息：报警号 EX1005，报警内容“MAGAZINE IS NOT BACDWARD”	报警信息编辑截屏：	
	成绩评定 K1		

2.查看刀库缩回相关信号状态

进入数控系统梯形图界面，查看刀库缩回相关信号状态，按照要求完成表 4.9.2（训）内容。

表 4.9.2（训） 查看刀库缩回相关信号状态

序号	刀库缩回相关信号	信号含义	信号状态	实训完成情况
1	X10.5			
2	E9.1			
3	R11.5			
4	R502.4			
5	R610.1			
6	A0.5			
	成绩评定 K2			

3.编写刀库缩回 PMC 程序

参照刀库伸出 PMC 程序，编写刀库缩回 PMC 程序，按照要求完成表 4.9.3（训）内容。

表 4.9.3（训） 编写刀库缩回 PMC 程序

序号	实训任务	实训记录	实训完成情况
1	编写刀库缩回 PMC 程序	PMC 程序：	
	成绩评定 K3		

4. 刀库缩回外部报警故障排查

模拟一个刀库缩回外部报警故障，按照要求完成表 4.9.4（训）内容。

表 4.9.4（训）　刀库缩回外部报警故障排查

序号	实训任务	实训记录	实训完成情况
1	数控机床断电情况下去掉 XT1：55 接线，记录报警		
2	写出故障排查步骤		
3	消除报警		
成绩评定 K4			

5. 工作过程记录

工作过程记录包括工作规范、工具使用、团队协作、个人能力等方面，完成表 4.9.5（训）内容。

表 4.9.5（训）　职业素质训练

序号	评价指标	实训记录	实训完成情况
1	工作规范性		
2	工具、工具书使用		
3	团队协作		
4	工作态度及个人贡献		
5	解决问题能力及创新		
成绩评定 K5			

五、成绩评定

综合成绩评定见表 4.9.6（训）。

表 4.9.6（训） 综合成绩评定

分项成绩	加权	加权后成绩
K1		K11
K2		K21
K3		K31
K4		K41
K5		K51
最终成绩 K		

实训任务 5.1

模拟主轴电气控制与电气连接任务书

班级__________ 姓名__________ 学号__________

一、实训任务

车间一台配置 0I–MF Plus 数控系统的亚龙 YL–569 型加工中心，针对数控机床模拟主轴电气控制部分完成下面任务：

1）对模拟主轴电路进行检查。

2）对数控系统输出模拟电压进行测量。

二、实训能力目标

通过实训任务实施，达到以下能力目标：

1）能够看懂模拟主轴控制电气原理图。

2）能够对模拟主轴电气控制电路进行连接。

3）能够对模拟主轴电气控制电路进行检测。

三、实训设备

配置 0I–MF Plus 数控系统的亚龙 YL–569 型加工中心、电气设计模块控制柜、主轴台电气控制柜。

四、实训内容

1. 模拟主轴电路检查

根据给定的模拟主轴控制电气原理图，针对模拟主轴部分，按照要求完成表 5.1.1（训）内容。

表 5.1.1（训） 模拟主轴电路检查

序号	实训任务	实训记录	实训完成情况
1	数控系统模拟主轴接口 JA40 与主控柜的连接	根据实际连接画出连接示意图：	
2	主控制柜与电气设计模块控制柜的连接	根据实际连接画出连接示意图：	
3	电气设计模块控制柜与主轴台电气控制柜的连接	根据实际连接画出连接示意图：	
成绩评定 K1			

2. 模拟电压测量

MDI 方式下运行主轴旋转指令，在变频器端子 A1、AC 之间测量电压大小，按照要求完成表 5.1.2（训）内容，写出主轴转速与数控系统输出模拟电压之间的关系。

表 5.1.2（训） 主轴转速与数控系统输出模拟电压关系

序号	MDI 方式下运行主轴旋转指令	变频器端子 A1、AC 电压	完成情况
1	M03 S100;		
2	M03 S200;		
3	M03 S500;		
4	M03 S1000;		
5	转速与电压关系结论		
成绩评定 K2			

3. 工作过程记录

工作过程记录包括工作规范、工具使用、团队协作、个人能力等方面，完成表 5.1.3（训）内容。

表 5.1.3（训）职业素质训练

序号	评价指标	实训记录	实训完成情况
1	工作规范性		
2	工具、工具书使用		
3	团队协作		
4	工作态度及个人贡献		
5	解决问题能力及创新		
成绩评定 K3			

五、成绩评定

综合成绩评定见表 5.1.4（训）。

表 5.1.4（训）综合成绩评定

分项成绩	加权	加权后成绩
K1		K11
K2		K21
K3		K31
最终成绩 K		

实训任务 5.2
数控系统模拟主轴功能开通任务书

班级＿＿＿＿＿＿＿＿　　姓名＿＿＿＿＿＿＿＿　　学号＿＿＿＿＿＿＿＿

一、实训任务

车间一台配置 0I–MF Plus 数控系统的亚龙 YL–569 型加工中心，针对数控机床模拟主轴功能开通部分完成下面任务：

1）数控系统模拟主轴参数设置。

2）编写模拟主轴 PMC 程序。

3）模拟主轴控制变频器参数设定。

4）模拟主轴运行调试。

二、实训能力目标

通过实训任务实施，达到以下能力目标：

1）能够对模拟主轴进行参数设置及编写 PMC 程序。

2）正确操作变频器及进行相关参数设置。

3）能够对模拟主轴进行调试。

三、实训设备

配置 0I–MF Plus 数控系统的亚龙 YL–569 型加工中心、电气设计模块控制柜、主轴台电气控制柜。

四、实训内容

1. 数控系统模拟主轴参数设置

开通数控系统模拟主轴功能，在数控系统进行模拟主轴相关参数设置，完成表 5.2.1（训）内容。

表 5.2.1（训）　数控系统模拟主轴相关参数设置

序号	数控系统参数号	参数含义	设置值	实训完成情况
1				
2				
3				
4				
5				
6				
7				
8				
成绩评定 K1				

2. 编写模拟主轴 PMC 程序

数控系统 PMC 输出模拟主轴正转信号为 Y8.0，反转信号为 Y8.2，编写模拟主轴 PMC 程序，完成表 5.2.2（训）内容。

表 5.2.2（训）　编写模拟主轴 PMC 程序

序号	工作任务	工作内容	完成情况
1	编写模拟主轴正转 PMC 程序		
2	编写模拟主轴反转 PMC 程序		
成绩评定 K2			

3. 模拟主轴控制变频器参数设定

查看模拟主轴控制变频器参数设定情况，完成表 5.2.3（训）内容。

表 5.2.3（训）　模拟主轴控制变频器参数设定

序号	变频器参数号	参数含义	设置值	实训完成情况
1	n0.02			
2	n2.00			
3	n2.01			
成绩评定 K3				

4. 模拟主轴运行调试

通过数控系统对模拟主轴进行调试，按照要求完成表 5.2.4（训）内容。

表 5.2.4（训） 模拟主轴运行调试

序号	工作任务	记录主轴工作情况	完成情况
1	MDI 方式下编写主轴正转程序		
2	改变主轴正转转速大小		
3	MDI 方式下编写主轴反转程序		
4	改变主轴反转转速大小		
	成绩评定 K4		

5. 工作过程记录

工作过程记录包括工作规范、工具使用、团队协作、个人能力等方面，完成表 5.2.5（训）内容。

表 5.2.5（训） 职业素质训练

序号	评价指标	实训记录	实训完成情况
1	工作规范性		
2	工具、工具书使用		
3	团队协作		
4	工作态度及个人贡献		
5	解决问题能力及创新		
	成绩评定 K5		

五、成绩评定

综合成绩评定见表 5.2.6（训）。

表 5.2.6（训）　综合成绩评定

分项成绩	加权	加权后成绩
K1		K11
K2		K21
K3		K31
K4		K41
K5		K51
最终成绩 K		

实训任务 5.3

PMC 控制主轴增减速任务书

班级__________ 姓名__________ 学号__________

一、实训任务

车间一台配置 0I–MF Plus 数控系统的亚龙 YL–569 型加工中心，针对数控机床模拟主轴控制主轴增减速完成下面任务：

1）主轴增减速控制 PMC 编程。

2）主轴增减速控制功能验证。

二、实训能力目标

通过实训任务实施，达到以下能力目标：

1）能够灵活运用功能指令编写 PMC 程序。

2）正确理解主轴增减速控制逻辑并编写 PMC 程序。

3）能够对主轴增减速控制功能进行验证。

三、实训设备

配置 0I–MF Plus 数控系统的亚龙 YL–569 型加工中心、电气设计模块控制柜、主轴台电气控制柜。

四、实训内容

1. 主轴增减速控制 PMC 编程

选定主轴速度控制增减速按键，编写主轴增减速控制 PMC 程序，完成表 5.3.1（训）内容。

表 5.3.1（训） 主轴增减速控制 PMC 编程

序号	工作任务	工作内容	完成情况
1	主轴速度控制增减速按键地址	增速按键地址： 减速按键地址：	

（续）

序号	工作任务	工作内容	完成情况
2	主轴增减速控制PMC程序	梯形图截屏：	
成绩评定 K1			

2.主轴增减速控制功能验证

对主轴增减速控制功能进行验证，完成表 5.3.2（训）内容。

表 5.3.2（训）　主轴增减速控制功能验证

序号	工作任务	工作内容	完成情况
1	持续按主轴增速按键	观察显示器或梯形图主轴倍率、档位变化：	
2	持续按主轴减速按键	观察显示器或梯形图主轴倍率、档位变化：	
成绩评定 K2			

3. 工作过程记录

工作过程记录包括工作规范、工具使用、团队协作、个人能力等方面，完成表 5.3.3（训）内容。

表 5.3.3（训）　职业素质训练

序号	评价指标	实训记录	实训完成情况
1	工作规范性		
2	工具、工具书使用		
3	团队协作		
4	工作态度及个人贡献		
5	解决问题能力及创新		
成绩评定 K3			

五、成绩评定

综合成绩评定见表 5.3.4（训）。

表 5.3.4（训） 综合成绩评定

分项成绩	加权	加权后成绩
K1		K11
K2		K21
K3		K31
最终成绩 K		

实训任务 6.1 SERVO GUIDE 软件安装与参数设定任务书

班级____________ 姓名____________ 学号____________

一、实训任务

车间一台配置 FANUC 0I–MF Plus 数控系统加工中心，针对提高加工中心加工精度问题完成下面任务：

1）完成伺服优化软件完整安装。

2）建立 SERVO GUIDE 软件与数控系统通信。

3）在 SERVO GUIDE 软件进行参数优化。

二、实训能力目标

通过实训任务实施，达到以下能力目标：

1）具备 SERVO GUIDE 软件安装能力。

2）能够建立 SERVO GUIDE 软件与数控系统通信。

3）能够基于 SERVO GUIDE 软件进行参数优化。

三、实训设备

配置 FANUC 0I–MF Plus 数控系统加工中心、FANUC SERVO GUIDE 软件、计算机、网线。

四、实训内容

1. FANUC SERVO GUIDE 软件安装

在 PC 上安装 FANUC SERVO GUIDE 软件，完成表 6.1.1（训）内容。

表 6.1.1（训） FANUC SERVO GUIDE 软件安装

序号	工作任务	工作内容	完成情况
1	安装 FANUC SERVO GUIDE 软件	软件安装：	
2	显示 3 个软件安装成功后的图标	3 个软件安装成功后图标截屏：	
3	打开 SERVO GUIDE 软件，显示软件菜单	SERVO GUIDE 软件菜单截屏：	
成绩评定 K1			

2. SERVO GUIDE 软件与数控系统连接

将数控系统和 PC 之间通过网线连接，建立二者之间通信，完成表 6.1.2（训）内容。

表 6.1.2（训） 建立数控系统和 PC 之间通信

序号	工作任务	工作内容	完成情况
1	数控系统侧 IP 地址设定	IP 地址设定截屏：	
2	SERVO GUIDE 软件通信设定	SERVO GUIDE 软件通信设定截屏：	
3	建立通信	建立通信截屏：	
成绩评定 K2			

3. 基于 SERVO GUIDE 软件参数设定

单击 SERVO GUIDE 软件［参数］菜单，进入“打开 CNC 参数”界面，完成表 6.1.3（训）内容。

表 6.1.3（训） 基于 SERVO GUIDE 软件参数设定

序号	工作任务	工作内容	完成情况
1	单击［在线］软键，将参数下载到 PC	数控系统参数下载至 PC 截屏：	

（续）

序号	工作任务	工作内容	完成情况
2	基于软件速度增益调整	在 PC 上将速度增益调整至 150 截屏：	
3	基于数控系统速度增益同步变化查看	在数控系统伺服调整界面同步显示速度增益参数截屏：	
成绩评定 K3			

4. 工作过程记录

工作过程记录包括工作规范、工具使用、团队协作、个人能力等方面，完成表 6.1.4（训）内容。

表 6.1.4（训）　职业素质训练

序号	评价指标	实训记录	实训完成情况
1	工作规范性		
2	工具、工具书使用		
3	团队协作		
4	工作态度及个人贡献		
5	解决问题能力及创新		
成绩评定 K4			

五、成绩评定

综合成绩评定见表 6.1.5（训）。

表 6.1.5（训）　综合成绩评定

分项成绩	加权	加权后成绩
K1		K11
K2		K21
K3		K31
K4		K41
最终成绩 K		

实训任务 6.2 SERVO GUIDE 软件程序界面及图形界面设定任务书

班级__________ 姓名__________ 学号__________

一、实训任务

车间一台配置 FANUC 0I–MF Plus 数控系统加工中心，针对提高加工中心加工精度问题完成下面任务：

1）基于 SERVO GUIDE 软件生成圆弧测试程序。

2）基于 SERVO GUIDE 软件圆弧图形界面设定。

二、实训能力目标

通过实训任务实施，达到以下能力目标：

1）具备 SERVO GUIDE 软件圆弧测试程序界面设定能力。

2）具备 SERVO GUIDE 软件圆弧图形界面设定能力。

3）能够将基于 SERVO GUIDE 软件生成的加工程序下载至数控系统。

三、实训设备

配置 FANUC 0I–MF Plus 数控系统加工中心、FANUC SERVO GUIDE 软件、计算机、网线。

四、实训内容

1. 生成圆弧测试程序

在 SERVO GUIDE 软件上生成圆弧测试程序，完成表 6.2.1（训）内容。

表 6.2.1（训）　生成圆弧测试程序

序号	工作任务	工作内容	完成情况
1	圆弧测试程序设定： 1）程序模式：圆弧 2）坐标平面：G17 3）圆弧半径：10mm 4）速度自行设定 5）高精控制方式	程序设定界面截屏：	
2	生成圆弧测试程序	测试程序截屏：	
3	子程序、主程序下载	在数控系统程序显示界面主程序调用子程序界面截屏：	
成绩评定 K1			

2. SERVO GUIDE 软件图形界面设定

进入 SERVO GUIDE 软件图形设定界面，完成表 6.2.2（训）内容。

表 6.2.2（训）　SERVO GUIDE 软件图形界面设定

序号	工作任务	工作内容	完成情况
1	图形测量设定： 1）测量点数为 8000 2）触发器设定为 N1 3）选择 POSF 模式 4）X 轴为通道 1，Y 轴为通道 2	测量设定截屏：	
2	基于圆形的操作演示设定	操作演示设定后生成标准圆截屏：	
成绩评定 K2			

3. 工作过程记录

工作过程记录包括工作规范、工具使用、团队协作、个人能力等方面，完成表 6.2.3（训）内容。

表 6.2.3（训） 职业素质训练

序号	评价指标	实训记录	实训完成情况
1	工作规范性		
2	工具、工具书使用		
3	团队协作		
4	工作态度及个人贡献		
5	解决问题能力及创新		
成绩评定 K3			

五、成绩评定

综合成绩评定见表 6.2.4（训）。

表 6.2.4（训） 综合成绩评定

分项成绩	加权	加权后成绩
K1		K11
K2		K21
K3		K31
最终成绩 K		

实训任务 6.3

SERVO GUIDE 软件圆形测量及精度优化任务书

班级____________　　姓名____________　　学号____________

一、实训任务

车间一台配置 FANUC 0I–MF Plus 数控系统加工中心，针对提高加工中心加工圆形精度问题完成下面任务：

1）生成并运行圆形测试程序。

2）基于 SERVO GUIDE 软件提高圆形形状精度伺服优化。

3）基于 SERVO GUIDE 软件改善圆形过象限突起伺服优化。

二、实训能力目标

通过实训任务实施，达到以下能力目标：

1）具备基于 SERVO GUIDE 软件生成圆形测试程序并在数控机床运行该程序的能力。

2）具备通过伺服优化提高圆形形状精度能力。

3）具备通过伺服优化抑制圆形过象限突起能力。

三、实训设备

配置 FANUC 0I–MF Plus 数控系统加工中心、FANUC SERVO GUIDE 软件、计算机、网线。

四、实训内容

1. 生成并运行圆形测试程序

在 SERVO GUIDE 软件上生成圆形测试程序，在数控机床上运行该程序，完成表 6.3.1（训）内容。

表 6.3.1（训） 生成并运行圆形测试程序

序号	工作任务	工作内容	完成情况
1	按照以下要求生成圆形测试程序： 1）程序模式：圆弧 2）坐标平面：G17 3）圆弧半径：10mm 4）速度自行设定 5）高精控制方式	圆形测试程序：	
2	下载程序至CNC，运行测试程序，在SERVO GUIDE软件获得圆形形状	获得圆形截屏：	
3	对所获得圆形形状误差、过象限突起进行分析评判	1）圆形形状误差分析： 2）圆形过象限突起分析：	
成绩评定 K1			

2. 基于 SERVO GUIDE 软件提高圆形形状精度伺服优化

基于所获得的圆形图形形状误差，在 SERVO GUIDE 软件上进行参数优化，提高圆形形状精度，完成表 6.3.2（训）内容。

表 6.3.2（训） 提高圆形形状精度伺服优化

序号	工作任务	工作内容	完成情况
1	在SERVO GUIDE软件参数设定界面选择“形状误差消除”选项，进行相关参数设定，提高圆形形状精度	参数设定截屏：	
2	下载程序至CNC，运行测试程序，在SERVO GUIDE软件获得优化后圆形形状	优化后圆形形状截屏：	

（续）

序号	工作任务	工作内容	完成情况
3	对所获得圆形形状与表 6.3.1（训）获得圆形形状进行比较，说明参数优化对形状精度的影响	1）优化前、后两个圆形形状误差比较 2）说明哪些参数对形状精度产生影响	
成绩评定 K2			

3. 基于 SERVO GUIDE 软件抑制圆形过象限突起伺服优化

基于所获得的圆形形状误差，在 SERVO GUIDE 软件上进行参数优化，抑制圆形过象限突起现象，完成表 6.3.3（训）内容。

表 6.3.3（训）　抑制圆形过象限突起伺服优化

序号	工作任务	工作内容	完成情况
1	在 SERVO GUIDE 软件参数设定界面选择“背隙加速”选项，进行相关参数设定，抑制圆形过象限突起现象	参数设定截屏：	
2	下载程序至 CNC，运行测试程序，在 SERVO GUIDE 软件获得优化后圆形形状	优化后圆形形状截屏：	
3	对所获得圆形形状与表 6.3.1（训）获得圆形形状进行比较，说明参数优化对过象限突起形状抑制的影响	1）优化前、后两个圆形形状比较 2）说明哪些参数对抑制过象限产生影响	
成绩评定 K3			

4. 工作过程记录

工作过程记录包括工作规范、工具使用、团队协作、个人能力等方面，完成表 6.3.4（训）内容。

表 6.3.4（训） 职业素质训练

序号	评价指标	实训记录	实训完成情况
1	工作规范性		
2	工具、工具书使用		
3	团队协作		
4	工作态度及个人贡献		
5	解决问题能力及创新		
成绩评定 K4			

五、成绩评定

综合成绩评定见表 6.3.5（训）。

表 6.3.5（训） 综合成绩评定

分项成绩	加权	加权后成绩
K1		K11
K2		K21
K3		K31
K4		K41
最终成绩 K		

实训任务 6.4

基于系统界面伺服优化任务书

班级＿＿＿＿＿＿　姓名＿＿＿＿＿＿　学号＿＿＿＿＿＿

一、实训任务

车间一台配置 FANUC 0I–MF Plus 数控系统加工中心，针对提高加工中心加工圆形精度问题在数控系统界面进行伺服优化，完成下面任务：

1）基于数控系统界面进行伺服优化相关设置。

2）圆形测试程序编写。

3）伺服优化后圆形数据采集与分析。

二、实训能力目标

通过实训任务实施，达到以下能力目标：

1）具备基于数控系统界面进行伺服优化相关设置能力。

2）具备圆形测试程序编写能力。

3）能够完成伺服优化后圆形数据采集并对圆形精度误差进行分析。

三、实训设备

配置 FANUC 0I–MF Plus 数控系统加工中心。

四、实训内容

1. 基于数控系统界面进行伺服优化相关设置

在数控系统界面，基于圆形的伺服优化完成表 6.4.1（训）内容。

表 6.4.1（训） 基于数控系统界面相关设置

序号	工作任务	工作内容	完成情况
1	通道设定	通道设定截屏：	

（续）

序号	工作任务	工作内容	完成情况
2	运算 & 图形设定	运算 & 图形设定截屏：	
3	缩放（圆弧）设定	缩放（圆弧）设定截屏：	
4	测量设定	测量设定截屏：	
5	其他相关参数设置	参数设置记录：	
成绩评定 K1			

2. 圆形测试程序编写

在数控系统程序界面，编写圆形测试程序，完成表 6.4.2（训）内容。

表 6.4.2（训） 编写圆形测试程序

序号	工作任务	工作内容	完成情况
1	编写圆形测试程序	程序内容：	
成绩评定 K2			

3.伺服优化后圆形数据采集与分析

在数控系统界面运行测试程序，在伺服引导界面完成圆形数据采集，完成表 6.4.3（训）内容。

表 6.4.3（训） 圆形数据采集

序号	工作任务	工作内容	完成情况
1	在伺服引导界面下启动圆形数据采集	圆形数据采集启动图形截屏：	

（续）

序号	工作任务	工作内容	完成情况
2	在数控机床操作面板执行循环启动，数控系统采集圆形数据完成	圆形形状截屏：	
3	对圆形图形数据进行分析	1）圆形形状误差分析	
		2）圆形过象限突起分析	
成绩评定 K3			

4. 工作过程记录

工作过程记录包括工作规范、工具使用、团队协作、个人能力等方面，完成表 6.4.4（训）内容。

表 6.4.4（训）职业素质训练

序号	评价指标	实训记录	实训完成情况
1	工作规范性		
2	工具、工具书使用		
3	团队协作		
4	工作态度及个人贡献		
5	解决问题能力及创新		
成绩评定 K4			

五、成绩评定

综合成绩评定见表 6.4.5（训）。

表 6.4.5（训） 综合成绩评定

分项成绩	加权	加权后成绩
K1		K11
K2		K21
K3		K31
K4		K41
最终成绩 K		

实训任务 7

PC 与 CNC 互联互通任务书

班级＿＿＿＿＿＿　姓名＿＿＿＿＿＿　学号＿＿＿＿＿＿

一、实训任务

基于程序传输工具 FANUC PROGRAM TRANSFER TOOL 安装与使用，完成下面任务：

1）程序传输工具软件安装与注册。

2）CNC 与 PC 连接设定。

3）计算机和数控系统数据上传与下载。

二、实训能力目标

通过实训任务实施，达到以下能力目标：

1）能够进行程序传输工具软件安装与注册。

2）能够进行 CNC 与 PC 通信设定。

3）能够基于程序传输工具软件进行数据双向传递。

三、实训设备

FANUC PROGRAM TRANSFER TOOL、计算机、配置 FANUC 0I–F 系统数控机床。

四、实训内容

1. 程序传输工具软件安装与注册

基于给定的程序传输工具软件安装包完成表 7.1（训）内容。

表 7.1（训） 程序传输工具软件安装与注册

序号	工作任务	工作记录	实训完成情况
1	程序传输工具软件安装	安装完成截屏：	
2	程序传输工具软件注册	注册完成截屏：	
		成绩评定 K1	

2. CNC 与 PC 连接设定

将数控系统与计算机通过以太网连接，完成表 7.2（训）内容。

表 7.2（训） CNC 与 PC 连接设定

序号	工作任务	工作内容	完成情况
1	CNC 侧设定	1）[公共] 参数设定截屏： 2）[FOCAS2] 参数设定截屏： 3）PLC 在线功能设定截屏：	
2	PC 侧设定	PC 侧设定截屏：	
3	软件设定	1）机床信息设定截屏： 2）程序存储器设定：	
		成绩评定 K2	

3. 数据传送

通过程序传输工具进行计算机和数控系统CNC之间数据传送，完成表7.3(训)内容。

表7.3（训） 计算机和数控系统CNC之间数据传送

序号	工作任务	工作记录	实训完成情况
1	数控系统加工程序上传至计算机指定文件夹	传送结果展示：	
2	数控系统刀具信息上传至计算机指定文件件	传送结果展示：	
3	计算机存放零件加工程序下载至数控系统	传送结果展示：	
成绩评定K3			

4. 工作过程记录

工作过程记录包括工作规范、工具使用、团队协作、个人能力等方面，完成表7.4（训）内容。

表7.4（训） 职业素质训练

序号	评价指标	实训记录	实训完成情况
1	工作规范性		
2	工具、工具书使用		
3	团队协作		
4	工作态度及个人贡献		
5	解决问题能力及创新		
成绩评定K4			

五、成绩评定

综合成绩评定见表 7.5（训）。

表 7.5（训） 综合成绩评定

分项成绩	加权	加权后成绩
K1		K11
K2		K21
K3		K31
K4		K41
最终成绩 K		

实训任务 8.1

测头组件安装与调整任务书

班级____________ 姓名____________ 学号____________

一、实训任务

在车间一台配置 0I–MF Plus 数控系统的亚龙 YL–569 型加工中心上使用雷尼绍工件测头，完成下面任务：

1）测头接收器与数控系统连接。

2）测头在加工中心主轴上安装与对中调整。

3）测头 PLC 程序编写及参数设定。

4）测头运行功能验证。

二、实训能力目标

通过实训任务实施，达到以下能力目标：

1）能够进行测头接收器电气连接。

2）能够将安装在主轴上的测头进行对中调整。

3）能够编写测头相关 PLC 程序。

4）能够验证测头启停及跳转功能。

三、实训设备

使用测头时建议配置以下设备及工量具：

1）配置 0I–MF Plus 数控系统的亚龙 YL–569 型加工中心。

2）雷尼绍测头。

3）直径为 30 ～ 100mm 的任意一款环规；

4）ϕ12 刀具夹套。

5）千分表（0.002mm）及适配的表座。

6）固定环规用的磁铁或橡皮泥。

四、实训内容

1. 测头接收器与数控系统连接

将雷尼绍测头接收器固定在电气柜顶部凹槽位置，如图 8.1.1（训）所示，测头触发信号地址为 X11.7，测头开启信号地址为 Y10.7，依据加工中心电气控制原理图，将测头接收器与数控系统电气控制柜进行连接，按要求完成表 8.1.1（训）任务。

图 8.1.1（训） 测探接收器安装位置

表 8.1.1（训） 测头接收器与数控系统电气控制柜连接

序号	工作任务	工作记录	实训完成情况
1	测头触发信号与数控系统电气控制柜连接	根据实际情况画出接线图：	
2	测头开启信号与数控系统电气控制柜连接	根据实际情况画出接线图：	
3	DC 24V 电源与数控系统电气控制柜连接	根据实际情况画出接线图：	
4	地线与数控系统电气控制柜连接	根据实际情况画出接线图：	
成绩评定 K1			

2. 测头在加工中心主轴上安装与对中调整

将测头安装到加工中心主轴上，对测头进行对中调整，要求测头圆跳动值保持在 0.03mm 范围内，完成表 8.1.2（训）内容。

表 8.1.2（训）　测头安装与对中调整

序号	工作任务	工作内容	完成情况
1	将测针安装到测头上	写出安装步骤：	
2	将电池安装到测头上	写出安装步骤：	
3	将测头安装在刀柄上	写出安装步骤：	
4	将刀柄安装到主轴上，并对测头对中调节	1）写出安装调节步骤： 2）记录对中调节结果：	
成绩评定 K2			

3.测头 PLC 程序编写及参数设定

测头使用时，启动程序代码为 M85，停止程序代码为 M86。要求在原加工中心 PLC 梯形图上增加测头相关程序，并设置相关参数，完成表 8.1.3（训）内容。

表 8.1.3（训）　测头 PLC 程序编写及参数设定

序号	工作任务	工作记录	实训完成情况
1	编写测头启停 M 代码译码 PLC 程序	启停译码 PLC 程序：	
2	编写测头开启 PLC 程序	测头开启 PLC 程序：	

（续）

序号	工作任务	工作记录	实训完成情况
3	编写M85/M86结束代码PLC程序	结束代码 PLC 程序：	
4	测头触发信号地址为 X11.7，设置相应参数	相关参数号及参数设定值：	
成绩评定 K3			

4. 测头运行功能验证

测头对中调试结束、测头 PLC 程序及参数设置完成后，按照要求进行测头功能测试，完成表 8.1.4（训）内容。

表 8.1.4（训） 测头功能验证

序号	工作任务	工作记录	实训完成情况
1	测头开启功能检测： MDI 方式下运行“M85；”程序代码	1）查看并记录测头灯是否闪烁、灯的颜色： 2）查看并记录信号 Y10.7 的状态：	
2	测头跳转信号检测： 将工作台移动到中间位置，MDI 方式下运行“G91G31X50F50；”程序，用手触碰测头测针检查	查看并记录机床运行情况：	
3	关于测头运行情况的结论	测头运行情况结论：	
成绩评定 K4			

5. 工作过程记录

工作过程记录包括工作规范、工具使用、团队协作、个人能力等方面，完成表 8.1.5（训）内容。

表 8.1.5（训）　职业素质训练

序号	评价指标	实训记录	实训完成情况
1	工作规范性		
2	工具、工具书使用		
3	团队协作		
4	工作态度及个人贡献		
5	解决问题能力及创新		
成绩评定 K5			

五、成绩评定

综合成绩评定见表 8.1.6（训）。

表 8.1.6（训）　综合成绩评定

分项成绩	加权	加权后成绩
K1		K11
K2		K21
K3		K31
K4		K41
K5		K51
最终成绩 K		

实训任务 8.2

测头校正与测量应用任务书

班级____________ 姓名____________ 学号____________

一、实训任务

在车间一台配置 0I–MF Plus 数控系统的亚龙 YL–569 型加工中心上使用雷尼绍工件测头，完成下面任务：

1）对测头进行径向标定。

2）通过调用宏程序测量环规内径。

3）通过调用宏程序测量方凸台边长。

4）通过调用宏程序测量圆凸台直径。

二、实训能力目标

通过实训任务实施，达到以下能力目标：

1）具备对测头测针球半径、测针偏移量标定能力。

2）能够编写与测头开启、关闭相关的 PLC 程序。

3）能够编写调用工件内孔直径、方凸台边长、圆凸台直径测量宏程序的程序。

4）能够获取并分析测量尺寸。

5）能够通过测头建立工件坐标系。

三、实训设备

使用测头在线测量时建议配置以下设备及工量具：

1）配置 0I–MF Plus 数控系统的亚龙 YL–569 型加工中心。

2）雷尼绍测头。

3）直径为 30 ～ 100mm 的任意一款环规。

4）ϕ12 刀具夹套。

5）千分表（0.002mm）及适配的表座。

6）固定环规用的磁铁或橡皮泥。

7）方凸台工件。

8）方凸台工件。

四、实训内容

1. 测头径向标定

将雷尼绍测头安装在加工中心主轴上，通过标准环规对测头进行标定，按要求完成表 8.2.1（训）任务。

表 8.2.1（训） 测头安装与径向标定

序号	工作任务	工作记录	实训完成情况
1	环规安装与固定	按照要求进行环规安装与固定，步骤：	
2	测针对中调整，要求测针圆跳动不超 0.03mm	1）测针对中调整步骤： 2）记录测针调整后所测量的圆跳动值：	
3	测头径向标定	1）编写调用测头径向标定宏程序的程序： 2）查看并记录测头标定结果：	
成绩评定 K1			

2.环规内径测量

将环规放置在工作台上或台虎钳上，校水平后用磁铁固定或利用工作台上的台虎钳轻夹，利用测头测量环规内径，完成表 8.2.2（训）内容。

表 8.2.2（训） 环规内径测量

序号	工作任务	工作内容	完成情况
1	将测头移动到环规中心进行粗定位	写出粗定位步骤：	

（续）

序号	工作任务	工作内容	完成情况
2	开启测头	MDI 方式下编写用 M 代码开启测头程序：	
3	环规内径测量	1）编写 MDI 方式下运行环规内径测量宏程序的调用程序： 2）查看并记录环规内径宏变量值： 3）编写关闭测头的 M 代码程序：	
		成绩评定 K2	

3. 方凸台长度测量

将方凸台工件放置在台虎钳上校水平夹紧，利用测头测量方凸台边长，完成表 8.2.3（训）内容。

表 8.2.3（训） 方凸台长度测量

序号	工作任务	工作内容	完成情况
1	将测头在方凸台中心进行粗定位	写出粗定位步骤：	
2	开启测头	编写用 M 代码开启测头的程序：	
3	凸台工件边长测量	1）编写 MDI 方式下进行方凸台 X 方向长度尺寸测量宏程序调用程序： 2）编写 MDI 方式下进行方凸台 Y 方向长度尺寸测量宏程序调用程序： 3）查看并记录凸台长、宽宏变量值： 4）编写关闭测头 M 代码程序：	
		成绩评定 K3	

4. 圆凸台直径测量

将圆凸台工件放置在台虎钳上水平夹紧，利用测头测量圆凸台直径，完成表 8.2.4（训）内容。

表 8.2.4（训） 圆凸台直径测量

序号	工作任务	工作内容	完成情况
1	将测头在圆凸台中心进行粗定位	写出粗定位步骤：	
2	开启测头	编写用 M 代码开启测头的程序：	
3	凸台工件边长测量	1）编写 MDI 方式下进行圆凸台直径测量宏程序调用程序： 2）查看并记录圆凸台直径变量值： 3）编写关闭测头 M 代码程序：	
		成绩评定 K4	

5. 工作过程记录

工作过程记录包括工作规范、工具使用、团队协作、个人能力等方面，完成表 8.2.5（训）内容。

表 8.2.5（训） 职业素质训练

序号	评价指标	实训记录	实训完成情况
1	工作规范性		
2	工具、工具书使用		

（续）

序号	评价指标	实训记录	实训完成情况
3	团队协作		
4	工作态度及个人贡献		
5	解决问题能力及创新		
	成绩评定 K5		

五、成绩评定

综合成绩评定见表 8.2.6（训）。

表 8.2.6（训） 综合成绩评定

分项成绩	加权	加权后成绩
K1		K11
K2		K21
K3		K31
K4		K41
K5		K51
最终成绩 K		

实训任务 9
球杆仪安装与应用任务书

班级＿＿＿＿＿＿　　姓名＿＿＿＿＿＿　　学号＿＿＿＿＿＿

一、实训任务

在车间一台配置 0I–MF Plus 数控系统的亚龙 YL–569 型加工中心上，使用雷尼绍球杆仪进行机床精度检测，完成下面任务：

1）编制球杆仪 X–Y 平面测试程序。

2）设定球杆仪测试中心坐标。

3）测试程序调试及球杆仪与 PC 连接。

4）机床运动精度检测。

二、实训能力目标

通过实训任务实施，达到以下能力目标：

1）具备球杆仪测试程序编写能力。

2）具备球杆仪安装及测试坐标系建立能力。

3）能够建立球杆仪与 PC 通信。

4）具备应用球杆仪测试机床运动精度能力。

5）具备对球杆仪测试数据进行分析能力。

三、实训设备

使用球杆仪进行机床精度检测时建议配置以下设备及工量具：

1）配置 0I–MF Plus 数控系统的亚龙 YL–569 型加工中心。

2）雷尼绍球杆仪组件。

3）$\phi 12$ 刀具夹套。

四、实训内容

1. 编制球杆仪 X–Y 平面测试程序

在球杆仪测试软件上通过相应设置生成球杆仪测试程序，按要求完成表 9.1（训）任务。

表 9.1（训） 编制球杆仪 X-Y 平面测试程序

序号	工作任务	工作记录	实训完成情况
1	机床、测试平面、进给率、测试半径等选择	选择后结果截屏：	
2	弧度及运行方向选择	选择后结果截屏：	
3	加工程序生成	所生成的加工程序：	
		成绩评定 K1	

2. 设定球杆仪测试中心坐标

将环规放置在工作台上或台虎钳上，校水平后用磁铁固定或利用工作台上的台虎钳轻夹，利用测头测量环规内径，完成表 9.2（训）内容。

表 9.2（训） 设定球杆仪测试中心坐标

序号	工作任务	工作内容	完成情况
1	球杆仪组件安装	写出球杆仪组件安装步骤：	
2	调整工具杯相对于中心座位置	写出操作步骤：	
3	设定球杆仪测试中心坐标	在 G54 中记录球杆仪测试中心坐标值：	
		成绩评定 K2	

3. 测试程序调试及球杆仪与 PC 连接

空运行球杆仪测试程序，并将球杆仪与 PC 连接，完成表 9.3（训）内容。

表 9.3（训）　测试程序调试及球杆仪与 PC 连接

序号	工作任务	工作内容	完成情况
1	空运行球杆仪测试程序	自动方式下运行球杆仪测试程序，记录有无报警：	
2	球杆仪与PC通过蓝牙连接调试	写出建立通信的操作步骤：	
3	配置长度为 100mm 校准规	记录校准规校准后球杆仪实际长度：	
成绩评定 K3			

4. 机床运动精度检测

正确安装球杆仪，进行机床运动精度检测，完成表 9.4（训）内容。

表 9.4（训）　机床运动精度检测

序号	工作任务	工作内容	完成情况
1	运行球杆仪测试程序	运行程序	
2	测量后存储测试报告到文件夹	保存文件	
3	运行结果分析	记录测试结果及图形文件：	
成绩评定 K4			

5. 工作过程记录

工作过程记录包括工作规范、工具使用、团队协作、个人能力等方面，完成表 9.5（训）内容。

表 9.5（训） 职业素质训练

序号	评价指标	实训记录	实训完成情况
1	工作规范性		
2	工具、工具书使用		
3	团队协作		
4	工作态度及个人贡献		
5	解决问题能力及创新		
成绩评定 K5			

五、成绩评定

综合成绩评定见表 9.6（训）。

表 9.6（训） 综合成绩评定

分项成绩	加权	加权后成绩
K1		K11
K2		K21
K3		K31
K4		K41
K5		K51
最终成绩 K		

实训任务 10.1

智能制造虚拟仿真单元软件安装与硬件连接任务书

班级____________　　姓名____________　　学号____________

一、实训任务

在车间一台配置 0I–MF Plus 数控系统的亚龙 YL–569 型加工中心，配套使用亚龙智能制造虚拟仿真单元，进行柔性制造单元智能加工虚拟仿真，完成下面任务：

1）软件安装与使用。

2）智能制造虚拟仿真单元硬件连接。

二、实训能力目标

通过实训任务实施，达到以下能力目标：

1）具备虚拟仿真软件正确安装能力。

2）具备虚拟仿真软件正确使用能力。

3）具备智能制造虚拟仿真单元硬件连接能力。

三、实训设备

1）配置 0I–MF Plus 数控系统的亚龙 YL–569 型加工中心。

2）亚龙 YL–F10A 型数字化虚拟制造仿真软件。

3）YL–G15–0033 型智能制造虚拟仿真单元。

四、实训内容

1.软件安装与使用

在 PC 上安装亚龙 YL–F10A 型数字化虚拟制造仿真软件，按要求完成表 10.1.1（训）任务。

表 10.1.1（训） 亚龙 YL-F10A 型数字化虚拟制造仿真软件安装

序号	工作任务	工作记录	实训完成情况
1	仿真软件安装前准备工作	列举安装前准备工作：	
2	软件安装	软件工作界面截屏：	
3	软件试用	1）选择串口： 2）流程演示： 3）查看 PLC 输入输出信号：	
成绩评定 K1			

2.智能制造虚拟仿真单元硬件连接

将智能制造虚拟仿真单元、PC、数控系统进行硬件连接，完成表 10.1.2（训）内容。

表 10.1.2（训） 智能制造虚拟仿真单元硬件连接

序号	工作任务	工作内容	完成情况
1	RS232 通信接口连接	画出连接示意图：	
2	输入输出信号连接	画出连接示意图：	
3	数控系统连接	画出连接示意图：	
成绩评定 K2			

3. 工作过程记录

工作过程记录包括工作规范、工具使用、团队协作、个人能力等方面，完成表 10.1.3（训）内容。

表 10.1.3（训） 职业素质训练

序号	评价指标	实训记录	实训完成情况
1	工作规范性		
2	工具、工具书使用		
3	团队协作		
4	工作态度及个人贡献		
5	解决问题能力及创新		
成绩评定 K3			

五、成绩评定

综合成绩评定见表 10.1.4（训）。

表 10.1.4（训） 综合成绩评定

分项成绩	加权	加权后成绩
K1		K11
K2		K21
K3		K31
最终成绩 K		

实训任务10.2

智能制造虚拟仿真单元调试任务书

班级____________　　姓名____________　　学号____________

一、实训任务

在车间一台配置0I-MF Plus数控系统的亚龙YL-569型加工中心，配套使用亚龙智能制造虚拟仿真单元，进行柔性制造单元智能加工虚拟仿真，完成下面任务：

1）编写智能制造虚拟仿真单元PLC程序。

2）编写智能制造虚拟仿真CNC程序。

3）智能制造虚拟仿真功能测试。

二、实训能力目标

通过实训任务实施，达到以下能力目标：

1）具备智能制造虚拟仿真单元信号定义能力。

2）具备智能制造虚拟仿真单元PLC程序编写能力。

3）具备智能制造虚拟仿真单元通过CNC程序逻辑控制能力。

4）具备智能制造虚拟仿真单元运行测试能力。

三、实训设备

1）配置0I-MF Plus数控系统的亚龙YL-569型加工中心。

2）亚龙YL-F10A型数字化虚拟制造仿真软件。

3）YL-G15-0033型智能制造虚拟仿真单元。

四、实训内容

1. 编写智能制造虚拟仿真单元PLC程序

根据设计的智能制造虚拟仿真单元工作流程和输入、输出信号地址，按要求完成

表 10.2.1（训）任务。

表 10.2.1（训）　编写智能制造虚拟仿真单元 PLC 程序

序号	工作任务	工作记录	实训完成情况
1	M 代码及其中间继电器地址定义	信号定义表：	
2	编写 PLC 程序并导入系统	PLC 程序截屏：	
成绩评定 K1			

2.编写智能制造虚拟仿真 CNC 程序

根据设计的智能制造虚拟仿真单元工作流程以及定义的 M 代码，完成表 10.2.2（训）内容。

表 10.2.2（训）　编写智能制造虚拟仿真 CNC 程序

序号	工作任务	工作内容	完成情况
1	编写智能制造虚拟仿真 CNC 程序	CNC 程序：	
成绩评定 K2			

3.智能制造虚拟仿真功能测试

按照要求完成智能制造虚拟仿真功能测试，完成表 10.2.3（训）内容。

表 10.2.3（训）　智能制造虚拟仿真功能测试

序号	工作任务	工作内容	完成情况
1	机床可以回到指定的第二参考点		
2	机器人可以在传送带上抓取毛坯		
3	机床门可以自动打开		
4	机床平口钳可以自动松开		
5	平口钳夹紧，机器人可以完成机床上料		

（续）

序号	工作任务	工作内容	完成情况
6	机床门可以自动关闭		
7	虚拟制造仿真流程与给定的流程图符合		
成绩评定 K3			

4. 工作过程记录

工作过程记录包括工作规范、工具使用、团队协作、个人能力等方面，完成表 10.2.4（训）内容。

表 10.2.4（训） 职业素质训练

序号	评价指标	实训记录	实训完成情况
1	工作规范性		
2	工具、工具书使用		
3	团队协作		
4	工作态度及个人贡献		
5	解决问题能力及创新		
成绩评定 K4			

五、成绩评定

综合成绩评定见表 10.2.5（训）。

表 10.2.5（训） 综合成绩评定

分项成绩	加权	加权后成绩
K1		K11
K2		K21
K3		K31
K4		K41
最终成绩 K		

实训任务 11

工业机器人数据备份任务书

班级＿＿＿＿＿＿＿ 姓名＿＿＿＿＿＿＿ 学号＿＿＿＿＿＿＿

一、实训任务

车间有一台亚龙 YL-569 型智能制造实训设备，搭配 FANUC Robot M-10iD 工业机器人，配置 R-30iB Mate Plus 控制柜，针对工业机器人数据备份及加载，完成下面任务：

1）工业机器人 TP 程序的单个备份。

2）工业机器人数据文件打包备份。

3）工业机器人数据加载。

二、实训能力目标

通过实训任务实施，达到以下能力目标：

1）掌握工业机器人数据备份及加载的几种模式。

2）了解工业机器人数据备份及加载的实际应用。

3）熟练掌握工业机器人数据备份及加载的方法。

三、实训设备

配置 FANUC Robot M-10iD 机器人搭配 R-30iB Mate Plus 控制柜。

四、实训内容

1. 工业机器人数据备份 / 加载

选定数据备份 / 加载内容，完成表 11.1（训）内容。

表 11.1（训） 工业机器人数据备份 / 加载

序号	工作任务	工作内容	完成情况
1	单个文件备份 / 加载	使用 USB 接口设备对机器人内部数据进行备份 / 加载，如 TP 程序文件	

（续）

序号	工作任务	工作内容	完成情况
2	整体 TP 文件备份 / 加载	使用 USB 接口设备对机器人 TP 数据进行备份 / 加载	
3	创建文件夹进行数据备份	通过新建一个文件夹，将数据放置在此文件夹中	
成绩评定 K1			

2. 工业机器人数据加载

对主轴增减速控制功能进行验证，完成表 11.2（训）内容。

表 11.2（训） 主轴增减速控制功能验证

序号	工作任务	工作内容	完成情况
1	单个文件备份 / 加载	查看 U 盘文件是否存在 / 文件是否加载：	
2	整体 TP 文件备份 / 加载	查看 U 盘文件是否存在 / 文件是否加载：	
3	创建文件夹进行数据备份	新建文件夹中是否存在数据文件：	
成绩评定 K2			

3. 工作过程记录

工作过程记录包括工作规范、工具使用、团队协作、个人能力等方面，完成表 11.3（训）内容。

表 11.3（训） 职业素质训练

序号	评价指标	实训记录	实训完成情况
1	工作规范性		
2	工具、工具书使用		
3	团队协作		

（续）

序号	评价指标	实训记录	实训完成情况
4	工作态度及个人贡献		
5	解决问题能力及创新		
成绩评定 K3			

五、成绩评定

综合成绩评定见表 11.4（训）。

表 11.4（训） 综合成绩评定

分项成绩	加权	加权后成绩
K1		K11
K2		K21
K3		K31
最终成绩 K		

实训任务 12

工业机器人故障诊断任务书

班级________ 姓名________ 学号________

一、实训任务

车间有一台亚龙 YL-569 型智能制造实训设备，搭配 FANUC Robot M-10iD 工业机器人，配置 R-30iB Mate Plus 控制柜，针对工业机器人数据备份及加载，完成下面任务：

1）工业机器人故障诊断。

2）工业机器人故障报警分类。

二、实训能力目标

通过实训任务实施，达到以下能力目标：

掌握工业机器人故障诊断方法。

三、实训设备

配置 FANUC Robot M-10iD 机器人搭配 R-30iB Mate Plus 控制柜的亚龙 YL-569 型智能制造实训设备。

四、实训内容

1. 工业机器人故障诊断

根据工业机器人故障报警完成表 12.1（训）。

表 12.1（训） 工业机器人数据备份 / 加载

序号	工作任务	工作内容	完成情况
1	排除 SRV0-065 WARN BLAL 报警（G: IA: j）	根据报警进行复位操作	
2	电池更换	更换电池后，复位报警	
成绩评定 K1			

2. 工业机器人报警排除检查

对工业机器人报警排除进行验证，完成表 12.2（训）。

表 12.2（训） 主轴增减速控制功能验证

序号	工作任务	工作内容	完成情况
1	SRV0-065 WARN BLAL 报警（G: IA: j）排除	查看示教器，无 SRV0-065 报警	
2	电池更换	查看示教器，无 SRV0-062 BLAL 报警 机器人各关节正常运行	
成绩评定 K2			

3. 工作过程记录

工作过程记录包括工作规范、工具使用、团队协作、个人能力等方面，完成表 12.3（训）。

表 12.3（训） 职业素质训练

序号	评价指标	实训记录	实训完成情况
1	工作规范性		
2	工具、工具书使用		
3	团队协作		
4	工作态度及个人贡献		
5	解决问题能力及创新		
成绩评定 K3			

五、成绩评定

综合成绩评定见表 12.4（训）。

表 12.4（训） 综合成绩评定

分项成绩	加权	加权后成绩
K1		K11
K2		K21
K3		K31
最终成绩 K		